江西省湖泊分布及功能形态研究

邓沐平 等著

U0253389

黄 河 水 利 出 版 社

·郑 州·

内 容 提 要

本书通过对江西省水面面积 1 km² 以上湖泊分布与现状的调查，系统摸清了湖泊的自然地理、历史变迁、现状形态状况及承担功能状况，研究界定了湖泊的范围边界，依托湖区经济社会发展研究确定了湖泊承担的功能，分析了湖泊的特征水位，运用 DEM 数据+OTSU 算法+GIS+GEE 平台的综合分析方法确定了湖盆、水域、岛屿等湖泊的形态及特征，形成了单个湖泊简介及形态图，为湖泊的管理与保护提供了重要基础支撑。

本书可供开展湖泊形态研究、湖泊管理与保护等相关领域的科研技术人员及高校师生参考使用。

图书在版编目（CIP）数据

江西省湖泊分布及功能形态研究 / 邓沐平等著.

郑州：黄河水利出版社，2024. 9. -- ISBN 978-7-5509-4036-9

Ⅰ. P942.078

中国国家版本馆 CIP 数据核字第 2024MX1361 号

组稿编辑：陈俊克　电话：0371-66026749　E-mail：hhslcjk@ 126. com

责任编辑	韩莹莹	责任校对	兰文峡
封面设计	黄瑞宁	责任监制	常红昕

出版发行　黄河水利出版社

地址：河南省郑州市顺河路 49 号　邮政编码：450003

网址：www. yrcp. com　E-mail：hhslcbs@ 126. com

发行部电话：0371-66020550

承印单位　河南新华印刷集团有限公司

开　　本　787 mm×1 092 mm　1/16

印　　张　20

字　　数　475 千字

版次印次　2024 年 9 月第 1 版　　2024 年 9 月第 1 次印刷

定　　价　86.00 元

《江西省湖泊分布及功能形态研究》
编写人员

主　　编　邓沐平

参编人员　张建华　　邹大胜　　彭忠福　　曾　智

　　　　　　　李友辉　　胡苑成　　陈　浩　　程　华

　　　　　　　马学明　　徐小雪　　吴　涛　　白　丽

　　　　　　　赖乔枫　　吴伟恒　　陈　龙　　罗　斌

　　　　　　　石平平　　王昱东　　赵菲菲　　胡侨宇

　　　　　　　甘志君　　李元吉　　胡久福　　熊　丝

　　　　　　　杨　欢

前　言

　　湖泊是江河水系的重要组成部分,是蓄洪储水的重要空间,在防洪、供水、航运、生态等方面具有不可替代的作用。江西省水系发达,江河纵横,湖泊星罗棋布,地位和功能突出,既有以鄱阳湖为代表的特大型换水周期短的吞吐型湖泊,也有以赛城湖、赤湖、太泊湖、芳湖、瑶湖等为代表的平原岗地浅水型湖泊。这些湖泊在发展区域社会经济、改善生态环境、调节区域气候等方面发挥了重要作用。随着经济社会的快速发展,一些湖泊被过度开发利用,存在围垦、侵占水域、超标排污、违法养殖、非法采砂等情况,造成湖泊面积萎缩、水域空间减少、水质恶化、生物栖息地破坏等问题突出,湖泊功能严重退化。

　　为加强湖泊管理保护,防止湖泊面积减少和水体污染,保障湖泊功能,维护和改善湖泊生态环境,江西省出台施行了《江西省湖泊保护条例》,制定了《关于在湖泊实施湖长制的工作方案》。为贯彻落实《江西省湖泊保护条例》精神,加快推进湖长制工作的落实,推进湖泊的管理保护,建立湖泊档案及湖泊保护名录,调查摸清湖泊的分布、研究确定湖泊的形态与承担功能很有必要。

　　通过调查研究建立了湖泊名录,摸清了湖泊功能、水生态环境、历史变迁等现状情况,分析了湖泊设计高水位、常水位等特征水位,界定了湖泊范围边界,研究运用 DEM 数据+OTSU 算法+GIS+GEE 平台的综合分析方法确定了湖盆、水域、岛屿等湖泊形态,形成了湖泊面积、水面面积、水深、水体容积等形态特征第一手资料,为后续开展湖泊管理与保护提供了重要的基础支撑。

　　本书是在对上述调查研究成果进行整理、分析的基础上完成的。同时,本书在撰写过程中,也参阅和参考了国内外众多科研、工程技术人员的研究和实践成果,在此表示衷心的感谢!

　　由于编者学识有限、时间仓促,书中难免存在疏漏和不当之处,真诚希望各位读者和专家给予批评指正。

作　者

2024 年 6 月

目　录

第 1 章　区域概况

1.1　自然地理

江西省地处我国东南部、长江中下游南岸,东邻浙江、福建,南连广东,西接湖南,北毗湖北、安徽,国土面积 16.69 万 km²。省境东、南、西三面环山,周边渐次向北部鄱阳湖倾斜,形成南窄北宽以鄱阳湖为底部的盆地状地形。境内水资源量丰富,拥有我国最大的淡水湖——鄱阳湖,赣江、抚河、信江、饶河、修河五大河流(简称"五河")辐射全境,全省水资源总量位居全国第七,水质总体优良。境内鄱阳湖承纳"五河"来水通长江,流域面积占全省总面积的 94%,流域以占长江流域 9% 的面积贡献了 15.5% 的水资源量。

江西是我国江南丘陵的重要组成部分,常态地貌类型以山地、丘陵为主,山地占全省面积的 36%,丘陵占全省面积的 42%,平原占全省面积的 12%,水域占全省面积的 10%。整个地势南高北低,由周边向中心缓缓倾斜,形成一个以鄱阳湖平原为底部的不对称巨大盆地。东、南、西三面群山环绕,峰峦重叠,山势峻拔;中部丘陵、盆地相间;北部地面开阔,平原坦荡,河湖交织。主要山脉多分布于省境边陲,东北部有怀玉山,东部有武夷山,南部有大庾岭和九连山,西部有罗霄山脉,西北部有幕阜山和九岭山,海拔在 500~1 500 m。丘陵地区地势起伏较大,近山丘陵一般高程在 200 m 左右,沿河两岸丘陵区高程为 50~100 m。各河下游尾闾进入鄱阳湖冲积平原,地势低洼,一般高程在 15~20 m。

1.2　水文气象

江西省处于北回归线附近,属亚热带季风暖湿气候区,雨量丰沛,日照充足,四季分明,夏冬长,春秋短。全省多年平均降水量为 1 638 mm,多雨中心在赣东、赣东北地区,少雨中心在鄱阳湖北岸和吉泰盆地,降水量主要集中在 4—6 月,占全年降水量的 42%~53%。全省多年平均蒸发量为 800~1 200 mm,赣西北山区蒸发量最小,赣东北山区、武夷山西部蒸发量均属低值区,鄱阳湖区蒸发量最大。全省多年平均气温 18 ℃,在地域上呈由北向南渐增之分布,历年各月平均气温以 1 月为最低(6.1 ℃),7 月为最高(28.8 ℃)。省域具有较明显的季风特征,冬季盛行偏北风,夏季盛行偏南风,全省多年平均风速一般在 1.0~3.8 m/s。全省多年平均相对湿度一般在 75%~83%,多年平均无霜期为 272 d,多年平均日照时数 1 637 h。

1.3　河流水系

江西省境内水系发达,河流众多,共有流域面积 10 km² 以上的大小河流 3 700 多条,其中,流域面积 50~200 km² 的河流有 702 条,流域面积 200~3 000 km² 的河流有 238 条,流域面积 3 000 km² 以上的河流有 18 条。赣江、抚河、信江、饶河和修河五大河流为省内主要河流,纵贯全境,"五河"来水汇入鄱阳湖经调蓄后在湖口注入长江。境内水系主要属长江流域,面积为 16.31 万 km²,占全省总面积的 97.7%,其中绝大部分属鄱阳湖水系,江西境内鄱阳湖水系的集水面积为 15.67 万 km²,占全省总面积的 93.9%;珠江流域面积为 3 708 km²,占全省总面积的 2.2%;约有 97 km² 面积属东南沿海的钱塘江水系。

1.4　社会经济

江西省行政区划分为 11 个设区市,下辖 12 个县级市、61 个县、27 个市辖区共 100 个县(市、区)。根据《江西省国民经济和社会发展统计公报(2021 年)》,截至 2021 年末,全省常住人口 4 517.4 万人,其中,城镇常住人口 2 776.4 万人,占总人口的 61.46%;乡村常住人口 1 741 万人。

2021 年,全省地区生产总值 29 619.7 亿元,比 2020 年增长 8.8%,人均地区生产总值为 65 560 元。其中,第一产业增加值 2 334.3 亿元,增长 7.3%;第二产业增加值 13 183.2 亿元,增长 8.2%,其中工业增加值 10 773.4 亿元;第三产业增加值 14 102.2 亿元,增长 9.5%。三次产业结构优化为 7.9∶44.5∶47.6,三次产业对地区生产总值增长的贡献率分别为 7.3%、40.4% 和 52.3%。全年粮食种植面积 377.28 万 hm²,粮食总产量 2 192.3 万 t;全年全省一般公共预算收入 2 812.3 亿元,人均可支配收入 30 610 元,其中城镇居民人均可支配收入 41 684 元,农村居民人均可支配收入 18 684 元。

第 2 章　调查范围与思路

为摸清江西省水面面积 1 km² 及以上的湖泊的数量与分布,为后续开展研究对象的功能形态分析打下基础,需开展相关的调查工作。

本次湖泊调查工作时间为 2021 年 2 月至 2022 年 10 月。

2.1　调查范围

本次湖泊调查范围为全省范围内水面面积 1 km² 及以上的独立天然湖泊,不包括城市规划区内的人工湖泊、作为饮用水水源的人工湖泊及山塘、水库。

2.2　调查依据

2.2.1　法律法规

(1)《中华人民共和国水法》(2016 年 7 月 2 日第二次修正)。

(2)《中华人民共和国防洪法》(2016 年 7 月 2 日第三次修正)。

(3)《中华人民共和国环境保护法》(2014 年 4 月修订)。

(4)《中华人民共和国水污染防治法》(2017 年 6 月第二次修正)。

(5)《中华人民共和国野生动物保护法》(2018 年 10 月第三次修正)。

(6)《中华人民共和国渔业法》(2013 年 12 月第四次修正)。

(7)《江西省湖泊保护条例》(2021 年 7 月第一次修正)。

(8)《江西省实施河长制湖长制条例》(2022 年 7 月第一次修正)。

(9)《江西省湿地保护条例》(2019 年 9 月修正)。

(10)其他有关法律法规。

2.2.2　规范标准

(1)《防洪标准》(GB 50201—2014)。

(2)《水利水电工程设计洪水计算规范》(SL 44—2006)。

(3)《水利工程水利计算规范》(SL 104—2015)。

(4)《水利水电工程水文计算规范》(SL/T 278—2020)。

(5)《水利水电工程等级划分及洪水标准》(SL 252—2017)。

(6)《堤防工程设计规范》(GB 50286—2013)。

(7)《水利水电工程测量规范》(SL 197—2013)。

(8)《地表水环境质量标准》(GB 3838—2002)。

（9）《江西省河湖划界技术导则》。

（10）其他有关规程标准。

2.2.3 政策性文件

（1）《中共中央办公厅 国务院办公厅印发〈关于在湖泊实施湖长制的指导意见〉的通知》（厅字〔2017〕51号）。

（2）《中共江西省委办公厅 省政府办公厅印发〈关于在湖泊实施湖长制的工作方案〉的通知》（赣办字〔2018〕17号）。

2.2.4 成果资料

《全国主体功能区规划》《全国生态功能区划》《江西省主体功能区规划》《江西省生态功能区划》《江西省地表水（环境）功能区划》《江西省水利普查成果》《江西省河湖划界报告》《江西省"平垸行洪、退田还湖"实施方案》《江西省平垸行洪、退田还湖工程措施总体实施方案（修订本）》等成果资料。

2.3 调查内容

调查主要服务于湖泊保护名录的出台，以湖泊的数量与分布、湖泊范围边界与形态特征、承担功能等调查为主，同时兼顾湖泊概况等内容。

（1）湖泊概况：主要包括地理位置、地形地貌、水文气象、河流水系、社会经济、水利工程、水生态环境状况、湖泊管理现状等内容。

（2）湖泊形态：主要调查湖泊的历史变迁及湖盆、水域及湖内岛屿等现状形态情况。

（3）承担功能：主要调查湖泊洪涝调蓄、农业灌溉、城乡供水、生物栖息、水产养殖、旅游观光、交通航运等的承担功能及各功能发挥情况。

2.4 相关界定

2.4.1 湖泊分类

湖泊分类形式多种多样。根据《中国湖泊志》等资料，湖泊可按形成状态、泄水控制程度、成因、湖水矿化度、湖水温度、地理位置、海拔等进行分类。湖泊按形成状态可分为天然湖和人工湖，按泄水控制程度可分为吞吐湖和闭流湖，按成因可分为构造湖、火山湖、岩溶湖、堰塞湖、河成湖（河间洼地湖）等。

天然湖：一般指非人工挖掘或建筑的、自然环境下产生的湖泊。

人工湖：一般指人们有计划、有目的挖掘出来或拦水形成的、非自然环境下产生的湖泊，如人工开挖的景观湖和修筑的水库等。

吞吐湖：一般指有水流汇入和自然流出的湖泊。该类湖泊出口通常无堤坝或闸站等建筑物工程控制，湖泊水体交换速度较快，丰枯季节水位变幅较大，如鄱阳湖。

闭流湖:一般指无水流从湖中自然流出的湖泊。该类湖泊出口通常建有堤坝或闸站等建筑物工程,湖泊水体交换速度较慢,水位通常较为稳定,如瑶湖、军山湖等。

构造湖:一般指由地壳构造运动所造成的坳陷盆地积水而形成的湖泊。

河成湖:一般指由河床摆动残留而形成的河迹湖或随河流天然堤伴生或人为筑堤拦截形成的河间洼地湖。

碟形湖:一般指湖泊(如鄱阳湖)湖盆区内枯水季节显露于洲滩之中的碟形洼地,是季节性呈现的子湖泊。通常不作为单个湖泊独立考虑。

2.4.2　"退田还湖"圩区界定

为提高江河行洪能力,恢复鄱阳湖水面,增大蓄洪容量,在党中央、国务院的统一部署下,自 1998 年起,江西省实施了"平垸行洪、退田还湖、移民建镇"工程。实施"退田还湖"的圩堤包括"双退"和"单退"两种。

"双退":实行退人又退田,即"平垸清障退耕作,还圩为水或滩涂"。双退圩堤在平退工程中实行了扒堤或扒口,圩区平退为水域或滩涂。因此,湖区双退圩堤圩区仍为原所属湖泊范围。

"单退":实行退人不退田,即"低水种养,高水蓄洪"。单退圩堤承担类似蓄滞洪区功能,在达到规定分洪水位时进洪,平常圩内一般实行耕种或养殖作业。从近 20 年的运行来看,单退圩堤圩区分洪的概率很低,还原为水面的情况很少。水利部《水利基础设施空间布局编制工作方案》中规定"对于规划开展退田还湖或有相关需求的湖泊,应根据退田还湖等相关保护要求,确定退田后的湖泊水域及岸线范围,适当扩大湖泊生态空间"。《湖北省湖泊保护规划编制大纲》在"湖泊形态保护"内容中明确"作为湖泊形态保护的基础,需包含纳入湖泊的退田还湖部分和分洪内垸""湖泊周边围垦的内垸、分蓄洪区或备蓄洪区一律划入湖泊保护范围。尤其是设计洪水标准下参与分洪的内垸,一律划入湖泊保护区"。鉴于水利部有要求,相邻省份有参照,为尽可能地恢复鄱阳湖等湖泊面积的需要,确定位于湖区的单退圩堤圩区归为原所属湖泊范围,单退圩堤作为湖泊内堤或内垸处理,调度运行管理仍执行原单退圩堤运行管理的有关规定。

2.4.3　湖泊形态及其保护

湖泊形态主要由湖盆、水域、湖内岛屿等要素组成。湖泊形态保护是指保护湖泊的湖盆、水域及湖内岛屿,使之不受破坏、侵占或萎缩。其中,湖盆保护规模主要由湖盆平面投影的长度、宽度、周长、面积等指标体现;水域保护规模主要由湖泊水体水深、水面面积、水体体积等指标体现;湖内岛屿保护规模主要由岛屿平面投影的长度、宽度、周长、面积等指标体现。

2.4.4　湖盆范围

湖盆范围一般为湖泊管理范围线所围成的区域。若湖泊管理范围线与设计高水位线重合,则湖盆外边界为管理范围线向外水平延伸 5~10 m;若存在共堤的相邻湖泊,该堤段湖盆外边界为堤顶中心线。

2.4.5　湖泊水域范围

　　湖泊水域范围为湖泊设计高水位所淹没的区域。对部分堤防现状堤顶高程低于湖泊设计高水位的,以堤防外堤顶线作为湖泊水域范围的边界。湖泊平面示意图见图 2-1,湖泊剖面示意图见图 2-2。

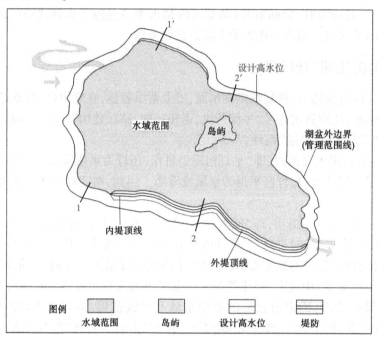

图 2-1　湖泊平面示意图

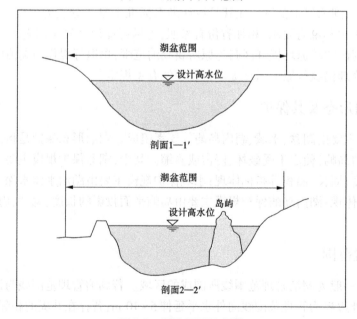

图 2-2　湖泊剖面示意图

2.4.6　湖内岛屿范围

湖内岛屿范围为湖泊设计高水位与岛屿岸坡的交线所围成的陆地区域。

2.4.7　湖泊常水位

湖泊常水位一般可依据湖泊的水位观测记录或农业灌溉、城乡供水、水产养殖、旅游观光等湖泊水资源综合利用的设计水位分别予以确定。

有水位观测记录的湖泊：常水位取代表观测记录（站）的多年平均水位。对水域面积和日常来水流量较大、湖泊出口无堤坝或闸站等控制的湖泊，以湖泊出口处的多年平均水位或出口附近代表观测站的多年平均水位作为湖泊的常水位，如鄱阳湖，以湖口水文站（简称湖口站）实测的多年平均水位作为常水位。

无水位观测记录的湖泊：常水位以农业灌溉、城乡供水、水产养殖、旅游观光等湖泊水资源利用的设计水位综合确定，取满足湖泊兴利需求的水位为常水位。对以农业灌溉或城乡供水功能为主的湖泊，以农业灌溉或城乡供水的设计水位作为常水位；对以水产养殖功能为主的湖泊，以水产养殖水位作为常水位；对以旅游观光功能为主的湖泊，以景观水位作为常水位。对具有上述多种综合利用功能的湖泊，以上述设计水位的最大值作为常水位。

2.4.8　湖泊设计高水位

湖泊设计高水位一般是指湖泊日常运用调度中所允许的最高控制水位。在实际应用中，可依据湖泊周边防护对象防洪保护及洪涝调蓄、农业灌溉、城乡供水、水产养殖等功能综合确定，以最高特征水位作为湖泊设计高水位。

2.4.9　湖泊出口及河流入湖口断面位置

湖泊出口及河流入湖口建有闸坝、堰等水利工程控制的湖泊，其湖泊出口断面位置为水利工程上游临水面，河流入湖口断面位置为水利工程下游临水面。

湖泊出口及河流入湖口无闸坝、堰等水利工程控制（天然流状态）的湖泊，其湖泊出口与河流入湖口断面位置在已有相关文献、设计等成果中明确的，依据现有成果确定；现状未明确的，湖泊出口断面位置主要依据湖泊出口附近地形条件、堤线走向等因素综合确定，河流入湖口断面位置主要依据河流入湖口附近地形条件、堤线走向、河流扩散等因素综合确定，一般以入湖河流最下游的"喇叭口"口门作为河流入湖断面位置。

2.5　调查技术路线

该调查工作采取"先内业、后外业、再内业"的循环工作方式。

"先内业"：以水利普查湖泊名录为基础，结合江西省地形图、天地影像图、历史影像图等资料及湖泊周边堤防工程设施资料，根据湖泊调查范围界定，初步判定湖泊水面面积和边界范围及水利普查外的疑似湖泊，初步确定湖泊外业调查名录。同时，整理湖泊划界、相关工程规划设计等已掌握资料,初步摸查湖泊形态边界、水系、流域边界、涉湖水利工程设施、湖泊功能、相关特征水位等基本情况,为外业调查打下基础。

"后外业":依据初步确定的湖泊调查名录,制定湖泊水下水上地形测量技术要求,组织开展湖泊测量工作。同时,结合基础资料,在前期内业工作的基础上,开展湖泊概况、承担功能、历史变迁等调查工作。

"再内业":根据外业调查,开展基础资料和外业调查成果的整理工作,分析确定湖泊大致边界及湖泊概况和承担功能等情况,开展湖泊常水位、设计高水位等特征水位分析,构建湖泊数字高程模型,分析湖泊水位-水面面积-水体体积关系,量算湖盆、水域、岛屿等湖泊形态特征,确定湖泊最终名录。同时,填报相关附表,绘制湖泊图形,编写湖泊简介,编制形成湖泊调查报告。

江西省湖泊调查技术路线如图2-3所示。

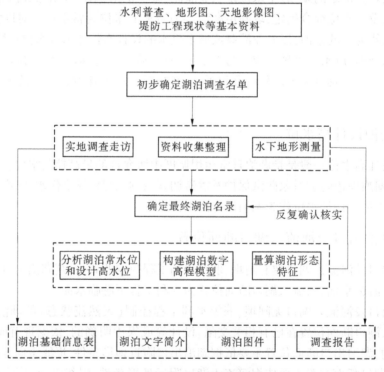

图2-3 江西省湖泊调查技术路线

第 3 章　湖泊概况

3.1　湖泊数量与分布

3.1.1　湖泊数量

本次湖泊调查研究以纳入江西省第一次水利普查湖泊名录的 142 个湖泊和地方上报或调查确定的水利普查名录外的 7 个水面面积 1 km² 及以上的湖泊为基础。

3.1.1.1　水利普查名录内湖泊

2010 年,按照国务院和水利部的统一部署,江西省水利厅启动了全省第一次水利普查工作。其中,湖泊普查对象主要为常年水面面积 1 km² 及以上的天然湖泊,鄱阳湖中的碟形湖和部分具有湖盆、常年有水的人工整治湖泊(但不包括水库)等作为特殊湖泊一并纳入了普查。湖泊水面面积主要依据中巴资源卫星的遥感影像(分辨率 20 m)数据进行确定,将 2003 年 12 月至 2009 年 12 月多时相遥感影像数据识别的所有水面面积系列的中值作为湖泊常年水面面积。

根据普查,纳入江西省第一次水利普查名录的湖泊共 142 个。其中,常年水面面积 1 km² 及以上湖泊 86 个(《江西省第一次水利普查公报》公告的 86 个湖泊),水面总面积 3 802 km²(不含跨省界湖泊省外面积);另有特殊湖泊 56 个[其中,鄱阳湖常态水位(星子站黄海高程 14.68 m 水位对应面积 2 978 km²)以下的碟形湖 47 个,小于 1 km² 的湖泊 1 个,城区景观湖 8 个]。

根据调查,142 个湖泊中,有碟形湖、双退圩区湖、单退圩区湖、湖中湖、人工湖、水库型湖、城市特殊湖等特殊类型湖泊及已失去湖盆形态的湖泊。对于上述类型湖泊,本次拟合并或退出处理。此外,还有部分湖泊受围垦、光伏发电等人类开发活动影响,水面萎缩严重的现状已无水面,但湖盆形态仍明显,本次建议按历史(20 世纪 80 年代)湖泊水面范围进行恢复处理,保留湖泊名录。

1. 合并类湖泊

合并类湖泊包括碟形湖、湖中湖、单(双)退圩区湖等几类。

第一类碟形湖。经过多年自然演变,鄱阳湖在常水位以下时形成了众多的碟形湖,高水位时与鄱阳湖连成一体。此类碟形湖并入母湖,名录不再保留。经调查,142 个湖泊中有碟形湖 47 个,其中有 9 个属于水利普查公报湖泊名录(86 个)中的湖泊,均为鄱阳湖碟形湖,全部并入鄱阳湖。

第二类湖中湖。由于历史原因,人们在湖泊开展了大量的围垦活动,形成了大量的湖中湖。此类湖泊与母湖存在水力联系,湖泊水位的变化、控制等与母湖基本统一,本次统一并入母湖,名录不再保留。经调查,142 个湖泊中有湖中湖 7 个,均属于水利普查公报湖泊名录中的湖泊。其中,鄱阳湖湖中湖4个,分别为芰湖、花庙湖、张家湖(新妙湖湖中湖,新妙湖作为单退圩区湖并入鄱阳湖)、大桥湖(造湖湖中湖,造湖作为单退圩区湖并入鄱阳湖);赛城湖湖中湖3个,分别为大城门湖、小城门湖、牧湖。

　　第三类单(双)退圩区湖。双退圩区湖为从原湖泊围垦后又还湖的湖泊,此类湖泊并入母湖湖体;单退圩区湖为从原湖泊围垦后,实行"低水养殖、高水还湖"的湖泊,此类湖泊同样并入母湖湖体。经调查,142个湖泊中有双退圩区湖3个(其中后湖塘属水利普查公报湖泊名录中的湖泊),分别为后湖塘、倪湖、马影湖,均为鄱阳湖双退圩区湖;有单退圩区湖27个(属水利普查公报湖泊名录中的湖泊有22个),均为鄱阳湖单退圩区湖,其中张家湖和大桥湖分别属新妙湖和造湖湖中湖,随母湖并入鄱阳湖。

　　水利普查名录湖泊合并情况见表3-1。

表3-1　水利普查名录湖泊合并情况

序号	湖泊名称	湖泊代码	设区市	县级行政区	类型	并入所属湖泊
合计					82个	
一	鄱阳湖合并情况				79个	
(一)	碟形湖				47个	
1	象湖	FG129	南昌市、九江市	新建区、永修县	鄱阳湖碟形湖	鄱阳湖
2	蚕豆湖	FG185	南昌市	新建区	鄱阳湖碟形湖	鄱阳湖
3	饭湖	FG045	南昌市	新建区	鄱阳湖碟形湖	鄱阳湖
4	上段湖	FG174	南昌市	新建区	鄱阳湖碟形湖	鄱阳湖
5	下段湖	FG179	南昌市	新建区	鄱阳湖碟形湖	鄱阳湖
6	神塘湖	FG175	南昌市	新建区	鄱阳湖碟形湖	鄱阳湖
7	北甲湖	FG161	南昌市	新建区	鄱阳湖碟形湖	鄱阳湖
8	上北甲湖	FG009	南昌市	新建区	鄱阳湖碟形湖	鄱阳湖
9	下深湖	FG127	南昌市	新建区	鄱阳湖碟形湖	鄱阳湖
10	上深湖	FG106	南昌市	新建区	鄱阳湖碟形湖	鄱阳湖
11	常湖	FG020	南昌市	新建区	鄱阳湖碟形湖	鄱阳湖
12	三泥湾	FG102	南昌市	新建区、南昌县	鄱阳湖碟形湖	鄱阳湖
13	白沙湖	FG159	南昌市	新建区	鄱阳湖碟形湖	鄱阳湖
14	塘行湖	FG177	南昌市	新建区	鄱阳湖碟形湖	鄱阳湖
15	石湖	FG176	南昌市	新建区	鄱阳湖碟形湖	鄱阳湖
16	东江湖	FG164	南昌市	新建区	鄱阳湖碟形湖	鄱阳湖

续表 3-1

序号	湖泊名称	湖泊代码	设区市	县级行政区	类型	并入所属湖泊
17	三湖	FG096	南昌市	南昌县	鄱阳湖碟形湖	鄱阳湖
18	外青岚湖	FG120	南昌市	进贤县、南昌县	鄱阳湖碟形湖	鄱阳湖
19	坎下湖	FG061	南昌市	进贤县	鄱阳湖碟形湖	鄱阳湖
20	金溪湖	FG058	南昌市	进贤县、南昌县	鄱阳湖碟形湖	鄱阳湖
21	沙塘池	FG101	南昌市、上饶市	进贤县、余干县	鄱阳湖碟形湖	鄱阳湖
22	瑶岗湖	FG142	南昌市、上饶市	进贤县、余干县	鄱阳湖碟形湖	鄱阳湖
23	四季湖	FG113	南昌市、上饶市	进贤县、余干县	鄱阳湖碟形湖	鄱阳湖
24	杨坊湖	FG138	南昌市、上饶市	进贤县、余干县	鄱阳湖碟形湖	鄱阳湖
25	蚌湖	FG004	九江市	庐山市	鄱阳湖碟形湖	鄱阳湖
26	沙湖	FG098	九江市	庐山市	鄱阳湖碟形湖	鄱阳湖
27	牛轭湖	FG172	九江市	共青城市、庐山市	鄱阳湖碟形湖	鄱阳湖
28	南湖	FG169	九江市	永修县、庐山市、共青城市	鄱阳湖碟形湖	鄱阳湖
29	大湖池	FG029	九江市	永修县	鄱阳湖碟形湖	鄱阳湖
30	朱市湖	FG152	九江市	永修县	鄱阳湖碟形湖	鄱阳湖
31	常湖池	FG021	九江市	永修县	鄱阳湖碟形湖	鄱阳湖
32	中湖池	FG150	九江市	永修县	鄱阳湖碟形湖	鄱阳湖
33	梅西湖	FG071	九江市	永修县	鄱阳湖碟形湖	鄱阳湖
34	大汊湖	FG027	九江市	永修县	鄱阳湖碟形湖	鄱阳湖
35	竹筒湖	FG154	九江市	都昌县	鄱阳湖碟形湖	鄱阳湖
36	撮箕湖	FG187	九江市	都昌县	鄱阳湖碟形湖	鄱阳湖
37	草鱼角湖	FG162	九江市	都昌县	鄱阳湖碟形湖	鄱阳湖
38	林充湖	FG064	上饶市	余干县	鄱阳湖碟形湖	鄱阳湖
39	程家池	FG023	上饶市	余干县	鄱阳湖碟形湖	鄱阳湖

续表 3-1

序号	湖泊名称	湖泊代码	设区市	县级行政区	类型	并入所属湖泊
40	北口湾	FG011	上饶市	余干县	鄱阳湖碟形湖	鄱阳湖
41	韩家湖	FG049	上饶市	余干县	鄱阳湖碟形湖	鄱阳湖
42	晚湖	FG121	上饶市	余干县	鄱阳湖碟形湖	鄱阳湖
43	北汉湖	FG006	上饶市	鄱阳县	鄱阳湖碟形湖	鄱阳湖
44	汉池湖	FG050	上饶市	鄱阳县	鄱阳湖碟形湖	鄱阳湖
45	企湖	FG089	上饶市	鄱阳县	鄱阳湖碟形湖	鄱阳湖
46	珠池湖	FG182	上饶市	鄱阳县	鄱阳湖碟形湖	鄱阳湖
47	白池湖	FG002	上饶市	鄱阳县	鄱阳湖碟形湖	鄱阳湖
(二)	湖中湖				2个	
48	荙湖	FG054	南昌市	新建区	鄱阳湖湖中湖	鄱阳湖
49	花庙湖	FG053	九江市	都昌县	鄱阳湖湖中湖	鄱阳湖
(三)	双退圩区湖				3个	
50	后湖塘	FG052	上饶市	余干县	鄱阳湖双退圩区湖	鄱阳湖
51	倪湖	FG171	南昌市	进贤县	鄱阳湖双退圩区湖	鄱阳湖
52	马影湖	FG166	九江市	都昌县	鄱阳湖双退圩区湖	鄱阳湖
(四)	单退圩区湖				27个	
53	芳兰湖	FG165	九江市	濂溪区	鄱阳湖单退圩区湖	鄱阳湖
54	尹家湖	FG181	九江市	濂溪区	鄱阳湖单退圩区湖	鄱阳湖
55	谷山湖	FG047	九江市	濂溪区	鄱阳湖单退圩区湖	鄱阳湖
56	青山湖	FG093	九江市	濂溪区	鄱阳湖单退圩区湖	鄱阳湖
57	寺下湖	FG115	九江市	共青城市	鄱阳湖单退圩区湖	鄱阳湖
58	大湖	FG028	九江市	共青城市	鄱阳湖单退圩区湖	鄱阳湖
59	西眼堰	FG125	九江市	都昌县	鄱阳湖单退圩区湖	鄱阳湖
60	酬池湖	FG025	九江市	都昌县	鄱阳湖单退圩区湖	鄱阳湖
61	平池湖	FG086	九江市	都昌县	鄱阳湖单退圩区湖	鄱阳湖
62	龙潭湖	FG068	九江市	都昌县	鄱阳湖单退圩区湖	鄱阳湖
63	南溪湖	FG082	九江市	都昌县	鄱阳湖单退圩区湖	鄱阳湖
64	砖塘湾	FG156	九江市	都昌县	鄱阳湖单退圩区湖	鄱阳湖

续表 3-1

序号	湖泊名称	湖泊代码	设区市	县级行政区	类型	并入所属湖泊
65	小沔池	FG180	九江市	都昌县	鄱阳湖单退圩区湖	鄱阳湖
66	大沔池	FG032	九江市	都昌县	鄱阳湖单退圩区湖	鄱阳湖
67	新妙湖	FG134	九江市	都昌县	鄱阳湖单退圩区湖	鄱阳湖
68	团子口湖	FG119	九江市	都昌县	鄱阳湖单退圩区湖	鄱阳湖
69	土目湖	FG118	九江市	都昌县	鄱阳湖单退圩区湖	鄱阳湖
70	谢家湖	FG133	九江市	都昌县	鄱阳湖单退圩区湖	鄱阳湖
71	造湖	FG147	九江市	湖口县	鄱阳湖单退圩区湖	鄱阳湖
72	泊洋湖	FG015	九江市	湖口县	鄱阳湖单退圩区湖	鄱阳湖
73	南北港	FG168	九江市	湖口县	鄱阳湖单退圩区湖	鄱阳湖
74	润溪湖	FG095	上饶市	余干县	鄱阳湖单退圩区湖	鄱阳湖
75	大鸣湖	FG033	上饶市	鄱阳县	鄱阳湖单退圩区湖	鄱阳湖
76	小鸣湖	FG131	上饶市	鄱阳县	鄱阳湖单退圩区湖	鄱阳湖
77	南岸湖	FG075	上饶市	鄱阳县	鄱阳湖单退圩区湖	鄱阳湖
78	张家湖	FG149	九江市	都昌县	新妙湖湖中湖、单退圩区湖	鄱阳湖
79	大桥湖	FG034	九江市	湖口县	造湖湖中湖、单退圩区湖	鄱阳湖
二	赛城湖合并情况				3 个	
80	大城门湖	F7107	九江市	柴桑区	赛城湖湖中湖	赛城湖
81	小城门湖	F7112	九江市	柴桑区	赛城湖湖中湖	赛城湖
82	牧湖	F7109	九江市	柴桑区	赛城湖湖中湖	赛城湖

2. 撤销类湖泊

撤销类湖泊包括人工湖、水库型湖、城市特殊湖、无形态湖等几类。

第一类人工湖,非天然湖泊,不属本次湖泊调查研究范围,拟撤销湖泊名录。经调查,抚州市临川区梦湖属人工湖,拟不纳入湖泊名录。

第二类水库型湖,同样不是天然湖泊,实属人工水库,且水库注册大坝登记仍在册,拟撤销湖泊名录。经调查,鄱阳县博士湖实为赵家湾水库,属大坝注册登记在册水库,拟不纳入湖泊名录。

第三类城市特殊湖,在水利普查中实为水面面积 1 km² 以下湖泊,不属本次湖泊调查研究范围,拟撤销湖泊名录。经调查,南昌市城区的东湖、南湖、西湖、北湖 4 个湖泊水面面积均在 1 km² 以下,拟不纳入湖泊名录。

第四类无形态湖。原湖盆区水面已完全萎缩,湖盆形态基本消失。此类湖泊拟撤销名录。经调查,鄱阳县的饶山湖按历史湖区范围,现状已无湖泊水面,湖盆形态已基本消失,拟不纳入湖泊名录。

饶山湖湖盆区现状见图 3-1。

图 3-1　饶山湖湖盆区现状

水利普查名录湖泊撤销情况见表 3-2。

表 3-2　水利普查名录湖泊撤销情况

序号	湖泊名称	湖泊代码	设区市	县级行政区	撤销名录缘由
	合计				7 个
一	人工湖				1 个
1	梦湖	FG157	抚州市	临川区	城市人工湖泊
二	水库型湖				1 个
2	博士湖	FG016	上饶市	鄱阳县	实为赵家湾水库,大坝注册登记在册
三	城市特殊湖				4 个
3	北湖	FG160	南昌市	东湖区	水面面积 1 km² 以下
4	南湖	FG170	南昌市	东湖区	水面面积 1 km² 以下
5	东湖	FG163	南昌市	东湖区	水面面积 1 km² 以下
6	西湖	FG178	南昌市	西湖区	水面面积 1 km² 以下
四	无形态湖				1 个
7	饶山湖	FG094	上饶市	鄱阳县	现状已无水面,湖盆形态基本消失

3. 拟恢复处理类湖泊

水利普查名录内的 142 个湖泊,经调查核实,拟保留湖泊名录的湖泊 53 个(属水利普查公报湖泊名录中的湖泊有 49 个)。其中,部分湖泊受近十几年人类开发活动影响,湖泊水面被围垦耕种或养殖,水面萎缩,少数湖泊萎缩严重,甚至已无水面,但湖盆形态还在,此类湖泊拟按历史(20 世纪 80 年代)湖泊水面范围进行恢复。部分湖泊水域建有光伏发电项目,受光伏发电板安装高程影响,湖泊最高控制水位较自然状态下有所降低,水面范围和蓄水量有所减少,建议恢复。此外,对于部分湖泊内有单退圩区的,此单退圩区区域均按恢复至母湖湖体考虑。

经调查,水利普查名录内拟保留名录的 53 个湖泊中,拟恢复处理类湖泊 41 个。水利普查名录内拟恢复处理类湖泊情况见表 3-3。

表 3-3　水利普查名录内拟恢复处理类湖泊情况

序号	湖泊名称	湖泊代码	所在行政区	恢复区域	备注
	合计	41 个			
1	鄱阳湖	FG173	南昌、九江、上饶	湖汊围垦区、单退圩区围垦区	存在湖汊围湖养殖情况,建议恢复为湖泊水面
2	下庄湖	FG128	南昌经济技术开发区	鱼塘	近 0.9 km² 水面围垦成鱼塘,建议恢复为水面
3	杨家湖	FG139	南昌经济技术开发区	后庄至杨家湖路区域	码头、城市建设占用水面较多,恢复为湖泊水面难,建议后庄至杨家湖路未开发区域恢复为水面
4	大沙湖	FG036	南昌县	鱼塘	存在湖汊围湖养殖情况,建议恢复为湖泊水面
5	芳溪湖	FG046	南昌县	鱼塘	存在湖汊围湖养殖情况,建议恢复为湖泊水面
6	军山湖	FG060	进贤县	鱼塘	存在湖汊围湖养殖情况,建议恢复为湖泊水面
7	内青岚湖	FG074	进贤县	鱼塘	存在湖汊围湖养殖情况,建议恢复为湖泊水面
8	东港湖	FG040	进贤县	鱼塘、农田	现状无水面,主要为鱼塘、农田,建议恢复为湖泊水面,或纳入军山湖湖体
9	苗塘池	FG073	进贤县	鱼塘、农田	现状无水面,主要为鱼塘、农田,建议恢复为湖泊水面,或纳入军山湖湖体

续表 3-3

序号	湖泊名称	湖泊代码	所在行政区	恢复区域	备注
10	陈家湖	FG022	进贤县	鱼塘	存在湖汊围湖养殖情况，建议恢复为湖泊水面
11	瑶岗湖	FG141	进贤县	鱼塘	存在湖汊围湖养殖情况，建议恢复为湖泊水面
12	赛城湖	F7123	八里湖新区、柴桑区、瑞昌市	鱼塘、单退圩区、尾坝矿区、光伏发电项目区	存在湖汊围湖养殖种植、铜矿区与光伏发电板占用水面情况，建议恢复为湖泊水面
13	船头湖	F7106	柴桑区	鱼塘	存在湖汊围湖养殖情况，建议恢复为湖泊水面
14	禁湖（东湖）	F7120	柴桑区	鱼塘	存在湖汊围湖养殖情况，建议恢复为湖泊水面
15	杨柳湖（安定湖）	F7114	柴桑区、瑞昌市	鱼塘、光伏发电项目区	存在湖汊围湖养殖、光伏发电板占用水面情况，建议恢复为湖泊水面
16	赤湖	F7105	瑞昌市、柴桑区	鱼塘、光伏发电项目区	存在湖汊围湖养殖、光伏发电板占用水面情况，建议恢复为湖泊水面
17	蓼花池	FG063	庐山市	单退圩区、鱼塘、农田	存在湖汊围湖养殖种植情况，建议恢复为湖泊水面
18	黄茅潭	F8091	湖口县	鱼塘	存在湖汊围湖养殖情况，建议恢复为湖泊水面
19	芳湖	F8090	彭泽县	单退圩区、鱼塘、农田	存在湖汊围湖养殖种植情况，建议恢复为湖泊水面
20	太泊湖	F8082	彭泽县	鱼塘	存在湖汊围湖养殖情况，建议恢复为湖泊水面
21	康山湖	FG186	余干县	鱼塘、农田	存在湖汊围湖养殖种植情况，建议恢复为湖泊水面
22	沙湖	FG100	余干县	农田、鱼塘	存在湖汊围湖养殖种植情况，建议恢复为湖泊水面

续表 3-3

序号	湖泊名称	湖泊代码	所在行政区	恢复区域	备注
23	江家湖	FG056	余干县	鱼塘、光伏发电项目区	存在湖汊围湖养殖、光伏发电板占用水面情况，建议恢复为湖泊水面
24	杨林浆湖	FG140	余干县	鱼塘	存在湖汊围湖养殖情况，建议恢复为湖泊水面
25	大口湖	FG030	余干县	鱼塘、光伏发电项目区	存在湖汊围湖养殖、光伏发电板占用水面情况，建议恢复为湖泊水面
26	燕湖	FG137	余干县	农田、鱼塘	存在湖汊围湖养殖种植情况，建议恢复为湖泊水面
27	北湖	FG183	余干县	鱼塘	存在湖汊围湖养殖情况，建议恢复为湖泊水面
28	泊头湖	FG184	余干县	农田、鱼塘	存在湖汊围湖养殖种植情况，建议恢复为湖泊水面
29	珠湖	FG153	鄱阳县	鱼塘、农田	存在湖汊围湖养殖种植情况，建议恢复为湖泊水面
30	青山湖	FG091	鄱阳县	鱼塘、农田	存在湖汊围湖养殖种植情况，建议恢复为湖泊水面
31	上土湖	FG108	鄱阳县	鱼塘	存在湖汊围湖养殖情况，建议恢复为湖泊水面
32	东湖	FG042	鄱阳县	鱼塘	存在湖汊围湖养殖情况，建议恢复为湖泊水面
33	道汊湖	FG039	鄱阳县	农田、鱼塘	存在湖汊围湖养殖种植情况，建议恢复为湖泊水面
34	塔前湖	FG116	鄱阳县	鱼塘	存在湖汊围湖养殖情况，建议恢复为湖泊水面
35	麻叶湖	FG069	鄱阳县	单退圩区、鱼塘、光伏发电项目区	存在湖汊围湖养殖、光伏发电板占用水面情况，建议恢复为湖泊水面
36	菱角塘	FG065	鄱阳县	光伏发电项目区	存在光伏发电板占用水面情况，建议恢复为湖泊水面

续表 3-3

序号	湖泊名称	湖泊代码	所在行政区	恢复区域	备注
37	娇家湖	FG057	鄱阳县	农田、鱼塘、光伏发电项目区	存在湖汊围湖养殖种植、光伏发电板占用水面情况,建议恢复为湖泊水面
38	官塘湖	FG048	鄱阳县、万年县	农田、鱼塘	存在湖汊围湖养殖种植情况,建议恢复为湖泊水面
39	毛坊湖	FG070	丰城市	农田、鱼塘	存在湖汊围湖养殖种植情况,建议恢复为湖泊水面
40	浠湖	FG126	丰城市	鱼塘	存在湖汊围湖养殖情况,建议恢复为湖泊水面
41	药湖	FG144	丰城市	鱼塘	存在湖汊围湖养殖情况,建议恢复为湖泊水面

3.1.1.2　水利普查名录外湖泊

通过地方上报或运用卫星遥感影像查找比对,结合现场调查,经内业分析确认,江西省有南塘湖、儒乐湖、矶山湖、白莲湖、竹子池、小口湖、大塘湖等 7 个水面面积 1 km² 以上的湖泊未纳入第一次水利普查湖泊名录中,本次拟纳入调查研究湖泊名录。水利普查名录外湖泊名录见表 3-4。

表 3-4　水利普查名录外湖泊名录

序号	湖泊名称	水面面积/km²	设区市	县级行政区
1	南塘湖	1.05	南昌市	南昌国家高新技术产业开发区(简称南昌高新区)
2	儒乐湖	1.36	南昌市	南昌经济技术开发区
3	矶山湖	3.31	九江市	都昌县
4	白莲湖	1.29	九江市	永修县
5	竹子池	2.37	上饶市	余干县
6	小口湖	1.50	上饶市	余干县
7	大塘湖	1.01	上饶市	鄱阳县

3.1.1.3　湖泊数量统计

经合并或撤销处理后,全省第一次水利普查名录内的 142 个湖泊调整为 53 个,本次调查新增 7 个,合计全省水面面积 1 km² 以上湖泊 60 个。其中,跨省湖泊 1 个,为江西省彭泽县与安徽省东至县交界处的太泊湖;跨设区市湖泊 1 个,为鄱阳湖。水面面积 1 km² 以上湖泊名录见表 3-5。

表 3-5　水面面积 1 km² 以上湖泊名录

序号	湖泊名称	所在行政区	湖泊面积/km²	水面面积/km²	原水利普查水面面积/km²	备注
	合计		4 701.46	4 553.19		
1	鄱阳湖	南昌、九江、上饶	3 860.03	3 738.47	2 978	水利普查名录内、公报内湖泊
2	青山湖	青山湖区	3.21	3.09	3.14	水利普查名录内、公报内湖泊
3	艾溪湖	青山湖区、南昌高新区	3.98	3.90	3.91	水利普查名录内、公报内湖泊
4	瑶湖	南昌高新区	21.45	21.13	20.5	水利普查名录内、公报内湖泊
5	南塘湖	南昌高新区	1.18	1.05		新增
6	前湖	红谷滩区	1.84	1.75	1.78	水利普查名录内、公报内湖泊
7	象湖	青云谱区	3.99	3.33	—	水利普查名录内湖泊
8	梅湖	青云谱区	1.41	1.14	—	水利普查名录内湖泊
9	上池湖	新建区、南昌经济技术开发区	3.65	3.27	4.73	水利普查名录内、公报内湖泊
10	下庄湖	南昌经济技术开发区	1.96	1.90	1.72	水利普查名录内、公报内湖泊
11	杨家湖	南昌经济技术开发区	1.52	1.14	2.21	水利普查名录内、公报内湖泊
12	儒乐湖	南昌经济技术开发区	1.62	1.36		新增
13	大沙湖	南昌县	5.87	5.14	5.58	水利普查名录内、公报内湖泊
14	芳溪湖	南昌县	3.88	3.57	3.69	水利普查名录内、公报内湖泊

续表 3-5

序号	湖泊名称	所在行政区	湖泊面积/km²	水面面积/km²	原水利普查水面面积/km²	备注
15	军山湖	进贤县	200.30	197.16	164	水利普查名录内、公报内湖泊
16	内青岚湖	进贤县	19.80	18.69	—	水利普查名录内湖泊
17	东港湖	进贤县	10.36	8.28	4.87	水利普查名录内、公报内湖泊
18	苗塘池	进贤县	7.17	6.96	4.14	水利普查名录内、公报内湖泊
19	陈家湖	进贤县	20.80	20.49	18.6	水利普查名录内、公报内湖泊
20	瑶岗湖	进贤县	3.30	3.13	3.63	水利普查名录内、公报内湖泊
21	白水湖	浔阳区	1.29	1.25	1.4	水利普查名录内、公报内湖泊
22	甘棠湖(南门湖)	浔阳区	1.37	1.32	—	水利普查名录内湖泊
23	八里湖	八里湖新区	18.60	18.20	20	水利普查名录内、公报内湖泊
24	赛城湖	八里湖新区、柴桑区、瑞昌市	67.30	66.40	57.01(含大小城门湖、牧湖)	水利普查名录内、公报内湖泊
25	船头湖	柴桑区	2.52	2.37	1.99	水利普查名录内、公报内湖泊
26	禁湖(东湖)	柴桑区	1.58	1.50	2.32	水利普查名录内、公报内湖泊
27	杨柳湖(安定湖)	瑞昌市、柴桑区	1.88	1.72	1.93	水利普查名录内、公报内湖泊
28	赤湖	瑞昌市、柴桑区	58.10	56.70	58	水利普查名录内、公报内湖泊

续表 3-5

序号	湖泊名称	所在行政区	湖泊面积/km²	水面面积/km²	原水利普查水面面积/km²	备注
29	下巢湖	瑞昌市	1.29	1.26	1.39	水利普查名录内、公报内湖泊
30	蓼花池	庐山市	7.27	6.96	3.92	水利普查名录内、公报内湖泊
31	矶山湖	都昌县	3.35	3.31		新增
32	东湖	都昌县	1.36	1.34	1.47	水利普查名录内、公报内湖泊
33	黄茅潭	湖口县	11.29	10.84	8.02	水利普查名录内、公报内湖泊
34	芳湖	彭泽县	55.58	53.99	11.1	水利普查名录内、公报内湖泊
35	太泊湖	彭泽县、东至县	34.10	33.65	34.5	水利普查名录内、公报内湖泊(表中为在江西省内面积,整个湖泊面积和水面面积分别为 37.79 km² 和 37.38 km²)
36	白莲湖	永修县	1.33	1.29		新增
37	康山湖	余干县	98.55	96.24	83.8	水利普查名录内、公报内湖泊
38	沙湖	余干县	1.19	1.13	1.24	水利普查名录内、公报内湖泊
39	江家湖	余干县	3.65	3.42	1.85	水利普查名录内、公报内湖泊
40	竹子池	余干县	2.63	2.37		新增
41	杨林浆湖	余干县	1.31	1.28	5.07	水利普查名录内、公报内湖泊
42	小口湖	余干县	1.59	1.50		新增

续表3-5

序号	湖泊名称	所在行政区	湖泊面积/km²	水面面积/km²	原水利普查水面面积/km²	备注
43	大口湖	余干县	1.56	1.04	1.63	水利普查名录内、公报内湖泊
44	燕湖	余干县	2.14	1.82	2.53	水利普查名录内、公报内湖泊
45	北湖	余干县	3.89	3.56	2.1	水利普查名录内、公报内湖泊
46	泊头湖	余干县	2.01	1.94	2.43	水利普查名录内、公报内湖泊
47	珠湖	鄱阳县	94.20	91.56	66.6	水利普查名录内、公报内湖泊
48	青山湖	鄱阳县	6.35	5.26	3.1	水利普查名录内、公报内湖泊
49	上土湖	鄱阳县	2.80	2.62	1.79	水利普查名录内、公报内湖泊
50	东湖	鄱阳县	2.11	1.94	1.76	水利普查名录内、公报内湖泊
51	大塘湖	鄱阳县	1.07	1.01		新增
52	道汊湖	鄱阳县	3.40	3.22	1.68	水利普查名录内、公报内湖泊
53	塔前湖	鄱阳县	2.57	2.20	3.29	水利普查名录内、公报内湖泊
54	麻叶湖	鄱阳县	4.85	4.58	2.37	水利普查名录内、公报内湖泊
55	菱角塘	鄱阳县	2.52	2.50	2.15	水利普查名录内、公报内湖泊

续表 3-5

序号	湖泊名称	所在行政区	湖泊面积/km²	水面面积/km²	原水利普查水面面积/km²	备注
56	娇家湖	鄱阳县	2.04	1.87	1.29	水利普查名录内、公报内湖泊
57	官塘湖	鄱阳县、万年县	1.58	1.39	1.44	水利普查名录内、公报内湖泊
58	毛坊湖	丰城市	4.58	4.54	2.5	水利普查名录内、公报内湖泊
59	浠湖	丰城市	2.64	2.50	3.11	水利普查名录内、公报内湖泊
60	药湖	丰城市	6.70	6.65	6.08	水利普查名录内、公报内湖泊

按行政区划统计:南昌市 20 个(鄱阳湖重复统计),九江市 17 个(鄱阳湖重复统计),上饶市 22 个(鄱阳湖重复统计),宜春市 3 个。各设区市湖泊数量见表 3-6。

表 3-6　各设区市湖泊数量统计

序号	设区市名称	湖泊数量/个	占全省总数百分比/%
	全省	60	
1	南昌市	20	33.3
2	九江市	17	28.3
3	上饶市	22	36.7
4	宜春市	3	5.0

注:跨设区市湖泊 1 个,为鄱阳湖,跨南昌、九江和上饶 3 市,各市分别统计数量,合计为 1 个。

按湖泊水面面积统计:水面面积 1 000 km² 以上的湖泊 1 个,为鄱阳湖;水面面积 100~1 000 km² 的湖泊 1 个,为南昌市进贤县军山湖;水面面积 50~100 km² 的湖泊 5 个,其中上饶市 2 个(康山湖、珠湖),九江市 3 个(赛城湖、赤湖、芳湖);水面面积 10~50 km² 的湖泊 6 个,其中南昌市 3 个(瑶湖、陈家湖、内青岚湖),九江市 3 个(太泊湖、八里湖、黄茅潭);水面面积 1~10 km² 的湖泊 47 个。按面积大小分类统计见表 3-7。

表 3-7　按面积大小分类统计

按面积大小分类	数量/个	按行政区划统计		备注
		行政区名称	数量/个	
合计	60		60	
水面面积 1 000 km² 以上湖泊	1	南昌市、九江市、上饶市	1	鄱阳湖
水面面积 100~1 000 km² 湖泊	1	南昌市	1	军山湖
水面面积 50~100 km² 湖泊	5	上饶市	2	康山湖、珠湖
		九江市	3	赛城湖、赤湖、芳湖
水面面积 10~50 km² 湖泊	6	南昌市	3	瑶湖、陈家湖、内青岚湖
		九江市	3	太泊湖、八里湖、黄茅潭
水面面积 1~10 km² 湖泊	47	南昌市	15	
		九江市	10	
		上饶市	19	
		宜春市	3	

3.1.2　湖泊分布

江西省水面面积 1 km² 以上湖泊具有密集成片分布的特点,全部位于江西省北部区域,仅涉及全省的 4 个设区市(南昌、九江、上饶、宜春),集中镶嵌于鄱阳湖平原区和长江沿岸区纵横交错的水网之间,是鄱阳湖区和长江沿岸重要的蓄洪与分洪场所。

鄱阳湖平原区分布有包含鄱阳湖在内的 48 个湖泊,占全省水面面积 1 km² 以上湖泊的 80%,均属鄱阳湖水系湖泊,呈环鄱阳湖分布状态。以抚河河道至鄱阳湖出口水路为东西界,以潼津河河道至共青城南湖水路为南北界,鄱阳湖东北面分布有都昌县的矶山湖、东湖和鄱阳县的麻叶湖、菱角塘、娇家湖等 5 个湖泊,鄱阳湖东南面分布有珠湖、康山湖、军山湖、内青岚湖等属于鄱阳、余干、进贤 3 县的 24 个湖泊,鄱阳湖西南面分布有大沙湖、象湖、瑶湖、前湖、上池湖、白莲湖等属于南昌县、青山湖区、南昌高新区、南昌经济技术开发区、新建区、青云谱区、红谷滩区、永修县、丰城市的 17 个湖泊,鄱阳湖西北面分布有庐山市的蓼花池 1 个湖泊。

长江沿岸区分布有 12 个湖泊,均属长江干流水系湖泊,沿长江右岸呈带状分布。其中,湖口以上干流沿岸从上游往下游依次分布有下巢湖、赤湖、杨柳湖(安定湖)、禁湖(东湖)、船头湖、赛城湖、八里湖、甘棠湖(南门湖)、白水湖等 9 个湖泊,位于瑞昌、柴桑、八里湖新区、浔阳等 4 市(区);湖口以下干流沿岸从上游往下游依次分布有黄茅潭、芳湖、太泊湖 3 个湖泊,位于湖口、彭泽 2 县。

江西省水面面积 1 km² 以上湖泊分布见图 3-2。

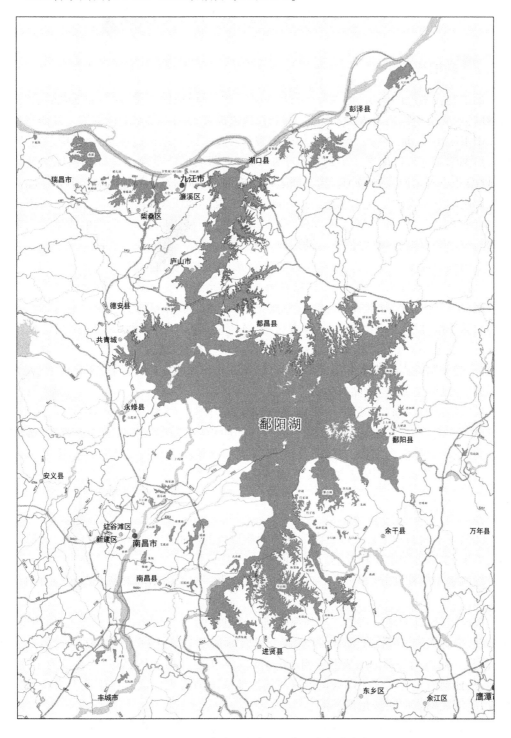

图 3-2　江西省水面面积 1 km² 以上湖泊分布

3.2　湖泊成因类型与历史演变

3.2.1　湖泊成因

　　湖泊是在一定的地质、地理背景条件下形成的,形成原因多种多样,如地壳的运动、大自然的侵蚀、堆积作用与人为的力量,都会让地表形成凹陷地蓄水变成湖泊。江西省位于长江中下游南岸,地处扬子准地台、华南褶皱系两大不同大地构造单元,地质构造复杂,境内天然湖泊靠近长江南岸、“五河”尾闾两岸分布,湖泊形成受燕山运动与河床演变影响明显,因此境内湖泊大多是与新构造断陷或河床演变有关的构造湖或河成湖。

　　鄱阳湖早期为中生代末期燕山运动断裂而形成的地堑型湖盆,后续受长江河道摆动和“五河”河床淤积、演变等因素影响,湖泊形态随之演变。因此,鄱阳湖的成型受构造运动和河床演变双重影响,以构造运动形成为主。

　　军山湖形成于5世纪后,因新构造断陷而成,在元明两代随鄱阳湖地区沉降与鄱阳湖连为一体,后为治理水旱灾害,于1958年在军山湖北部的三阳至泸浔渡之间修筑军山圩和水闸,军山湖从此与鄱阳湖分离,成为独立湖泊,因此军山湖的成形受构造运动和人为作用双重影响,以人为作用为主。内青岚湖、陈家湖、康山湖、珠湖、东湖(鄱阳县)、上土湖、青山湖(鄱阳县)、东湖(都昌县)、矶山湖等与军山湖形成因素相同,原同属鄱阳湖的一部分,随鄱阳湖因新构造断陷而形成,中华人民共和国成立后,为治理水旱灾害,人为筑堤拦截,与鄱阳湖分离,从而成为独立湖泊。

　　长江沿岸的赤湖、赛城湖、八里湖、甘棠湖(南门湖)、白水湖、黄茅潭、芳湖、太泊湖、下巢湖等湖泊均为直入长江的淡水湖,原为江河冲积后的沼泽区,后经围垦改造,致使江湖分离,沼泽最终成为湖泊。瑶湖、艾溪湖、药湖等其他湖泊与长江沿岸的赤湖、赛城湖等直入长江湖泊形成因素相似,原多为江河冲积后的沼泽区,后经围垦改造形成固定湖。

3.2.2　湖泊类型

　　江西省水面面积1 km² 以上湖泊均为天然形成的淡水湖,除鄱阳湖敞口外,其他湖泊均受堤坝、水闸等挡水工程控制。按不同性质分类如下。

　　按泄水控制程度分:鄱阳湖出口敞开,属吞吐湖;其他湖泊出口受堤坝或水闸控制,属闭流湖。

　　按成因分:鄱阳湖受构造运动和河床演变双重影响,以构造运动形成为主,属构造湖;军山湖、内青岚湖、陈家湖、康山湖、珠湖、东湖(鄱阳县)、上土湖、青山湖(鄱阳县)、东湖(都昌县)、矶山湖等湖泊的成形受构造运动和人为力量双重影响,以人为力量为主,属河成湖;其他湖泊多为河床摆动残留形成河间洼地或随河流天然成堤伴生或人为筑堤拦截形成,属河成湖或河间洼地型湖泊。

　　按地理位置分:瑶湖、艾溪湖、青山湖(南昌市)、南塘湖、象湖、梅湖、前湖、下庄湖、儒乐湖、杨家湖、白莲湖、东湖(鄱阳县)、东湖(都昌县)、白水湖、甘棠湖(南门湖)、八里湖等16个湖泊位于城市建成区,属城中湖,其中以南昌市城区(10个)和九江市城区(3个)

居多;内青岚湖、上土湖、大塘湖、赛城湖、杨柳湖(安定湖)等 5 个湖泊位于城市郊区或边缘,属城郊湖;鄱阳湖、军山湖、康山湖、珠湖、太泊湖等 39 个湖泊位于农村地区,属农村湖,占比 65%。

湖泊分类情况见表 3-8。

表 3-8　湖泊分类情况

序号	湖泊名称	所在行政区	按泄水控制程度分		按成因分		按地理位置分		
			吞吐湖	闭流湖	构造湖	河成湖	城中湖	城郊湖	农村湖
数量统计/个			1	59	1	59	16	5	39
1	鄱阳湖	南昌市、九江市、上饶市	√		√				√
2	青山湖	青山湖区		√		√	√		
3	艾溪湖	南昌高新区		√		√	√		
4	瑶湖	南昌高新区		√		√	√		
5	南塘湖	南昌高新区		√		√	√		
6	前湖	红谷滩区		√		√	√		
7	象湖	青云谱区		√		√	√		
8	梅湖	青云谱区		√		√	√		
9	上池湖	新建区、南昌经济技术开发区		√		√			√
10	下庄湖	南昌经济技术开发区		√		√	√		
11	杨家湖	南昌经济技术开发区		√		√	√		
12	儒乐湖	南昌经济技术开发区		√		√	√		
13	大沙湖	南昌县		√		√			√
14	芳溪湖	南昌县		√		√			√
15	军山湖	进贤县		√		√			√
16	内青岚湖	进贤县		√		√		√	

续表 3-8

序号	湖泊名称	所在行政区	按泄水控制程度分		按成因分		按地理位置分		
			吞吐湖	闭流湖	构造湖	河成湖	城中湖	城郊湖	农村湖
17	东港湖	进贤县		√		√			√
18	苗塘池	进贤县		√		√			√
19	陈家湖	进贤县		√		√			√
20	瑶岗湖	进贤县		√		√			√
21	白水湖	浔阳区		√		√	√		
22	甘棠湖（南门湖）	浔阳区		√		√	√		
23	八里湖	八里湖新区		√		√	√		
24	赛城湖	八里湖新区、柴桑区、瑞昌市		√		√		√	
25	船头湖	柴桑区		√		√			√
26	禁湖（东湖）	柴桑区		√		√			√
27	杨柳湖（安定湖）	柴桑区、瑞昌市		√		√		√	
28	赤湖	瑞昌市、柴桑区		√		√			√
29	下巢湖	瑞昌市		√		√			√
30	蓼花池	庐山市		√		√			√
31	矶山湖	都昌县		√		√			√
32	东湖	都昌县		√		√	√		
33	黄茅潭	湖口县		√		√			√
34	芳湖	彭泽县		√		√			√
35	太泊湖	彭泽县		√		√			√
36	白莲湖	永修县		√		√	√		
37	康山湖	余干县		√		√			√
38	沙湖	余干县		√		√			√
39	江家湖	余干县		√		√			√

续表 3-8

序号	湖泊名称	所在行政区	按泄水控制程度分		按成因分		按地理位置分		
			吞吐湖	闭流湖	构造湖	河成湖	城中湖	城郊湖	农村湖
40	竹子池	余干县		√		√			√
41	杨林浆湖	余干县		√		√			√
42	小口湖	余干县		√		√			√
43	大口湖	余干县		√		√			√
44	燕湖	余干县		√		√			√
45	北湖	余干县		√		√			√
46	泊头湖	余干县		√		√			√
47	珠湖	鄱阳县		√		√			√
48	青山湖	鄱阳县		√		√			√
49	上土湖	鄱阳县		√		√		√	
50	东湖	鄱阳县		√		√	√		
51	大塘湖	鄱阳县		√		√		√	
52	道汊湖	鄱阳县		√		√			√
53	塔前湖	鄱阳县		√		√			√
54	麻叶湖	鄱阳县		√		√			√
55	菱角塘	鄱阳县		√		√			√
56	娇家湖	鄱阳县		√		√			√
57	官塘湖	鄱阳县、万年县		√		√			√
58	毛坊湖	丰城市		√		√			√
59	浠湖	丰城市		√		√			√
60	药湖	丰城市		√		√			√

3.2.3　湖泊历史演变

1 亿年前中生代末的燕山运动,在幕阜山、九岭山与怀玉山之间,产生了两条近南北向的大断裂。燕山期后,断裂之间陷落形成了一个巨大的洼地——地堑型湖盆。第三纪末期以来,湖盆曾出现过反复多次的升降变化,但总的趋势是处于上升之中,到第四纪上更新世,因普遍陆升而呈现一片河网交错的平原地貌。

更新世晚期,长江武穴与望江之间的主泓道南移到今长江河道上,长江以北残存的河段,全新世以来因处于扬子准地槽新构造掀斜下陷带,逐渐扩展成湖,并与长江水面相连接,这便是历史时期的古彭蠡泽。江的南面处于湖口—星子大断裂的江湖分水岭,随着断块差异的升降运动下陷,加之古赣江下游汇注于此,扩展成为较大的水域,并因长江洪水过程的增大而在湖口相通,与古彭蠡泽连为一体。随着以赣江为主的南北分汊水系所挟带的泥沙在水下新老河段之间的脊线上逐渐沉淀,最后露出水面形成自然堤,使古彭蠡泽长江以北部分与长江水道逐渐分隔开。长江以南部分便演变成班固在《汉书·地理志》中所称的湖口附近的"彭蠡"。三国以后,因湖水扩展到今庐山市附近的宫庭庙,"彭蠡"又称"宫庭湖"。至北魏郦道元著《水经注》时,彭蠡湖水域已经扩展到今松门山附近。松门山以南原本是人烟稠密的枭阳平原,随着湖水的不断南侵,湖盆地内的枭阳县和海昏县先后被淹入水中。隋代彭蠡湖向南扩展到今鄱阳县城附近,始称鄱阳湖;唐、宋、元继续南侵扩展,至元末明初鄱阳湖已扩展为水域浩瀚的大湖。明、清以来水域的扩展趋势并未终止,今青岚湖、军山湖、康山湖所在水域及鄱阳湖南部湖岸沿线伸入陆地的大量港汊,就是湖域扩展的产物。在长江及鄱阳湖平原水网河道摆动与河床淤积、演变的漫长过程中,长江沿岸及鄱阳湖周边平原水网区陆续形成了许多大大小小的河间洼地型湖泊。

中华人民共和国成立后,由于水旱灾害治理及大力发展农业生产的需要,人们在鄱阳湖平原开展了大量的围垦筑堤活动,鄱阳湖的南扩得到控制,军山湖、内青岚湖、陈家湖、珠湖、康山湖、矶山湖等一批人为力量作用的湖泊从鄱阳湖剥离形成独立湖泊,鄱阳湖面积进入萎缩期。据有关资料,鄱阳湖湖口水位 20.09 m(黄海高程)时,湖体水面面积由1954 年的 4 390 km² 缩减至 1985 年的 3 222 km²,1998—2002 年实施"平垸行洪、退田还湖、移民建镇"工程后,鄱阳湖水面有所恢复。同时,禁湖(东湖)、杨林浆湖、官塘湖等一大批湖泊因围垦活动或城市开发建设,水面面积发生了不同程度的萎缩。

3.3　湖泊水生态环境状况

2019 年,江西省水文监测中心(原江西省水文局)和水利部中国科学院水工程生态研究所联合开展了江西省水面面积 1 km² 以上湖泊水生态调查,有 44 个湖泊为本次调查名录内湖泊。调查主要指标包括基于水化学的水质类别、富营养化等级、基于生物学水质等级和水生态评价等级。

基于水化学的水质类别,以《地表水环境质量标准》(GB 3838—2002)为评价标准,采用单因子进行评价,参评项目有 pH、溶解氧、高锰酸盐指数、氨氮、总磷、总氮共 6 项,类别包括Ⅰ~Ⅴ类、劣Ⅴ类。富营养化等级按《地表水资源质量评价技术规程》(SL 395—2007)评价,以叶绿素 a、总磷、总氮、透明度、高锰酸盐指数为评价指标,等级状态包括贫营养、中营养、富营养(轻度、中度、重度)。基于生物学水质等级,按照底栖动物科级水平生物指数评价,底栖动物耐污值越高,证明水质越差,分为优、良、中、差、劣 5 个等级。水生态评价等级以浮游植物密度和底栖动物完整性为评价指标,浮游植物密度越大、底栖动物完整性越差,水生态评价等级越差,分为优、良、中、差、劣 5 个等级。

按水化学的水质评价方法:44 个湖泊中,水质类别为Ⅱ类的湖泊有 2 个,为军山湖和珠湖;Ⅲ类的湖泊有 7 个,分别为鄱阳湖、陈家湖、赛城湖、赤湖、下巢湖、康山湖、娇家湖;Ⅳ类的湖泊有 14 个;Ⅴ类的湖泊有 16 个;劣Ⅴ类的湖泊有 5 个,分别为东湖(鄱阳县)、麻叶湖、菱角塘、毛坊湖和药湖。

按富营养化评价方法:44 个湖泊中,中营养湖泊 3 个,分别为鄱阳湖、军山湖和珠湖;其余 41 个湖泊均为富营养化,其中,轻度富营养化 22 个,中度富营养化 19 个。

按生物学的水质评价方法:44 个湖泊中,水质等级为中等及以上的湖泊有 17 个,差等 14 个,劣等 13 个。其中,中等及以上湖泊中,优等 5 个,分别为鄱阳湖、艾溪湖、下巢湖、东湖(都昌县)、菱角塘;良等 5 个,分别为赤湖、蓼花池、江家湖、北湖、浠湖;中等 7 个,分别为大沙湖、赛城湖、芳湖、燕湖、珠湖、东湖(鄱阳县)、麻叶湖。

按水生态评价方法:44 个湖泊中,水生态等级良等的湖泊 4 个,分别为军山湖、八里湖、珠湖、毛坊湖;中等 13 个;差等 22 个;劣等 5 个,分别为下庄湖、白水湖、杨柳湖(安定湖)、黄茅潭、芳湖。

部分湖泊水生态环境评价结果见表 3-9。

表 3-9　部分湖泊水生态环境评价结果

序号	湖泊名称	设区市	行政区划	基于水化学的水质类别	富营养化等级	基于生物学的水质等级	水生态评价等级
1	鄱阳湖	九江、上饶、南昌	南昌市、九江市、上饶市	Ⅲ	中营养	优	中
2	青山湖	南昌	青山湖区	Ⅳ	中度富营养化	劣	差
3	艾溪湖	南昌	青山湖区、南昌高新区	Ⅳ	轻度富营养化	优	中
4	瑶湖	南昌	南昌高新区	Ⅴ	中度富营养化	劣	差
5	前湖	南昌	红谷滩区	Ⅳ	中度富营养化	劣	差
6	下庄湖	南昌	南昌经济技术开发区	Ⅴ	中度富营养化	劣	劣
7	上池湖	南昌	新建区、南昌经济技术开发区	Ⅴ	中度富营养化	劣	差
8	大沙湖	南昌	南昌县	Ⅳ	轻度富营养化	中	差
9	芳溪湖	南昌	南昌县	Ⅴ	中度富营养化	劣	差
10	军山湖	南昌	进贤县	Ⅱ	中营养	差	良
11	陈家湖	南昌	进贤县	Ⅲ	轻度富营养化	劣	差

续表 3-9

序号	湖泊名称	设区市	行政区划	基于水化学的水质类别	富营养化等级	基于生物学的水质等级	水生态评价等级
12	瑶岗湖	南昌	进贤县	V	中度富营养化	劣	差
13	白水湖	九江	浔阳区	V	中度富营养化	劣	劣
14	八里湖	九江	九江市八里湖新区	IV	轻度富营养化	劣	良
15	赛城湖	九江	八里湖新区、柴桑区、瑞昌市	III	轻度富营养化	中	差
16	船头湖	九江	柴桑区	IV	轻度富营养化	劣	差
17	杨柳湖（安定湖）	九江	瑞昌市、柴桑区	V	中度富营养化	差	劣
18	赤湖	九江	瑞昌市、柴桑区	III	轻度富营养化	良	差
19	下巢湖	九江	瑞昌市	III	中度富营养化	优	差
20	蓼花池	九江	庐山市	IV	轻度富营养化	良	中
21	东湖	九江	都昌县	IV	轻度富营养化	优	中
22	黄茅潭	九江	湖口县	V	中度富营养化	差	劣
23	芳湖	九江	彭泽县	V	轻度富营养化	中	劣
24	太泊湖	九江	彭泽县、安徽东至县	V	中度富营养化	劣	差
25	康山湖	上饶	余干县	III	轻度富营养化	差	中
26	沙湖	上饶	余干县	V	轻度富营养化	差	中
27	江家湖	上饶	余干县	V	中度富营养化	良	差
28	大口湖	上饶	余干县	IV	轻度富营养化	差	中
29	燕湖	上饶	余干县	IV	轻度富营养化	中	中
30	北湖	上饶	余干县	IV	轻度富营养化	良	差
31	泊头湖	上饶	余干县	V	轻度富营养化	差	差
32	珠湖	上饶	鄱阳县	II	中营养	中	良
33	青山湖	上饶	鄱阳县	IV	轻度富营养化	差	差
34	上土湖	上饶	鄱阳县	V	中度富营养化	劣	差

续表 3-9

序号	湖泊名称	设区市	行政区划	基于水化学的水质类别	富营养化等级	基于生物学的水质等级	水生态评价等级
35	东湖	上饶	鄱阳县	劣V	中度富营养化	中	差
36	道汊湖	上饶	鄱阳县	IV	中度富营养化	差	中
37	塔前湖	上饶	鄱阳县	V	轻度富营养化	差	差
38	麻叶湖	上饶	鄱阳县	劣V	轻度富营养化	中	差
39	菱角塘	上饶	鄱阳县	劣V	轻度富营养化	优	差
40	娇家湖	上饶	鄱阳县	III	轻度富营养化	差	中
41	官塘湖	上饶	鄱阳县、万年县	V	轻度富营养化	差	中
42	毛坊湖	宜春	丰城市	劣V	中度富营养化	差	良
43	浠湖	宜春	丰城市	IV	中度富营养化	良	中
44	药湖	宜春	丰城市	劣V	中度富营养化	差	中

3.4　湖泊管理情况

　　根据调查,截至 2021 年底,江西省全省水面面积 1 km² 以上的湖泊均未成立综合性的湖泊专门管理机构,部分湖泊成立有行业性的管理单位,如南昌市青山湖由青山湖风景管理处管理、艾溪湖和瑶湖由南昌市水产局管理、军山湖由进贤县军山湖河道堤防管理局管理、甘棠湖(南门湖)由九江市园林管理局管理、芳湖和太泊湖由彭泽农垦集团有限公司管理等,多数湖泊仍是由乡镇政府管理。现状湖泊管理涉及水利、生态环境、农业农村、自然资源、住建、文化和旅游等多个部门,存在"政出多门""各自为政"等问题,有的部门法规协调性不够,各部门依据各自行业相关法规,从局部利益出发管理,往往出现交叉管理或管理不到位、相互扯皮等现象。

　　2015 年以来,随着江西省河湖长制的全面实施,60 个湖泊均建立了区域与流域相结合的 3 级或以上湖长组织体系,构建了完善的多级监督管理组织,为遏制湖泊面积萎缩、水环境恶化、湖泊功能退化,维护湖泊健康发挥了重要作用。如鄱阳湖成立了省、市、县、乡、村 5 级湖长组织,八里湖、白水湖、甘棠湖(南门湖)、赤湖、赛城湖、太泊湖、艾溪湖、青山湖(南昌市)、瑶湖、梅湖、前湖、下庄湖、象湖、药湖、毛坊湖等 15 个湖泊成立了市、县、乡、村 4 级湖长组织,其他湖泊也成立了县、乡、村 3 级湖长组织。

第4章　湖泊承担功能状况分析

　　湖泊在调蓄洪涝水、提供水源、交通航运、美化景观、休闲娱乐、鱼类繁衍、水产养殖，以及提供生物栖息地、维护生态多样性、净化水质、调节气候等方面发挥着不可替代的作用，具有多种开发利用功能。江西省湖泊主要承担洪涝调蓄、农业灌溉、城乡供水、生物栖息、水产养殖、旅游观光、交通航运等功能。湖泊洪涝调蓄功能主要表现为调蓄本流域来水，减轻区域防洪压力，对于通江湖泊，还可以分蓄江河洪水，起到削洪和滞洪的作用；湖泊农业灌溉功能主要表现在为湖泊周边农田提供灌溉水源；湖泊城乡供水功能主要表现在为湖泊周边城乡提供生产生活水源；湖泊生物栖息功能主要指湖泊为特有和珍稀动植物提供保护、栖息场所；湖泊水产养殖功能主要是指在湖泊水域开展渔业养殖，进行鱼类资源增殖和保护、鱼类及螃蟹养殖、捕捞等渔业生产活动；湖泊旅游观光功能是指利用湖泊富于变化的水文形态、生动的自然景观、良好的生态环境、丰富的人文积淀和相关的游乐设备设施，向旅游者提供全方位的服务产品；湖泊交通航运功能是指利用湖泊通河达江的黄金水道优势，开展内河航运。

4.1　洪涝调蓄

　　江西省湖泊均具有一定的洪涝调蓄功能。鄱阳湖是江西省最大的洪涝水调蓄区，不但承泄"五河"洪水，还是长江流域重要的蓄洪场所，鄱阳湖单退圩区在 2020 年大洪水中分洪 24 亿 m^3，降低鄱阳湖水位 0.25 ~ 0.30 m，为保障鄱阳湖区防洪安全发挥了重要作用。珠湖、康山湖位于鄱阳湖国家蓄滞洪区内，是长江流域防洪体系中的重要组成部分，承担着长江流域洪水分蓄的重任。八里湖、艾溪湖等城市湖泊，是湖泊流域洪水重要的承泄区，也是城市区域重要的涝水调蓄场所。军山湖、芳湖等农村湖泊则是农村地区洪涝水重要的承泄区和调蓄区。

　　湖泊洪涝调蓄能力的大小，主要取决于湖泊调蓄水位的控制及水域范围的大小。鄱阳湖为吞吐型湖泊，出口开敞，水位不受控制，调蓄能力受"五河"来水和长江水位影响，调洪能力采取定性与定量相结合进行分析。其他湖泊出口均受堤坝或闸站控制，水位可调控，调蓄能力稳定。康山湖、珠湖只分析湖泊范围内的调蓄能力，蓄滞洪区分洪后的调蓄能力不纳入分析范畴。

　　湖泊洪涝调蓄能力通过调蓄容积反映，为湖泊最低蓄涝水位至最高蓄涝水位间的容积。依据湖泊水位–容积关系曲线，分别推求出最高蓄涝水位和最低蓄涝水位对应的容积，两者相减确定湖泊调蓄容积。各湖泊洪涝调蓄能力情况见表 4-1。

表 4-1　各湖泊洪涝调蓄能力情况

序号	湖泊名称	所在行政区	调蓄容积/万 m³	备注
	合计		3 043 598	
1	鄱阳湖	南昌市、九江市、上饶市	2 839 562	湖口常水位至设计高水位时的容积(本次鄱阳湖湖盆区范围)
2	青山湖	青山湖区	308	
3	艾溪湖	青山湖区、南昌高新区	779	
4	瑶湖	南昌高新区	2 837	
5	南塘湖	南昌高新区	144	
6	前湖	红谷滩区	503	
7	象湖	青云谱区	310	
8	梅湖	青云谱区	99	
9	上池湖	新建区、南昌经济技术开发区	287	
10	下庄湖	南昌经济技术开发区	199	
11	杨家湖	南昌经济技术开发区	148	
12	儒乐湖	南昌经济技术开发区	144	
13	大沙湖	南昌县	344	
14	芳溪湖	南昌县	472	
15	军山湖	进贤县	63 790	
16	内青岚湖	进贤县	5 671	
17	东港湖	进贤县	2 105	
18	苗塘池	进贤县	1 902	
19	陈家湖	进贤县	3 893	
20	瑶岗湖	进贤县	243	
21	白水湖	浔阳区	123	
22	甘棠湖(南门湖)	浔阳区	131	
23	八里湖	八里湖新区	4 059	

续表 4-1

序号	湖泊名称	所在行政区	调蓄容积/万 m³	备注
24	赛城湖	八里湖新区、柴桑区、瑞昌市	27 666	
25	船头湖	柴桑区	165	
26	禁湖(东湖)	柴桑区	106	
27	杨柳湖(安定湖)	瑞昌市、柴桑区	151	
28	赤湖	瑞昌市、柴桑区	21 807	
29	下巢湖	瑞昌市	123	
30	蓼花池	庐山市	1 132	
31	矶山湖	都昌县	306	
32	东湖	都昌县	192	
33	黄茅潭	湖口县	938	
34	芳湖	彭泽县	13 806	
35	太泊湖	彭泽县	9 243	江西省内部分
36	白莲湖	永修县	238	
37	康山湖	余干县	9 288	
38	沙湖	余干县	102	
39	江家湖	余干县	488	
40	竹子池	余干县	212	
41	杨林浆湖	余干县	125	
42	小口湖	余干县	131	
43	大口湖	余干县	44	受光伏发电建设影响,大口湖允许最高蓄涝水位和常水位较光伏建设前分别下降 2 m 和 1.1 m,湖泊调蓄能力被大幅压缩
44	燕湖	余干县	221	
45	北湖	余干县	288	
46	泊头湖	余干县	197	
47	珠湖	鄱阳县	24 156	

续表 4-1

序号	湖泊名称	所在行政区	调蓄容积/万 m³	备注
48	青山湖	鄱阳县	479	
49	上土湖	鄱阳县	130	
50	东湖	鄱阳县	93	
51	大塘湖	鄱阳县	90	
52	道汊湖	鄱阳县	715	
53	塔前湖	鄱阳县	126	
54	麻叶湖	鄱阳县	428	
55	菱角塘	鄱阳县	242	
56	娇家湖	鄱阳县	116	
57	官塘湖	鄱阳县、万年县	90	
58	毛坊湖	丰城市	342	
59	浠湖	丰城市	228	
60	药湖	丰城市	1 341	

4.2　农业灌溉

　　江西省是农业大省,是我国重要的粮食主产区,特别是鄱阳湖区,水资源充足,土地肥沃,是国家重要的商品粮生产基地之一。湖泊作为重要的水源储存场所,历来是农业灌溉的重要水源之一,为保障粮食安全发挥了重要的作用。据调查,本次调查的 60 个湖泊中,有 25 个湖泊承担了农业灌溉用水任务,年供水量 26 073.6 万 m³,受益灌溉面积 63.17 万亩(1 亩 = 1/15 hm²,余同)。

　　鄱阳湖是江西省最大的农业灌溉水源,鄱阳湖及"五河"尾闾、军山湖、内青岚湖、珠湖等环湖水源承担了环湖大面积农田的灌溉任务。近年来,受长江上游来水减少和极端天气事件影响,鄱阳湖枯水期提前、水位偏低且持续时间延长,给鄱阳湖区农业灌溉用水带来了巨大影响,湖区旱灾问题频繁。据统计,近年来,已发生了多次较大的干旱灾害,2019—2022 年 4 年内更是发生了 3 次干旱灾害,呈连续高发态势。2003 年旱灾最为严重,发生时间早,影响范围广,持续时间长,湖区直接或间接受旱面积约 407 万亩,其中成灾面积 273 万亩,粮食减产 70.8 万 t,经济损失 11.5 亿元。

　　承担灌溉任务的湖泊农业灌溉供水能力情况见表 4-2。

表 4-2　承担灌溉任务的湖泊农业灌溉供水能力情况

序号	湖泊名称	所在行政区	年供水量/ 万 m³	灌溉面积/ 万亩	灌溉方式
	合计		26 073.6	63.17	
1	鄱阳湖	南昌市、九江市、上饶市	16 344	43.75	提水
2	上池湖	新建区、南昌经济技术开发区	380.8	0.79	提水和引水
3	大沙湖	南昌县	1 400	3.01	提水和引水
4	芳溪湖	南昌县	178.3	0.33	提水和引水
5	军山湖	进贤县	1 648.5	3.36	提水和引水
6	内青岚湖	进贤县	24	0.04	提水
7	陈家湖	进贤县	1 168	2.11	提水
8	瑶岗湖	进贤县	349	0.64	提水
9	赛城湖	八里湖新区、柴桑区、瑞昌市	162	0.27	提水
10	赤湖	瑞昌市、柴桑区	37.5	0.07	提水
11	蓼花池	庐山市	51.5	0.10	提水和引水
12	黄茅潭	湖口县	155	0.31	提水
13	芳湖	彭泽县	485	1.11	提水和引水
14	太泊湖	彭泽县	51	0.10	提水
15	康山湖	余干县	246	0.48	提水
16	沙湖	余干县	39	0.08	提水
17	竹子池	余干县	10	0.02	提水
18	杨林浆湖	余干县	113	0.20	提水
19	燕湖	余干县	55	0.11	提水
20	北湖	余干县	44	0.09	提水和引水
21	泊头湖	余干县	56	0.11	提水
22	珠湖	鄱阳县	1 643	3.27	提水
23	道汊湖	鄱阳县	1 348	2.66	提水
24	塔前湖	鄱阳县	25	0.05	引水
25	官塘湖	鄱阳县、万年县	60	0.11	提水

4.3　城乡供水

江西省湖泊先前以水产养殖居多,加之闭流型湖泊水体交换慢,多数湖泊水质难以满足城乡供水需求,全省承担城乡供水任务的水面面积 1 km² 以上湖泊不多,仅有鄱阳湖、军山湖和珠湖 3 个,且都是水面面积 50 km² 以上的大湖。3 个湖泊现状为进贤、庐山、都昌、湖口、共青城、鄱阳 6 县(市)的 143.91 万城乡居民提供 7 827.8 万 m³ 的生产生活用水。

以鄱阳湖为水源的供水工程有 17 座,涉及进贤、庐山、都昌、湖口、共青城、鄱阳 6 县(市),水厂设计供水规模 21.57 万 m³/d,现状年供水量 5 435.1 万 m³,供水受益人口 85.68 万人,供水覆盖庐山市城区、湖口县城(含工业园)及 6 县(市)的 33 个乡(镇)。近年来,鄱阳湖低枯水位提前且时间延长,给湖区城乡生产生活用水带来巨大影响。

以军山湖为水源的供水工程有 6 座,水厂设计供水规模 2.6 万 m³/d,现状年供水量 423.9 万 m³,供水受益人口 16.5 万人,供水覆盖进贤县城及进贤县 7 个乡(镇)的 75 个村。

以珠湖为水源的供水工程有 9 座,水厂设计供水规模 8.56 万 m³/d,现状年供水量 1 968.8 万 m³,供水受益人口 41.73 万人,供水覆盖鄱阳县城及鄱阳县 7 个乡(镇)的 74 个村。

承担城乡供水任务的湖泊供水能力情况见表 4-3。

表 4-3　承担城乡供水任务的湖泊供水能力情况

序号	湖泊名称	水厂/座	设计供水规模/(万 m³/d)	取水流量/(m³/s)	年供水量/(万 m³)	供水受益人口/万人	供水覆盖范围
合计		32	32.73	5.108	7 827.8	143.91	
1	鄱阳湖	17	21.57	3.449	5 435.1	85.68	庐山市城区、湖口县城(含工业园)及进贤、庐山、都昌、湖口、共青城、鄱阳 6 县(市)的 33 个乡(镇)
2	军山湖	6	2.6	0.6	423.9	16.5	进贤县城及进贤县 7 个乡(镇)的 75 个村
3	珠湖	9	8.56	1.059	1 968.8	41.73	鄱阳县城及鄱阳县 7 个乡(镇)的 74 个村

4.4　生物栖息

　　湖泊是重要的生物栖息地,为众多动植物提供了生存繁衍的条件和场所。江西省湖泊通常都具有生物栖息功能,有的为特有或珍稀物种提供生存场所,有的为普通大众物种提供生存场所。现状具有为特有或珍稀物种提供栖息地的湖泊有鄱阳湖、康山湖、军山湖、太泊湖、赤湖、赛城湖、芳湖、珠湖、瑶湖、艾溪湖、蓼花池、药湖等。

　　鄱阳湖是江西省最大的候鸟和水生动植物栖息地,区内分布有鄱阳湖野生动物、鄱阳湖南矶湿地、鄱阳湖鲤鲫鱼产卵场、鄱阳湖银鱼产卵场、鄱阳湖长江江豚、青岚湖野生动物、都昌候鸟、湖口屏峰湿地、庐山姑塘湿地等国家级、省级和县级自然保护区及鄱阳湖鳜鱼翘嘴红鲌国家级水产种质资源保护区,为江豚、候鸟等众多动植物提供生存场所。据有关资料统计,鄱阳湖共有高等植物 109 科 308 属 551 种,其中,苔藓植物 16 科 24 属 31 种,蕨类植物 14 科 15 属 18 种,被子植物 79 科 269 属 502 种;浮游植物 8 门 54 科 154 属,其中,绿藻门 78 属,硅藻门 31 属,蓝藻门 25 属,隐藻门 1 属,甲藻门 3 属,金藻门 6 属,黄藻门 4 属,裸藻门 6 属;浮游动物 150 种,包括原生动物、轮虫类、枝角类和桡足类,其中,轮虫类已鉴定有 59 种,枝角类已鉴定有 40 种,桡足类已鉴定有 13 种;底栖动物 117 种,其中,大型底栖动物 48 种,蚌类 53 种;鱼类 12 目 26 科 134 种,其中,定居性鱼类 64 种,江湖洄游性鱼类 19 种,河海洄游性鱼类 9 种,河流性鱼类 42 种,国家一级保护动物长江江豚约占整个长江江豚种群数量的二分之一;鸟类 15 目 52 科 236 种,其中,国家一级保护鸟类 10 种(东方白鹳、黑鹳、中华秋沙鸭、金雕、白肩雕、白尾海雕、白头鹤、白鹤、大鸨、遗鸥),国家二级保护鸟类斑嘴鹈鹕、白琵鹭、白额雁、小天鹅等 44 种,世界濒危鸟类 13 种。受鄱阳湖水文情势变化、水环境恶化及人类活动影响,鄱阳湖湿地生态状况出现退化倾向,大型底栖动物和鱼类资源逐年减少,生物多样性呈下降趋势。

　　康山湖原属鄱阳湖湖汊,后因分蓄长江、鄱阳湖洪水的需要,筑堤拦截成湖,湖区设有候鸟自然保护区,是白鹤、东方白鹳、白头鹤、天鹅等珍稀候鸟的越冬栖息地。太泊湖湖区分布有彭泽太泊湖小天鹅县级自然保护区、太泊湖彭泽鲫国家级水产种质资源保护区,是天鹅、大雁、彭泽鲫等珍稀和特有物种的重要栖息场所。赤湖分布有瑞昌市赤湖候鸟自然保护区、赛城湖湖区分布有赛城湖候鸟县级自然保护区、芳湖湖区分布有彭泽芳湖候鸟县级自然保护区、瑶湖湖区分布有瑶湖湿地自然保护区、珠湖分布有鄱阳湖国家湿地公园,以及军山湖、内青岚湖、艾溪湖等,也都是大雁、白鹤等候鸟的重要越冬栖息地。蓼花池湖区分布有星子蓼花池动植物县级自然保护区,是当地野生动植物重要的栖息地。药湖分布有丰城药湖国家湿地公园,湿地公园内共记录湿地动物 166 种,常见种有小䴙䴘、中白鹭、白鹭、绿头鸭、绿翅鸭、中华蟾蜍、泽蛙、沼蛙、黑斑侧褶蛙、北草蜥、中国石龙子、赤链蛇、虎斑颈槽蛇和渔游蛇等,其中国家一级保护动物 2 种,国家二级保护动物 6 种,纳入《江西省级重点保护野生动物》11 种。

　　湖泊栖息地珍稀生物资源情况见表 4-4。

表 4-4　湖泊栖息地珍稀生物资源情况

序号	湖泊名称	所在行政区	珍稀鸟类	珍稀动物	水产种质资源保护物种
1	鄱阳湖	南昌市、九江市、上饶市	东方白鹳、黑鹳、中华秋沙鸭、金雕、白肩雕、白尾海雕、白头鹤、白鹤、大鸨、遗鸥等	江豚	鳜鱼、翘嘴、红鲌
2	艾溪湖	青山湖区、南昌高新区	大雁、天鹅、白鹤、暗绿绣眼鸟、白头鹎、伯劳、田鹨、丝光椋鸟、苍鹭、白鸥等		
3	瑶湖	南昌高新区	大雁、天鹅、白鹤、暗绿绣眼鸟、白头鹎、伯劳、田鹨、丝光椋鸟、苍鹭、白鸥等		
4	象湖	青云谱区	斑嘴鸭、红嘴鸥、黑水鸡等		
5	梅湖	青云谱区	斑嘴鸭、红嘴鸥、黑水鸡等		
6	大沙湖	南昌县	东方白鹳、白鹤、小天鹅、灰鹤、绿头鸭、斑嘴鸭等		
7	芳溪湖	南昌县	小天鹅、白鹤、大雁、红嘴鸥、东方白鹳等		
8	军山湖	进贤县	小天鹅、白鹤、大雁、红嘴鸥、东方白鹳等		
9	内青岚湖	进贤县	小天鹅、白鹤、大雁、红嘴鸥、东方白鹳等		
10	陈家湖	进贤县	小天鹅、白鹤、大雁、红嘴鸥、东方白鹳等		
11	瑶岗湖	进贤县	小天鹅、白鹤、大雁、红嘴鸥、东方白鹳等		
12	白水湖	浔阳区	天鹅、大雁、斑嘴鸭、红头潜鸭、凤头潜鸭、黑翅长脚鹬等		
13	甘棠湖（南门湖）	浔阳区	天鹅、大雁、斑嘴鸭、红头潜鸭、凤头潜鸭等		
14	八里湖	八里湖新区	天鹅、大雁、斑嘴鸭、红头潜鸭、凤头潜鸭等		
15	赛城湖	八里湖新区、柴桑区、瑞昌市	白鹤、白头鹤、白鹳、黑鹳、中华秋沙鸭、小天鹅、白琵鹭、白额雁、白枕鹤等		
16	船头湖	柴桑区	白鹤、白头鹤、白鹳、黑鹳、中华秋沙鸭、小天鹅、白琵鹭、白额雁、白枕鹤等		

续表 4-4

序号	湖泊名称	所在行政区	珍稀鸟类	珍稀动物	水产种质资源保护物种
17	禁湖（东湖）	柴桑区	白鹤、小天鹅、青头潜鸭、红头潜鸭、斑嘴鸭、绿翅膀鸭、大雁、白骨顶鸡、反嘴鹬等		
18	杨柳湖（安定湖）	瑞昌市、柴桑区	白鹤、白琵鹭、小天鹅、白额雁、黑水鸡、豆雁、绿头雁、鸿雁等		
19	赤湖	瑞昌市、柴桑区	鸿雁、青头潜鸭、花脸鸭等		
20	蓼花池	庐山市	小天鹅、白鹤、灰鹤、东方白鹳、鸿雁、豆雁、赤麻鸭、青脚鹬、凤头麦鸡等		
21	矶山湖	都昌县	大雁、天鹅、黑水鸡、斑嘴鸭、绿头鸭、斑背潜鸭等		
22	东湖	都昌县	大雁、天鹅等		
23	芳湖	彭泽县	鸿雁、小白额雁、白枕鹤、白鹤、白头鹤、东方白鹳、青头潜鸭、花脸鸭等		
24	太泊湖	彭泽县	天鹅、鸿雁、小白额雁、乌雕、白肩雕、青头潜鸭、花脸鸭等		彭泽鲫
25	康山湖	余干县	白鹤、东方白鹳、白头鹤、天鹅等		
26	珠湖	鄱阳县	天鹅、白鹤、白头鹤、白枕鹤、灰鹤、黑鹤、豆雁、灰雁、朱鹮、驼鹅、鸬鹚、河鸥等		
27	毛坊湖	丰城市	小天鹅、大雁等	黄鼬、花面狸、豹猫、虎纹蛙	
28	药湖	丰城市	小鹏鹚、中白鹭、白鹭、绿头鸭、绿翅鸭等	黄鼬、花面狸、豹猫、虎纹蛙	麦鱼

4.5　水产养殖

　　江西省湖库坑塘众多,水域面积大,是水产养殖大省。据统计,2020 年全省水产养殖面积 608 万亩,水产品总产量 262.7 万 t,水产总产值 473.5 亿元。其中,湖泊水面养殖面积 126.8 万亩(占比 20.9%),水产品产量 25.9 万 t(占比 9.9%)。

　　据调查,江西省具有水产养殖功能的水面面积 1 km² 以上湖泊 49 个,养殖面积 79.50 万亩,年产量 20.423 万 t,养殖种类以四大家鱼(青鱼、草鱼、鲢鱼、鳙鱼)为主,养殖方式多为人放天养,少部分湖泊为投料喂养或精养。城市湖泊水产养殖管理相对规范,以人放天养为主,部分以改善水质为主;农村湖泊养殖多由私人或企业承包,部分存在围网及投饵养殖现象,湖泊水质较差。承担水产养殖功能的湖泊水产养殖情况见表 4-5。

表 4-5　承担水产养殖功能的湖泊水产养殖情况

序号	湖泊名称	所在行政区	养殖面积/万亩	养殖方式	养殖种类	年产量/万 t
	合计		79.50			20.423
1	鄱阳湖	南昌、九江、上饶	9.75	人放天养	四大家鱼、龙虾	5.54
2	青山湖	青山湖区	0.46	人放天养	白鲢鱼、花鲢鱼	0.05
3	艾溪湖	青山湖区、南昌高新区	0.60	人放天养	鲤鱼、鳙鱼、鲫鱼	0.12
4	瑶湖	南昌高新区	2.20	人放天养	鲢鱼、鳙鱼、草鱼	0.44
5	南塘湖	南昌高新区	0.14	人放天养	鲤鱼、鳙鱼、鲫鱼	0.03
6	上池湖	新建区、南昌经济技术开发区	0.38	人放天养	四大家鱼	0.19
7	下庄湖	南昌经济技术开发区	0.21	人放天养	四大家鱼	0.10
8	大沙湖	南昌县	0.59	投料养殖	四大家鱼、甲壳类、贝类	0.30
9	芳溪湖	南昌县	0.41	投料养殖	四大家鱼、甲壳类、贝类	0.20
10	军山湖	进贤县	23.68	人放天养、投料养殖	河蟹、黄鳝、甲鱼	4.50
11	内青岚湖	进贤县	11.62	人放天养	四大家鱼、鲫鱼、鲤鱼	2.31

续表 4-5

序号	湖泊名称	所在行政区	养殖面积/万亩	养殖方式	养殖种类	年产量/万 t
12	东港湖	进贤县	0.57	人放天养	河蟹、甲鱼、鳝鱼、龙虾	0.29
13	苗塘池	进贤县	0.50	投料养殖	四大家鱼	0.35
14	陈家湖	进贤县	2.70	人放天养	四大家鱼、黄鳝	1.05
15	瑶岗湖	进贤县	0.44	人放天养	四大家鱼	0.22
16	白水湖	浔阳区	0.20	人放天养	四大家鱼	0.025
17	甘棠湖（南门湖）	浔阳区	0.21	人放天养	四大家鱼	0.025
18	八里湖	八里湖新区	0.49	投料养殖	四大家鱼	0.09
19	赛城湖	八里湖新区、柴桑区、瑞昌市	5.63	人放天养	四大家鱼、河蟹、珍珠蚌	0.39
20	船头湖	柴桑区	0.26	人放天养	四大家鱼	0.06
21	禁湖(东湖)	柴桑区	0.14	精养	四大家鱼	0.05
22	杨柳湖（安定湖）	瑞昌市、柴桑区	0.05	精养	四大家鱼	0.02
23	赤湖	瑞昌市、柴桑区	0.70	人放天养	四大家鱼	0.20
24	蓼花池	庐山市	0.02	人放天养	四大家鱼	0.005
25	矶山湖	都昌县	0.39	精养	四大家鱼	0.20
26	东湖	都昌县	0.09	精养	四大家鱼	0.045
27	黄茅潭	湖口县	0.09	人放天养	四大家鱼	0.04
28	芳湖	彭泽县	0.30	人放天养	四大家鱼、龙虾	0.12
29	太泊湖	彭泽县	0.36	人放天养	白鲢鱼、花鲢鱼	0.15
30	白莲湖	永修县	0.05	投料养殖	四大家鱼	0.02
31	康山湖	余干县	13.37	人放天养	四大家鱼	2.20
32	沙湖	余干县	0.11	人放天养	四大家鱼	0.02
33	江家湖	余干县	0.14	人放天养	四大家鱼	0.02

续表 4-5

序号	湖泊名称	所在行政区	养殖面积/ 万亩	养殖方式	养殖种类	年产量/ 万 t
34	竹子池	余干县	0.14	人放天养、 投料养殖	四大家鱼、鳜鱼、 黄鳝、芡实	0.11
35	杨林浆湖	余干县	0.18	投料养殖	四大家鱼	0.05
36	小口湖	余干县	0.17	人放天养	四大家鱼	0.05
37	大口湖	余干县	0.11	人放天养、 投料养殖	四大家鱼	0.03
38	燕湖	余干县	0.08	人放天养	四大家鱼	0.05
39	北湖	余干县	0.07	人放天养	四大家鱼	0.02
40	泊头湖	余干县	0.16	人放天养	四大家鱼	0.025
41	珠湖	鄱阳县	0.36	人放天养	四大家鱼	0.14
42	青山湖	鄱阳县	0.15	投料养殖	四大家鱼	0.12
43	大塘湖	鄱阳县	0.02	人放天养	四大家鱼	0.008
44	道汊湖	鄱阳县	0.01	人放天养	四大家鱼	0.005
45	塔前湖	鄱阳县	0.05	投料养殖	四大家鱼	0.015
46	官塘湖	鄱阳县、万年县	0.03	投料养殖	四大家鱼、甲鱼	0.01
47	毛坊湖	丰城市	0.16	人工放养	四大家鱼、鲤鱼、鲫鱼、 秤星鱼、鲶鱼、黄颡鱼	0.09
48	浠湖	丰城市	0.10	精养	四大家鱼、龙虾	0.08
49	药湖	丰城市	0.86	精养、 人放天养、 投料养殖	四大家鱼、鲈鱼、 鲤鱼、鲫鱼、秤星鱼、 鲶鱼、黄颡鱼	0.25

4.6　旅游观光

　　江西省湖泊资源丰富,自然生态环境良好,具有较好的旅游观光价值。依托丰富的资源,众多湖泊打造了湿地公园、风景区、休闲公园等旅游景点或休闲区,带动了当地劳动就业和旅游经济的发展。

　　据调查,江西省具有旅游观光功能的水面面积 1 km² 以上湖泊共 38 个。鄱阳湖、军山湖等具有珍稀生物资源、厚重历史文化和特色水产资源的农村湖泊,以自然生态、人文历史、乡土风情、休闲观光等旅游为主;康山湖、珠湖、药湖等具有珍稀生物资源并打造有湿地公园或休闲旅游区的农村湖泊,以自然生态和休闲观光旅游为主;赤湖、太泊湖、陈家湖等具有珍稀生物资源的农村湖泊,以自然生态旅游为主;艾溪湖、瑶湖、八里湖、赛城湖等具有珍稀生物资源并打造有城市湿地公园或滨湖公园的城中湖或城郊湖,以自然生态和休闲观光旅游为主;梅湖、象湖等具有厚重历史文化和珍稀生物资源的城中湖,以人文历史、自然生态旅游为主,兼具城市休闲观光;南昌市青山湖、鄱阳县东湖等打造有城市主题公园的普通城市湖泊,以休闲观光旅游为主。

鄱阳湖是我国最大的淡水湖、国际重要湿地,我国最大的"大陆之肾",我国十大生态功能保护区之一,被誉为"水鸟天堂"。湖区拥有 46 处岛屿和 7 个自然保护区,水草丰美,风光秀丽,生物资源丰富,水鸟众多,湖区候鸟已达 400 多种,近百万只,其中珍禽 50 多种,是世界最大的鸟类保护区。湖区拥有南昌汉代海昏侯国遗址公园、永修吴城千年古镇、庐山市落星墩、湖口石钟山、都昌老爷庙等历史文物古迹,文化底蕴深厚。依托丰富的自然资源和深厚的历史文化底蕴,鄱阳湖每年吸引众多海内外的游客来此观光打卡,极大地带动了湖泊旅游经济的发展。

具有旅游观光功能的湖泊旅游观光情况见表4-6。

表 4-6　具有旅游观光功能的湖泊旅游观光情况

序号	湖泊名称	所在行政区	旅游资源					旅游观光主题	景区名称
			珍稀生物	自然风光	乡土风情	人文历史	主要景点		
1	鄱阳湖	南昌、九江、上饶	东方白鹳、黑鹳、中华秋沙鸭、金雕等珍稀候鸟,江豚等珍稀动物	鄱阳湖大草原、蓼子花海等	鄱阳湖大闸蟹、银鱼等特有水产	南昌汉代海昏侯国遗址公园、永修吴城千年古镇、庐山市落星墩、湖口石钟山、都昌老爷庙等历史文物	鄱阳湖国家湿地公园、鄱阳湖国家自然保护区、南矶山自然保护区等	自然生态、人文历史、休闲观光、乡土风情	石钟山旅游风景区、鄱阳湖国家旅游风景区等
2	青山湖	青山湖区					相思林公园、湖滨公园、燕鸣岛公园、丹霞岛公园、足球文化公园、体育公园等	休闲观光、体育健康	青山湖风景区

续表 4-6

序号	湖泊名称	所在行政区	旅游资源					旅游观光主题	景区名称
			珍稀生物	自然风光	乡土风情	人文历史	主要景点		
3	艾溪湖	南昌高新区、青山湖区	天鹅、白鹤、丝光椋鸟等				艾溪湖森林湿地公园、鱼尾洲公园、湖滨公园、南昌海洋公园等	自然生态、休闲观光	
4	瑶湖	南昌高新区	大雁、天鹅、丝光椋鸟等				瑶湖湿地公园、瑶湖郊野森林公园、水上运动中心	自然生态、休闲观光	
5	南塘湖	南昌高新区					南塘湖市民公园	休闲观光	
6	前湖	红谷滩区					前湖公园	休闲观光	
7	象湖	青云谱区	斑嘴鸭、红嘴鸥、黑水鸡等			万寿宫、万寿塔	象湖北湿地公园、象湖生态艺术公园	人文历史、自然生态、休闲观光	象湖风景名胜区
8	梅湖	青云谱区	斑嘴鸭、红嘴鸥、黑水鸡等			八大山人纪念馆、书画艺术馆、华南博物馆、非物质文化遗产馆、美术馆等	个山园、花博园等	人文历史、自然生态、休闲观光	八大山人梅湖景区
9	杨家湖	南昌经济技术开发区					杨家湖公园	休闲观光	

续表 4-6

序号	湖泊名称	所在行政区	旅游资源					旅游观光主题	景区名称
			珍稀生物	自然风光	乡土风情	人文历史	主要景点		
10	儒乐湖	南昌经济技术开发区					儒乐湖滨江公园	休闲观光	
11	大沙湖	南昌县	东方白鹳、白鹤、小天鹅、绿头鸭等					自然生态	
12	芳溪湖	南昌县	小天鹅、白鹤、大雁、红嘴鸥等					自然生态	
13	军山湖	进贤县	小天鹅、白鹤、红嘴鸥、东方白鹳、桃花水母等		军山湖大闸蟹、鳜鱼等	日月墩、仙人洞等		自然生态、乡土风情、人文历史、休闲观光	
14	内青岚湖	进贤县	小天鹅、白鹤、红嘴鸥、东方白鹳等				青岚湖湿地公园	自然生态、休闲观光	
15	陈家湖	进贤县	小天鹅、白鹤、红嘴鸥、东方白鹳等					自然生态	
16	瑶岗湖	进贤县	小天鹅、白鹤、红嘴鸥、东方白鹳等					自然生态	

续表 4-6

序号	湖泊名称	所在行政区	旅游资源					旅游观光主题	景区名称
			珍稀生物	自然风光	乡土风情	人文历史	主要景点		
17	白水湖	浔阳区	天鹅、大雁、斑嘴鸭、红头潜鸭、黑翅长脚鹬等				白水湖公园	自然生态、休闲观光	
18	甘棠湖（南门湖）	浔阳区	天鹅、大雁、斑嘴鸭、凤头潜鸭等			烟水亭、观音阁、市隐庵等	甘棠公园、南湖公园	自然生态、休闲观光、人文历史	
19	八里湖	八里湖新区	天鹅、大雁、斑嘴鸭、红头潜鸭等				八里湖公园、庐山四季花城、九江市博物馆、文博园	自然生态、休闲观光	八里湖景区
20	赛城湖	八里湖新区、柴桑区、瑞昌市	白鹤、白头鹤、白鹳、中华秋沙鸭、小天鹅、白琵鹭等				赛城湖公园、小城门湖湿地公园、鹤问台	自然生态、休闲观光	
21	船头湖	柴桑区	白鹤、白头鹤、白鹳、中华秋沙鸭、小天鹅、白琵鹭等					自然生态	

续表 4-6

序号	湖泊名称	所在行政区	旅游资源					旅游观光主题	景区名称
			珍稀生物	自然风光	乡土风情	人文历史	主要景点		
22	禁湖（东湖）	柴桑区	白鹤、小天鹅、青头潜鸭、绿翅膀鸭、白骨顶鸡等					自然生态	
23	杨柳湖（安定湖）	瑞昌市、柴桑区	白鹤、白琵鹭、小天鹅、白额雁、黑水鸡、豆雁等				安定湖公园	自然生态、休闲观光	
24	赤湖	瑞昌市、柴桑区	鸿雁、青头潜鸭、花脸鸭等					自然生态	
25	蓼花池	庐山市	小天鹅、白鹤、灰鹤、东方白鹳、赤麻鸭、青脚鹬等					自然生态	
26	矶山湖	都昌县	大雁、天鹅、黑水鸡、斑嘴鸭等					自然生态	
27	东湖	都昌县	大雁、天鹅等				南山公园、滨水公园	自然生态、休闲观光	

续表 4-6

序号	湖泊名称	所在行政区	旅游资源					旅游观光主题	景区名称
			珍稀生物	自然风光	乡土风情	人文历史	主要景点		
28	芳湖	彭泽县	鸿雁、小白额雁、白枕鹤、白鹤、东方白鹳等					自然生态	
29	太泊湖	彭泽县	天鹅、小白额雁、乌雕、青头潜鸭等					自然生态	
30	白莲湖	永修县					江西修河国家湿地公园、白莲湖湿地公园	休闲观光	
31	康山湖	余干县	白鹤、东方白鹳、白头鹤、天鹅等	花海			大明花海生态旅游区	自然生态、休闲观光	大明花海生态旅游区
32	珠湖	鄱阳县	天鹅、白鹤、白头鹤、黑鹤、豆雁、朱鹮等				鄱阳湖国家湿地公园	自然生态、休闲观光	鄱阳湖白沙洲湿地景区
33	青山湖	鄱阳县					鄱阳湖国家湿地公园	休闲观光	
34	上土湖	鄱阳县					姜夔公园、姜夔纪念馆	休闲观光	

序号	湖泊名称	所在行政区	旅游资源					旅游观光主题	景区名称
			珍稀生物	自然风光	乡土风情	人文历史	主要景点		
35	东湖	鄱阳县					环湖公园、鄱阳东湖城市湿地公园	休闲观光	
36	大塘湖	鄱阳县					鄱阳湖国家湿地公园	休闲观光	
37	毛坊湖	丰城市	小天鹅、大雁等					自然生态	
38	药湖	丰城市	小鸊鷉、中白鹭、绿头鸭等				药湖国家湿地公园	自然生态、休闲观光	

4.7 其他功能

江西省湖泊除承担洪涝调蓄、生物栖息、水产养殖等常规功能外,部分湖泊还承担交通航运等其他功能。

江西省承担交通航运功能的水面面积1 km² 以上的湖泊仅有鄱阳湖。鄱阳湖纳赣江、抚河、信江、饶河、修河"五河"来水,连通长江,是"五河"之间及"五河"与长江之间的水运节点、全省航运中枢之地,是省内航运最为繁忙的地区。根据有关资料,鄱阳湖湖口断面处日均船舶流量已达200艘次以上,船舶吨级以2 000~5 000吨级为主。据2018年航道水运量统计,鄱阳湖区水运量约7 800万t,约占全省航道(含长江江西段)水运量的34%。

60个湖泊中,同时承担洪涝调蓄、农业灌溉、城乡供水、生物栖息、水产养殖、旅游观光、交通航运等7种功能的湖泊仅1个,为鄱阳湖;同时承担洪涝调蓄、农业灌溉、城乡供水、生物栖息、水产养殖、旅游观光等6种功能的湖泊有2个(不含鄱阳湖),为军山湖和珠湖;同时承担洪涝调蓄、农业灌溉、生物栖息、水产养殖、旅游观光等5种功能的湖泊有11个(不含鄱阳湖、军山湖和珠湖)。

江西省水面面积1 km² 以上湖泊承担功能情况见表4-7,湖泊承担功能分类统计情况见表4-8。

表 4-7　江西省水面面积 1 km² 以上湖泊承担功能情况

序号	湖泊名称	所在行政区	洪涝调蓄	农业灌溉	城乡供水	生物栖息	水产养殖	旅游观光	交通航运
	数量统计/个		60	25	3	60	49	38	1
1	鄱阳湖	南昌、九江、上饶	√	√	√	√	√	√	√
2	青山湖	青山湖区	√			√	√	√	
3	艾溪湖	青山湖区、南昌高新区	√			√	√	√	
4	瑶湖	南昌高新区	√			√	√	√	
5	南塘湖	南昌高新区	√			√	√	√	
6	前湖	红谷滩区	√			√		√	
7	象湖	青云谱区	√			√		√	
8	梅湖	青云谱区	√			√		√	
9	上池湖	新建区、南昌经济技术开发区	√	√		√	√		
10	下庄湖	南昌经济技术开发区	√			√	√		
11	杨家湖	南昌经济技术开发区	√			√		√	
12	儒乐湖	南昌经济技术开发区	√			√			
13	大沙湖	南昌县	√	√		√	√		
14	芳溪湖	南昌县	√	√		√	√		
15	军山湖	进贤县	√		√	√	√		
16	内青岚湖	进贤县	√			√	√		
17	东港湖	进贤县	√			√	√		
18	苗塘池	进贤县	√			√			
19	陈家湖	进贤县	√	√		√		√	
20	瑶岗湖	进贤县	√	√		√		√	
21	白水湖	浔阳区	√			√	√	√	
22	甘棠湖（南门湖）	浔阳区	√			√	√	√	
23	八里湖	八里湖新区	√			√	√	√	
24	赛城湖	八里湖新区、柴桑区、瑞昌市	√	√		√	√	√	
25	船头湖	柴桑区	√			√	√		
26	禁湖（东湖）	柴桑区	√			√	√	√	

续表 4-7

序号	湖泊名称	所在行政区	洪涝调蓄	农业灌溉	城乡供水	生物栖息	水产养殖	旅游观光	交通航运
27	杨柳湖(安定湖)	瑞昌市、柴桑区	√			√	√	√	
28	赤湖	瑞昌市、柴桑区	√	√		√	√	√	
29	下巢湖	瑞昌市	√			√			
30	蓼花池	庐山市	√	√		√	√	√	
31	矶山湖	都昌县	√			√	√	√	
32	东湖	都昌县	√			√	√	√	
33	黄茅潭	湖口县	√	√		√	√		
34	芳湖	彭泽县	√			√	√		
35	太泊湖	彭泽县	√			√	√		
36	白莲湖	永修县				√	√		
37	康山湖	余干县	√	√		√	√	√	
38	沙湖	余干县	√	√		√	√		
39	江家湖	余干县	√			√	√		
40	竹子池	余干县	√	√		√	√		
41	杨林浆湖	余干县	√	√		√	√		
42	小口湖	余干县	√			√	√		
43	大口湖	余干县	√			√	√		
44	燕湖	余干县	√			√	√		
45	北湖	余干县	√	√		√	√		
46	泊头湖	余干县	√	√		√	√		
47	珠湖	鄱阳县	√	√	√	√	√	√	
48	青山湖	鄱阳县	√			√	√	√	
49	上土湖	鄱阳县	√			√		√	
50	东湖	鄱阳县	√			√	√	√	
51	大塘湖	鄱阳县	√			√	√	√	
52	道汊湖	鄱阳县	√	√		√	√		
53	塔前湖	鄱阳县	√	√		√	√		

续表 4-7

序号	湖泊名称	所在行政区	洪涝调蓄	农业灌溉	城乡供水	生物栖息	水产养殖	旅游观光	交通航运
54	麻叶湖	鄱阳县	√			√			
55	菱角塘	鄱阳县	√			√			
56	娇家湖	鄱阳县	√			√			
57	官塘湖	鄱阳县、万年县	√	√		√	√		
58	毛坊湖	丰城市	√			√	√	√	
59	浠湖	丰城市	√			√	√		
60	药湖	丰城市	√			√	√	√	

表 4-8　湖泊承担功能分类统计情况

湖泊功能	洪涝调蓄	农业灌溉	城乡供水	生物栖息	水产养殖	旅游观光	交通航运
湖泊数量/个	60	25	3	60	49	38	1
占比/%	100	41.7	5	100	81.7	63.3	1.7

第5章　湖泊特征水位分析

本次湖泊调查研究特征水位主要包括满足洪涝调蓄、农业灌溉、城乡供水、生物栖息、水产养殖、旅游观光等兴利需求的特征水位及湖泊常水位、设计高水位。

5.1　洪涝调蓄特征水位

洪涝调蓄特征水位指具有洪涝调蓄功能的湖泊对应的特征水位,包括湖泊最高蓄涝水位和最低蓄涝水位。江西省湖泊通常具有洪涝调蓄功能,其特征水位分别按以下原则顺序确定。

5.1.1　最高蓄涝水位

(1)湖泊调度运用规则或相关规划设计成果中明确了湖泊最高蓄涝水位(或湖泊设计洪水位或最高控制水位)的,直接采用调度运用规则或相关规划设计成果。

(2)湖泊周边设有外排泵站且以湖泊水域作为泵站前池的,湖泊最高蓄涝水位可采用电排站最高运行内水位;湖泊周边设有外排泵站但泵站前池与湖泊水域是通过渠道连接的,湖泊最高蓄涝水位可在排涝泵站的最高运行内水位的基础上,考虑一定的渠道水头损失确定。

(3)湖泊范围内或周边有防洪保护对象,以防洪保护对象的防洪工程设施的设计洪水位作为湖泊最高蓄涝水位。若湖泊存在多个重要性不同的防洪保护对象,以最重要保护对象的防洪工程设施的设计洪水位作为湖泊最高蓄涝水位。

(4)湖泊内有水位观测记录的,最高蓄涝水位取代表观测记录(站)相应湖泊设计洪水频率的水位。

(5)若湖泊同时承担蓄滞洪区功能,如无明确湖泊调度运行规则,湖泊最高蓄涝水位采用蓄滞洪区分洪底水位。

(6)若按上述原则仍不能确定湖泊最高蓄涝水位,则依据湖泊周边基础设施地面高程综合确定最高蓄涝水位。如湖泊周边同时存在湖岸堤(无设计标准)、重要公路或村庄等基础设施,在满足湖岸堤安全且不淹重要公路或村庄等基础设施的前提下,一般以低于沿岸最低处地面高程 0.2~0.3 m 作为湖泊最高蓄涝水位。若湖泊同时承担分洪功能,最高蓄涝水位还应不高于湖泊分洪水位。

5.1.2　最低蓄涝水位

(1)湖泊调度运用规则或相关规划设计成果中明确了湖泊最低蓄涝水位(或汛期限制水位或超排水位)的,直接采用调度运用规则或相关规划设计成果。

(2)湖泊周边设有外排泵站且以湖泊水域作为泵站前池的,湖泊最低蓄涝水位可采用电排站最低运行内水位;湖泊周边设有外排泵站但泵站前池与湖泊水域是通过渠道连接的,湖泊最低蓄涝水位可在排涝泵站的最低运行内水位的基础上,考虑一定的渠道水头损失确定。

(3)湖泊明确了常水位的,可采用湖泊常水位作为湖泊最低蓄涝水位。

(4)湖泊内有水位观测记录的,最低蓄涝水位取代表观测记录(站)的多年平均水位。

(5)若按上述原则仍不能确定湖泊最低蓄涝水位,可取低于湖泊周边地面高程 1~2 m 作为湖泊最低蓄涝水位。

湖泊洪涝调蓄特征水位情况见表 5-1。

表 5-1　湖泊洪涝调蓄特征水位情况

序号	湖泊名称	所在行政区	最高蓄涝水位/m	最低蓄涝水位/m	确定依据
1	鄱阳湖	南昌、九江、上饶	20.58	10.96	最高蓄涝水位综合考虑最重要保护对象(九江市及军山联圩等重点圩堤)相应湖口水文站的设计洪水位及鄱阳湖蓄滞洪区分洪水位确定,最低蓄涝水位取湖泊相应湖口水文站的多年平均水位
2	青山湖	青山湖区	17.20	16.20	直接引用《南昌市城市排水(雨水)防涝综合规划(2014)》成果
3	艾溪湖	青山湖区、南昌高新区	17.17	15.67	直接引用《南昌市城市排水(雨水)防涝综合规划(2014)》成果
4	瑶湖	南昌高新区	16.11	14.61	直接引用《南昌县红旗排涝总站更新改造工程初设(2005)》成果
5	南塘湖	南昌高新区	17.17	15.67	直接引用《南昌市城市排水(雨水)防涝综合规划(2014)》成果
6	前湖	红谷滩区	20.97	17.97	直接引用《南昌市城市排水(雨水)防涝综合规划(2014)》成果
7	象湖	青云谱区	19.67	18.67	直接引用《南昌市城市排水(雨水)防涝综合规划(2014)》成果
8	梅湖	青云谱区	20.97	19.97	直接引用《南昌市城市排水(雨水)防涝综合规划(2014)》成果
9	上池湖	新建区、南昌经济技术开发区	16.60	15.70	最高蓄涝水位以满足湖岸堤安全(岸堤顶高程 18.01~19.63 m),且不淹湖岸基础设施为原则控制,取低于沿岸最低地面高程(16.9 m)0.3 m 作为湖泊最高蓄涝水位;最低蓄涝水位采用湖泊常水位
10	下庄湖	南昌经济技术开发区	17.57	16.37	直接引用《南昌市城市排水(雨水)防涝综合规划(2014)》成果
11	杨家湖	南昌经济技术开发区	17.47	15.97	直接引用《南昌临空经济区直管区防洪治涝规划(2016)》成果
12	儒乐湖	南昌经济技术开发区	17.17	15.97	直接引用《南昌市城市排水(雨水)防涝综合规划(2014)》成果

续表5-1

序号	湖泊名称	所在行政区	最高蓄涝水位/m	最低蓄涝水位/m	确定依据
13	大沙湖	南昌县	15.70	15.00	最高蓄涝水位以满足湖岸堤安全(岸堤顶高程16.58~18.23 m),且不淹湖岸基础设施为原则控制,取低于沿岸最低地面高程(16.0 m)0.3 m作为湖泊最高蓄涝水位;最低蓄涝水位采用湖泊常水位
14	芳溪湖	南昌县	17.47	15.97	分别依据芳溪湖电排站最高运行内水位和最低运行内水位、考虑0.5 m的排水渠道水头损失确定
15	军山湖	进贤县	18.68	15.04	最高蓄涝水位采用军山湖水位站20年一遇水位,最低蓄涝水位采用湖泊常水位
16	内青岚湖	进贤县	18.68	15.04	与军山湖连通,相应采用军山湖的特征水位
17	东港湖	进贤县	18.75	15.70	现状基本无水面,区内主要为养鱼池和农田。最高蓄涝水位采用东港湖堤设计洪水位,最低蓄涝水位按高于湖底平均高程(13.7 m)2 m确定
18	苗塘池	进贤县	18.75	15.50	现状基本无水面,区内主要为养鱼池和农田。最高蓄涝水位采用润安渡圩设计洪水位,最低蓄涝水位按高于湖底平均高程(13.5 m)2 m确定
19	陈家湖	进贤县	15.92	13.90	最高蓄涝水位采用实测历史最高水位,最低蓄涝水位采用湖泊常水位
20	瑶岗湖	进贤县	16.00	15.20	最高蓄涝水位以满足湖岸堤安全(岸堤顶高程16.4~16.71 m),且不淹湖岸基础设施为原则控制,取低于沿岸最低地面高程(16.3 m)0.3 m作为湖泊最高蓄涝水位;最低蓄涝水位采用湖泊常水位
21	白水湖	浔阳区	16.59	15.59	最高蓄涝水位采用白水湖设计洪水位,最低蓄涝水位采用湖泊常水位(景观水位)
22	甘棠湖(南门湖)	浔阳区	16.59	15.59	最高蓄涝水位采用甘棠湖设计洪水位,最低蓄涝水位采用湖泊常水位(景观水位)
23	八里湖	八里湖新区	18.94	16.47	最高蓄涝水位采用八里湖(八里湖堤)设计洪水位,最低蓄涝水位采用湖泊常水位(景观水位)
24	赛城湖	八里湖新区、柴桑区、瑞昌市	21.03	16.47	最高蓄涝水位采用赛城湖(赛城湖港口联圩)设计洪水位,最低蓄涝水位采用湖泊常水位(景观水位)

续表 5-1

序号	湖泊名称	所在行政区	最高蓄涝水位/m	最低蓄涝水位/m	确定依据
25	船头湖	柴桑区	15.30	14.50	最高蓄涝水位以满足湖岸堤安全(岸堤顶高程 21.5~22.4 m),不高于五一堤分洪水位(20.45 m),且不淹湖岸基础设施为原则控制,取低于沿岸最低处的黄家垅地面高程(15.6 m)0.3 m 作为湖泊最高蓄涝水位;最低蓄涝水位采用湖泊常水位
26	禁湖(东湖)	柴桑区	15.20	14.30	最高蓄涝水位以满足湖岸堤安全(岸堤顶高程 15.6~17.18 m),且不淹湖岸基础设施为原则控制,取低于沿岸最低处的湖岸地面高程(15.5 m)0.3 m 作为湖泊最高蓄涝水位;最低蓄涝水位采用湖泊常水位
27	杨柳湖(安定湖)	瑞昌市、柴桑区	16.90	15.97	最高蓄涝水位以满足湖岸堤安全(岸堤顶高程 17.2~21.8 m),且不淹湖岸基础设施为原则控制,取低于沿岸最低处的湖岸堤顶高程(17.2 m)0.3 m 作为湖泊最高蓄涝水位;最低蓄涝水位采用湖泊常水位(景观水位)
28	赤湖	瑞昌市、柴桑区	17.78	13.59	最高蓄涝水位采用赤湖设计洪水位,最低蓄涝水位采用湖泊常水位(景观水位)
29	下巢湖	瑞昌市	18.10	17.10	最高蓄涝水位以满足湖岸堤安全(岸堤顶高程 22.17~22.93 m),且不淹湖岸基础设施为原则控制,取低于沿岸最低处(道路)地面高程(18.46 m)0.3 m 作为湖泊最高蓄涝水位;最低蓄涝水位采用湖泊常水位
30	蓼花池	庐山市	18.80	16.47	最高蓄涝水位采用蓼花池设计洪水位(20 年一遇),最低蓄涝水位采用湖泊常水位
31	矶山湖	都昌县	13.20	12.20	最高蓄涝水位以满足湖岸堤安全(岸堤顶高程 22.46~23.22 m),且不淹湖岸基础设施为原则控制,取低于沿岸最低处的地面高程(13.4 m)0.2 m 作为湖泊最高蓄涝水位;最低蓄涝水位采用湖泊常水位
32	东湖	都昌县	16.47	14.97	最高蓄涝水位采用东湖设计洪水位,最低蓄涝水位采用湖泊常水位

续表 5-1

序号	湖泊名称	所在行政区	最高蓄涝水位/m	最低蓄涝水位/m	确定依据
33	黄茅潭	湖口县	16.40	15.50	最高蓄涝水位以满足湖岸堤安全(岸堤顶高程22.62~22.93 m),且不淹湖岸基础设施为原则控制,取低于沿岸最低处的桥东新村等地面高程(16.7 m)0.3 m作为湖泊最高蓄涝水位;最低蓄涝水位采用湖泊常水位
34	芳湖	彭泽县	18.12	15.07	最高蓄涝水位采用芳湖设计洪水位,最低蓄涝水位采用湖泊常水位
35	太泊湖	彭泽县	15.97	13.00	最高蓄涝水位采用太泊湖设计洪水位,最低蓄涝水位为太泊湖起排水位
36	白莲湖	永修县	21.00	19.00	最高蓄涝水位采用白莲湖设计洪水位,最低蓄涝水位采用湖泊常水位
37	康山湖	余干县	14.60	13.60	根据锣鼓山电排站治涝区治涝排水运行方式,最高蓄涝水位采用锣鼓山电排站最高运行内水位,最低蓄涝水位采用电排站设计内水位
38	沙湖	余干县	14.50	13.50	最高蓄涝水位以满足湖岸堤安全(岸堤顶高程22.1~22.9 m),且不淹湖岸基础设施为原则控制,取低于沿岸最低处的 Y218 道路路面高程(14.7 m)0.2 m作为湖泊最高蓄涝水位;最低蓄涝水位采用湖泊常水位
39	江家湖	余干县	15.97	14.40	最高蓄涝水位源于《康山蓄滞洪区可行性研究(2021 年)》确定的江家湖最高蓄涝水位,最低蓄涝水位采用湖泊常水位
40	竹子池	余干县	14.50	13.50	最高蓄涝水位以满足湖岸堤安全(岸堤顶高程14.7~15.5 m),且不淹湖岸基础设施为原则控制,取低于沿岸最低处地面高程(14.7 m)0.2 m作为湖泊最高蓄涝水位;最低蓄涝水位采用湖泊常水位
41	杨林浆湖	余干县	14.60	13.60	最高蓄涝水位以满足湖岸堤安全(岸堤顶高程15.14~16.2 m),且不淹湖岸基础设施为原则控制,取低于沿岸最低处地面高程(14.8 m)0.2 m作为湖泊最高蓄涝水位;最低蓄涝水位采用湖泊常水位
42	小口湖	余干县	16.50	15.50	以小口湖电排站建成后湖内历史最高洪水位(2020年)16.5 m为最高蓄涝水位,最低蓄涝水位采用湖泊常水位

续表 5-1

序号	湖泊名称	所在行政区	最高蓄涝水位/m	最低蓄涝水位/m	确定依据
43	大口湖	余干县	14.07	13.57	以光伏发电站建成后湖泊允许最高水位作为最高蓄涝水位,最低蓄涝水位采用汛限水位
44	燕湖	余干县	16.70	14.80	最高蓄涝水位以满足湖岸堤安全(岸堤顶高程24.4~25.5 m),且不淹湖岸基础设施为原则控制,取低于沿岸最低处地面高程(17.0 m)0.3 m作为湖泊最高蓄涝水位;最低蓄涝水位采用湖泊常水位
45	北湖	余干县	14.70	13.80	最高蓄涝水位以满足湖岸堤安全(岸堤顶高程15.1~15.6 m),且不淹湖岸基础设施为原则控制,取低于沿岸最低处的白果村房屋建筑地面高程(15 m)0.3 m作为湖泊最高蓄涝水位;最低蓄涝水位采用湖泊常水位
46	泊头湖	余干县	14.10	12.80	最高蓄涝水位以满足湖岸堤安全(岸堤顶高程15.1~16.6 m),且不淹湖岸基础设施为原则控制,取低于沿岸最低处的北应峰村房屋建筑地面高程(14.4 m)0.3 m作为湖泊最高蓄涝水位;最低蓄涝水位采用湖泊常水位
47	珠湖	鄱阳县	16.48	13.50	珠湖内无直接外排湖泊水域的排涝泵站,最高蓄涝水位采用珠湖蓄滞洪区分洪底水位,最低蓄涝水位采用湖泊常水位
48	青山湖	鄱阳县	14.57	13.57	最高蓄涝水位采用青山湖排涝最高控制水位,最低蓄涝水位采用青山湖常水位
49	上土湖	鄱阳县	16.07	15.57	最高蓄涝水位采用上土湖排涝最高控制水位,最低蓄涝水位采用上土湖常水位
50	东湖	鄱阳县	16.07	15.57	最高蓄涝水位采用东湖排涝最高控制水位,最低蓄涝水位采用东湖常水位
51	大塘湖	鄱阳县	15.00	14.00	最高蓄涝水位采用大塘湖允许最高蓄涝水位,最低蓄涝水位采用大塘湖常水位
52	道汉湖	鄱阳县	16.27	13.47	道汉湖内无直接外排湖泊水域的排涝泵站,最高蓄涝水位采用道汉湖分洪底水位,最低蓄涝水位采用道汉湖常水位

续表 5-1

序号	湖泊名称	所在行政区	最高蓄涝水位/m	最低蓄涝水位/m	确定依据
53	塔前湖	鄱阳县	15.80	15.20	最高蓄涝水位以满足湖岸堤安全(岸堤顶高程17.64~23.57 m),且不淹湖岸基础设施为原则控制,取低于沿岸最低处湖岸地面高程(16.01 m)0.2 m作为湖泊最高蓄涝水位;最低蓄涝水位采用湖泊常水位
54	麻叶湖	鄱阳县	16.47	15.47	与菱角塘连通。最高蓄涝水位采用麻叶湖允许最高蓄涝水位,最低蓄涝水位采用麻叶湖常水位
55	菱角塘	鄱阳县	16.47	15.47	最高蓄涝水位采用菱角塘允许最高蓄涝水位,最低蓄涝水位采用菱角塘常水位
56	娇家湖	鄱阳县	13.75	13.10	最高蓄涝水位以满足湖岸堤安全(岸堤顶高程14.05~16.58 m),且不淹湖岸基础设施为原则控制,取低于沿岸最低处湖岸地面高程(14.05 m)0.3 m作为湖泊最高蓄涝水位;最低蓄涝水位采用湖泊常水位
57	官塘湖	鄱阳县、万年县	15.70	15.00	最高蓄涝水位以满足湖岸堤安全(岸堤顶高程20.17~22.60 m),且不淹湖岸基础设施为原则控制,取低于沿岸最低处湖岸地面高程(16.0 m)0.3 m作为湖泊最高蓄涝水位;最低蓄涝水位采用湖泊常水位
58	毛坊湖	丰城市	20.70	19.80	最高蓄涝水位以满足湖岸堤安全(岸堤顶高程22.97~24.1 m),且不淹湖岸基础设施为原则控制,取低于沿岸最低处的店下村公路路面高程(21 m)0.3 m作为湖泊最高蓄涝水位;最低蓄涝水位采用湖泊常水位
59	浠湖	丰城市	19.70	18.70	最高蓄涝水位以满足湖岸堤安全(岸堤顶高程20.0~23.55 m),且不淹湖岸基础设施为原则控制,取低于沿岸最低处湖岸地面高程(20 m)0.3 m作为湖泊最高蓄涝水位;最低蓄涝水位采用湖泊常水位
60	药湖	丰城市	21.60	19.57	最高蓄涝水位以满足湖岸堤安全(岸堤顶高程21.8~31.9 m),且不淹湖岸基础设施为原则控制,取低于沿岸最低处的司家村地面高程(21.9 m)0.3 m作为湖泊最高蓄涝水位;最低蓄涝水位采用湖泊常水位

5.2　农业灌溉特征水位

　　湖泊农业灌溉特征水位指具有农业灌溉功能的湖泊对应的特征水位,包括灌溉供水保证水位和灌溉供水设计水位。其中,灌溉供水保证水位是承担农业灌溉供水任务的湖泊在干旱年需要满足供水要求的保证水位,可统计历年能满足农业灌溉供水要求的水位,取其满足灌溉保证率的最低水位作为湖泊的灌溉供水保证水位,一般可采用灌溉泵站进水池的最低运行水位;灌溉供水设计水位指历年满足农业灌溉设计保证率的平均水位,一般可采用灌溉泵站进水池的设计运行水位。

江西省湖泊承担农业灌溉任务的不多,仅有 25 个湖泊,且主要以从湖泊提水灌溉为主,多数灌溉泵站建设年代久远,灌溉特征水位难以确定。

承担农业灌溉任务的湖泊灌溉供水保证水位和灌溉供水设计水位成果见表 5-2。

表 5-2　湖泊农业灌溉特征水位情况

序号	湖泊名称	所在行政区	灌溉供水保证水位/m	灌溉供水设计水位/m	备注
1	鄱阳湖	南昌、九江、上饶	9.47~14.97	10.97~15.97	
2	上池湖	新建区、南昌经济技术开发区		15.70	
3	大沙湖	南昌县	14.00	14.50	
4	芳溪湖	南昌县		15.97	
5	军山湖	进贤县	14.74	15.04	
6	内青岚湖	进贤县	14.74	15.04	
7	陈家湖	进贤县	12.90	13.90	
8	瑶岗湖	进贤县	14.20	15.20	
9	赛城湖	八里湖新区、柴桑区、瑞昌市		16.47	
10	赤湖	瑞昌市、柴桑区		13.59	
11	蓼花池	庐山市	16.17	16.47	
12	黄茅潭	湖口县		15.50	
13	芳湖	彭泽县		15.07	
14	太泊湖	彭泽县		13.55	
15	康山湖	余干县		13.60	
16	沙湖	余干县		13.50	
17	竹子池	余干县		13.50	
18	杨林浆湖	余干县		13.60	
19	燕湖	余干县		14.80	
20	北湖	余干县		13.80	
21	泊头湖	余干县		12.80	
22	珠湖	鄱阳县		13.50	
23	道汊湖	鄱阳县		13.47	
24	塔前湖	鄱阳县		15.20	
25	官塘湖	鄱阳县、万年县		15.00	

5.3　城乡供水特征水位

城乡供水特征水位指具有城乡供水功能的湖泊对应的特征水位,包括城乡供水保证水位和城乡供水设计水位。其中,城乡供水保证水位是承担城乡供水任务的湖泊在干旱年需要满足城乡生活供水要求的保证水位,低于此水位时应禁止其他用水户取水,可统计历年能满足城乡供水要求的水位,取其满足供水保证率的最低水位作为湖泊的城乡供水保证水位,一般可采用供水泵站进水池最低运行水位;城乡供水设计水位指历年满足城乡生活供水设计保证率的平均水位,一般可采用泵站进水池设计运行水位。

江西省湖泊承担城乡供水任务的不多,仅有鄱阳湖、军山湖和珠湖等少数湖泊,主要以从湖泊提水取水为主,多数提水泵站建设年代久远,城乡供水特征水位难以确定。

承担城乡供水任务的湖泊城乡供水保证水位和城乡供水设计水位成果见表5-3。

表5-3　湖泊城乡供水特征水位情况

序号	湖泊名称	城乡供水保证水位/m	城乡供水设计水位/m
1	鄱阳湖	7.47~10.97	8.47~11.97
2	军山湖	11.97	15.04
3	珠湖	12.00	13.50

5.4　生物栖息特征水位

生物栖息特征水位指具有生物栖息功能的湖泊对应的特征水位,包括湖泊最低生态水位。湖泊最低生态水位是指能够保证特定发展阶段的湖泊生态系统结构稳定、发挥湖泊生态系统正常生态功能和环境功能、维持湖泊生物多样性和生态系统的完整性所需的最低水位,是生态系统可以存在和恢复的极限水位,在此水位以下必须实施生态补水,以维持湖泊的生态功能。

根据调查,江西省湖泊均未分析或确定过最低生态水位,建议有关部门组织开展相关分析研究工作。

5.5　水产养殖特征水位

水产养殖特征水位指具有水产养殖功能的湖泊对应的特征水位,包括湖泊水产养殖水位。湖泊水产养殖水位指为保证水产正常养殖所需的最低水位。如无相关规划设计成果或文件明确湖泊水产养殖水位,通常可采用湖泊常水位作为水产养殖水位。

具有水产养殖功能的湖泊水产养殖水位情况见表5-4。

表 5-4　具有水产养殖功能的湖泊水产养殖水位情况

序号	湖泊名称	所在行政区	水产养殖水位/m	备注
1	鄱阳湖	南昌、九江、上饶	10.96	湖口水位
2	青山湖	青山湖区	16.20	
3	艾溪湖	青山湖区、南昌高新区	15.67	
4	瑶湖	南昌高新区	14.61	
5	南塘湖	南昌高新区	15.67	
6	上池湖	新建区、南昌经济技术开发区	15.70	
7	下庄湖	南昌经济技术开发区	16.37	
8	大沙湖	南昌县	15.00	
9	芳溪湖	南昌县	15.97	
10	军山湖	进贤县	15.04	
11	内青岚湖	进贤县	15.04	
12	东港湖	进贤县		现状为鱼塘养殖
13	苗塘池	进贤县		现状为鱼塘养殖
14	陈家湖	进贤县	13.90	
15	瑶岗湖	进贤县	15.20	
16	白水湖	浔阳区	15.59	
17	甘棠湖(南门湖)	浔阳区	15.59	
18	八里湖	八里湖新区	16.47	
19	赛城湖	八里湖新区、柴桑区、瑞昌市	16.47	
20	船头湖	柴桑区	14.50	
21	禁湖(东湖)	柴桑区	14.20	
22	杨柳湖(安定湖)	瑞昌市、柴桑区	15.97	
23	赤湖	瑞昌市、柴桑区	13.59	
24	蓼花池	庐山市	16.47	
25	矶山湖	都昌县	12.20	
26	东湖	都昌县	14.97	

续表 5-4

序号	湖泊名称	所在行政区	水产养殖水位/m	备注
27	黄茅潭	湖口县	15.50	
28	芳湖	彭泽县	15.07	
29	太泊湖	彭泽县	13.55	
30	白莲湖	永修县	19.00	
31	康山湖	余干县	13.60	
32	沙湖	余干县	13.50	
33	江家湖	余干县	14.40	
34	竹子池	余干县	13.50	
35	杨林浆湖	余干县	13.60	
36	小口湖	余干县	15.50	
37	大口湖	余干县	13.57	
38	燕湖	余干县	14.80	
39	北湖	余干县	13.80	
40	泊头湖	余干县	12.80	
41	珠湖	鄱阳县	13.50	
42	青山湖	鄱阳县	13.57	
43	大塘湖	鄱阳县	14.00	
44	道汊湖	鄱阳县	13.47	
45	塔前湖	鄱阳县	15.20	
46	官塘湖	鄱阳县、万年县	15.00	
47	毛坊湖	丰城市	19.80	
48	浠湖	丰城市	18.70	
49	药湖	丰城市	19.57	

5.6　旅游观光特征水位

　　旅游观光特征水位指具有旅游观光功能的湖泊对应的特征水位,包括湖泊景观水位。如无相关规划设计成果或文件明确湖泊景观水位,通常可采用湖泊常水位作为景观水位。

　　具有旅游观光功能的湖泊景观水位情况见表 5-5。

表 5-5　具有旅游观光功能的湖泊景观水位情况

序号	湖泊名称	所在行政区	景观水位/m	备注
1	鄱阳湖	南昌、九江、上饶	10.96	湖口水位
2	青山湖	青山湖区	16.67	
3	艾溪湖	南昌高新区、青山湖区	15.97	
4	瑶湖	南昌高新区	15.57	
5	南塘湖	南昌高新区	15.97	
6	前湖	红谷滩区	18.47	
7	象湖	青云谱区	18.67	
8	梅湖	青云谱区	19.97	
9	杨家湖	南昌经济技术开发区	15.97	
10	儒乐湖	南昌经济技术开发区	16.47	
11	大沙湖	南昌县	15.00	
12	芳溪湖	南昌县	15.97	
13	军山湖	进贤县	15.04	
14	内青岚湖	进贤县	15.04	
15	陈家湖	进贤县	13.90	
16	瑶岗湖	进贤县	15.20	
17	白水湖	浔阳区	15.59	
18	甘棠湖(南门湖)	浔阳区	15.59	
19	八里湖	八里湖新区	16.47	
20	赛城湖	八里湖新区、柴桑区、瑞昌市	16.47	
21	船头湖	柴桑区	14.50	
22	禁湖(东湖)	柴桑区	14.30	
23	杨柳湖(安定湖)	瑞昌市、柴桑区	15.97	

续表 5-5

序号	湖泊名称	所在行政区	景观水位/m	备注
24	赤湖	瑞昌市、柴桑区	13.59	
25	蓼花池	庐山市	16.47	
26	矶山湖	都昌县	12.20	
27	东湖	都昌县	14.97	
28	芳湖	彭泽县	15.07	
29	太泊湖	彭泽县	13.55	
30	白莲湖	永修县	18.50	
31	康山湖	余干县	13.60	
32	珠湖	鄱阳县	13.50	
33	青山湖	鄱阳县	13.57	
34	上土湖	鄱阳县	15.57	
35	东湖	鄱阳县	15.57	
36	大塘湖	鄱阳县	14.00	
37	毛坊湖	丰城市	19.80	
38	药湖	丰城市	19.57	

5.7 湖泊常水位

根据 2.4 节"湖泊常水位"的界定,有水位观测记录的湖泊,常水位取代表观测记录(站)的多年平均水位;无水位观测记录的湖泊,依据农业灌溉、城乡供水、水产养殖、旅游观光等湖泊水资源综合利用的设计水位确定,取满足湖泊兴利需求的设计水位的最大值为常水位。

江西省有水位观测记录的湖泊仅有鄱阳湖,以鄱阳湖出口湖口水文站多年平均水位作为鄱阳湖常水位。根据湖口水文站 1956—2012 年的水位观测资料统计,鄱阳湖常水位为 10.96 m。

其他湖泊均无水位观测资料,取满足农业灌溉、城乡供水、水产养殖、旅游观光等兴利需求的设计水位的最大值作为常水位。各湖泊特征水位情况见表 5-6。

表 5-6　各湖泊特征水位情况

序号	湖泊名称	所在行政区	最高蓄涝水位/m	最低蓄涝水位/m	灌溉供水设计水位/m	城乡供水设计水位/m	水产养殖水位/m	景观水位/m	常水位/m	设计高水位/m
1	鄱阳湖	南昌、九江、上饶	20.58(湖口代表)	10.96(湖口代表)	10.97~15.97	8.47~11.97	10.96(湖口代表)	10.96(湖口代表)	10.96(湖口代表)	20.58(湖口代表)
2	青山湖	青山湖区	17.20	16.20			16.20	16.67	16.67	17.20
3	艾溪湖	青山湖区、南昌高新区	17.17	15.67			15.67	15.97	15.97	17.17
4	瑶湖	南昌高新区	16.11	14.61			14.61	15.57	15.57	16.11
5	南塘湖	南昌高新区	17.17	15.67			15.67	15.97	15.97	17.17
6	前湖	红谷滩区	20.97	17.97				18.47	18.47	20.97
7	象湖	青云谱区	19.67	18.67				18.67	18.67	19.67
8	梅湖	青云谱区	20.97	19.97				19.97	19.97	20.97
9	上池湖	新建区,南昌经济技术开发区	16.60	15.70	15.70		15.70		15.70	16.60
10	下庄湖	南昌经济技术开发区	17.57	16.37			16.37		16.37	17.57
11	杨家湖	南昌经济技术开发区	17.47	15.97				15.97	15.97	17.47
12	儒乐湖	南昌经济技术开发区	17.17	15.97				16.47	16.47	17.17
13	大沙湖	南昌县	15.70	15.00	14.50		15.00	15.00	15.00	15.70
14	芳溪湖	南昌县	17.47	15.97	15.97		15.97	15.97	15.97	17.47
15	军山湖	进贤县	18.68	15.04	15.04	15.04	15.04	15.04	15.04	18.68
16	内青岚湖	进贤县	18.68	15.04	15.04		15.04	15.04	15.04	18.68

续表 5-6

序号	湖泊名称	所在行政区	最高蓄涝水位/m	最低蓄涝水位/m	灌溉供水设计水位/m	城乡供水设计水位/m	水产养殖水位/m	景观水位/m	常水位/m	设计高水位/m
17	东港湖	进贤县	18.75	15.70			现为鱼塘，无法确定		15.70	18.75
18	苗塘池	进贤县	18.75	15.50			现为鱼塘，无法确定		15.50	18.75
19	陈家湖	进贤县	15.92	13.90	13.90		13.90	13.90	13.90	15.92
20	瑶岗湖	进贤县	16.00	15.20	15.20		15.20	15.20	15.20	16.00
21	白水湖	浔阳区	16.59	15.59			15.59	15.59	15.59	16.59
22	甘棠湖（南门湖）	浔阳区	16.59	15.59			15.59	15.59	15.59	16.59
23	八里湖	八里湖新区	18.94	16.47			16.47	16.47	16.47	18.94
24	赛城湖	八里湖新区、柴桑区、瑞昌市	21.03	16.47	16.47		16.47	16.47	16.47	21.03
25	船头湖	柴桑区	15.30	14.50			14.50	14.50	14.50	15.30
26	赛湖（东湖）	柴桑区	15.20	14.30			14.20	14.30	14.30	15.20

续表 5-6

序号	湖泊名称	所在行政区	最高蓄涝水位/m	最低蓄涝水位/m	灌溉供水设计水位/m	城乡供水设计水位/m	水产养殖水位/m	景观水位/m	常水位/m	设计高水位/m
27	杨柳湖（安定湖）	瑞昌市、柴桑区	16.90	15.97			15.97	15.97	15.97	16.90
28	赤湖	瑞昌市、柴桑区	17.78	13.59	13.59		13.59	13.59	13.59	17.78
29	下巢湖	瑞昌市	18.10	17.10					17.10	18.10
30	蓼花池	庐山市	18.80	16.47	16.47		16.47	16.47	16.47	18.80
31	矶山湖	都昌县	13.20	12.20			12.20	12.20	12.20	13.20
32	东湖	都昌县	16.47	14.97			14.97	14.97	14.97	16.47
33	黄茅潭	湖口县	16.40	15.50	15.50		15.50	15.50	15.50	16.40
34	芳湖	彭泽县	18.12	15.07	15.07		15.07	15.07	15.07	18.12
35	大泊湖	彭泽县	15.97	13.00	13.55		13.55	13.55	13.55	15.97
36	白莲湖	永修县	21.00	19.00			19.00	18.50	19.00	21.00
37	康山湖	余干县	14.60	13.60	13.60		13.60	13.60	13.60	14.60
38	沙湖	余干县	14.50	13.50	13.50		13.50		13.50	14.50
39	江家湖	余干县	15.97	14.40			14.40		14.40	15.97
40	竹子池	余干县	14.50	13.50	13.50		13.50		13.50	14.50
41	杨林浆湖	余干县	14.60	13.60	13.60		13.60		13.60	14.60
42	小口湖	余干县	16.50	15.50			15.50		15.50	16.50
43	大口湖	余干县	14.07	13.57			13.57		13.57	14.07

续表 5-6

序号	湖泊名称	所在行政区	最高蓄涝水位/m	最低蓄涝水位/m	灌溉供水设计水位/m	城乡供水设计水位/m	水产养殖水位/m	景观水位/m	常水位/m	设计高水位/m
44	燕湖	余干县	16.70	14.80	14.80		14.80		14.80	16.70
45	北湖	余干县	14.70	13.80	13.80		13.80		13.80	14.70
46	泊头湖	余干县	14.10	12.80	12.80		12.80		12.80	14.10
47	珠湖	鄱阳县	16.48	13.50	13.50	13.50	13.50	13.50	13.50	16.48
48	青山湖	鄱阳县	14.57	13.57			13.57	13.57	13.57	14.57
49	上土湖	鄱阳县	16.07	15.57				15.57	15.57	16.07
50	东湖	鄱阳县	16.07	15.57				15.57	15.57	16.07
51	大塘湖	鄱阳县	15.00	14.00			14.00	14.00	14.00	15.00
52	道汊湖	鄱阳县	16.27	13.47	13.47		13.47		13.47	16.27
53	塔前湖	鄱阳县	15.80	15.20	15.20		15.20		15.20	15.80
54	麻叶湖	鄱阳县	16.47	15.47					15.47	16.47
55	菱角塘	鄱阳县	16.47	15.47					15.47	16.47
56	娇家湖	鄱阳县	13.75	13.10					13.10	13.75
57	官塘湖	鄱阳县,万年县	15.70	15.00	15.00		15.00		15.00	15.70
58	毛坊湖	丰城市	20.70	19.80			19.80	19.80	19.80	20.70
59	浠湖	丰城市	19.70	18.70			18.70		18.70	19.70
60	药湖	丰城市	21.60	19.57			19.57	19.57	19.57	21.60

5.8 湖泊设计高水位

根据 2.4 节"湖泊设计高水位"的界定,湖泊的设计高水位一般是指湖泊日常运用调度中所允许的最高控制水位。在实际应用中,可依据湖泊周边防护对象及承担的洪涝调蓄、农业灌溉、城乡供水、生物栖息、水产养殖、旅游观光、交通航运等功能综合确定,以最高特征水位作为湖泊的设计高水位。

通过对各湖泊的洪涝调蓄、农业灌溉、城乡供水、生物栖息、水产养殖、旅游观光等特征水位分析,湖泊的最高蓄涝水位是各特征水位中最高的,采用湖泊最高蓄涝水位作为湖泊的设计高水位。各湖泊设计高水位见表 5-6。

第6章　湖泊形态特征分析

根据2.4节"湖泊形态"的界定,湖泊形态包括湖盆、水域、湖内岛屿等三部分。其中,湖盆形态指湖泊蓄纳湖水的地表形态,由湖盆平面投影的长度、宽度、周长、面积等指标体现。水域形态指湖泊设计高水位时的水体形态,由湖泊水体水深、水面面积、水体体积等指标体现。湖内岛屿形态指湖泊设计高水位时的湖内陆地形态,由岛屿平面投影的长度、宽度、周长、面积等指标体现。

鄱阳湖为敞口型湖泊,汇聚"五河"来水,水面面积大,湖盆区上下游水位落差大,区内碟形湖和单退圩堤众多,情况复杂,形态分析工作考虑因素多。其他湖泊为闭流型湖泊,湖盆区水位落差可忽略不计,形态分析工作相对简单。本次采取不同的方法对鄱阳湖及其他湖泊进行形态特征分析工作。

6.1　鄱阳湖形态分析

6.1.1　鄱阳湖湖盆区范围

鄱阳湖湖盆区分析范围为各入湖河流入湖口以下至鄱阳湖出口区间范围,包括区间范围内实行了"退田还湖"工程的双退圩区和单退圩区,不包括"五河"尾闾河道、鄱阳湖蓄滞洪区及军山湖联圩、陈家湖圩、联合圩、南湖圩等纳入堤防名录的千亩以上非单退圩堤圩区。

6.1.1.1　鄱阳湖出口及各河流入湖口断面位置

根据2.4节"湖泊出口及河流入湖口断面位置"的界定,鄱阳湖出口和各河流入湖口均无闸坝、堰等水利工程控制,也未发现相关文献、设计等成果中有确切位置的记载,本次鄱阳湖出口断面位置主要依据湖泊出口附近地形条件、堤线走向等因素综合确定,河流入湖口断面位置主要依据河流入湖口附近地形条件、堤线走向、河流扩散等因素综合确定,一般以入湖河流最下游的"喇叭口"口门作为河流入湖口断面位置。

6.1.1.2　纳入鄱阳湖湖盆区单退圩区名录

根据《江西省平垸行洪退田还湖巩固工程措施竣工验收工作总结报告》(江西省河道湖泊管理局,2014年12月),江西省共实施单退圩堤240座,其中鄱阳湖区单退圩堤199座。后续在1万~5万亩圩堤除险加固过程中,湖西圩、润溪圩等部分单退圩堤进行了联并。联并处理后,鄱阳湖区单退圩堤名录变为193座,其中属于鄱阳湖各入湖河流入湖口以下至鄱阳湖出口区间的单退圩堤共132座(详细名录见表6-1)。本次将此132座单退圩堤圩区纳入鄱阳湖湖盆范围,但湖口水文站水位未达到各单退圩堤分洪水位前,单退圩区水面面积和水体体积不计入鄱阳湖。鄱阳湖湖盆区各河口位置示意见图6-1。鄱阳湖湖盆区单退圩堤圩区分布见图6-2。

表 6-1　鄱阳湖湖盆区单退圩堤名录

序号	堤防名称	所在县	圩区湖泊情况	
			湖泊名称	是否属水利普查名录内湖泊
1	沈家堰圩	湖口县	沈家堰湖	否
2	南北港圩	湖口县	南北港湖	是,且为水利普查公报的86个湖泊之一
3	泊洋湖圩	湖口县	泊洋湖	是,且为水利普查公报的86个湖泊之一
4	皂湖圩	湖口县	造湖、大桥湖	是,且为水利普查公报的86个湖泊之一
5	泊口圩	湖门县	泊口湖	否
6	小桂港圩	湖口县	小桂港湖	否
7	谢家湖圩	都昌县	谢家湖	是,且为水利普查公报的86个湖泊之一
8	献忠圩	都昌县	献忠湖	否
9	土目圩	都昌县	土目湖	是,且为水利普查公报的86个湖泊之一
10	团子口圩	都昌县	团子口湖	是,且为水利普查公报的86个湖泊之一
11	下张圩	都昌县		
12	陈塘圩	都昌县		
13	马家堰圩	都昌县		
14	新妙湖圩	都昌县	新妙湖、张家湖	是,且为水利普查公报的86个湖泊之一
15	彭家堰圩	都昌县	彭家堰湖	否
16	大沔池圩	都昌县	大沔池	是,且为水利普查公报的86个湖泊之一
17	小沔池圩	都昌县	小沔池	是
18	小泞池圩	都昌县	小泞池	否
19	沙湖圩	都昌县	砖塘湾	是
20	南溪圩	都昌县	南溪湖	是,且为水利普查公报的86个湖泊之一
21	龙潭圩	都昌县	龙潭湖	是,且为水利普查公报的86个湖泊之一
22	楼湖圩	都昌县	楼湖	否
23	南坂圩	都昌县		
24	大坂圩	都昌县		
25	石头山圩	都昌县		

续表 6-1

序号	堤防名称	所在县	圩区湖泊情况	
			湖泊名称	是否属水利普查名录内湖泊
26	港西湾圩	都昌县		
27	罗叔吴圩	都昌县		
28	龙船地圩	都昌县		
29	左桥圩	都昌县		
30	恒星圩	都昌县	花桥湖	否
31	团结圩	都昌县	团结湖	否
32	青旗湾圩	都昌县	青旗湾湖	否
33	曹棋圩	都昌县	曹机湖	否
34	周溪联圩	都昌县		
35	盘湖圩	都昌县	盘湖	否
36	新建圩	都昌县	新建湖	否
37	焦前圩	都昌县	焦前湖	否
38	滚子湖圩	都昌县	滚子湖	否
39	长溪圩	都昌县	长溪湖	否
40	刘家边圩	都昌县	刘家边湖	否
41	东湖圩	都昌县	东湖	否
42	东头圩	都昌县	东头湖	否
43	大塘圩	都昌县	大塘湖	否
44	跃进圩	都昌县	跃进湖	否
45	东风圩	都昌县		
46	珠光圩	都昌县		
47	越光圩	都昌县		
48	霞光圩	都昌县		
49	玉洲圩	都昌县		
50	土塘圩	都昌县		
51	光明圩	都昌县		

续表 6-1

序号	堤防名称	所在县	圩区湖泊情况	
			湖泊名称	是否属水利普查名录内湖泊
52	横渠口圩	都昌县		
53	莲蓬湾圩	都昌县		
54	珠岭圩	都昌县	珠岭湖	否
55	狮山圩	都昌县	狮山湖	否
56	泥坑圩	都昌县	龙安湖	否
57	宋家圩	都昌县	宋家湖	否
58	北汉圩	都昌县	北汉湖	否
59	平池湖圩	都昌县	西眼堰	是,且为水利普查公报的86个湖泊之一
60	新兴圩	都昌县	平池湖	是
61	新光程家园圩	都昌县	程家园湖	否
62	芗溪圩	都昌县	芗溪湖	否
63	南峰圩	都昌县	酬池湖	是
64	破絮湖圩	都昌县	破絮湖	否
65	余晃圩	都昌县	酬池湖	是
66	鸣山圩	鄱阳县	鸣山湖	否
67	下曹兰圩	都昌县		
68	肖家坂圩	都昌县		
69	西河西联圩	鄱阳县		
70	横溪圩	鄱阳县		
71	集会洲圩	鄱阳县		
72	跃进圩(柘港圩)	鄱阳县		
73	潼丰联圩	鄱阳县		
74	前进圩	鄱阳县		
75	半港圩	鄱阳县	桃花池	否
76	新桥圩	鄱阳县	南岸湖	是,且为水利普查公报的86个湖泊之一
77	三门圩	鄱阳县	三门湖	否

续表 6-1

序号	堤防名称	所在县	圩区湖泊情况	
			湖泊名称	是否属水利普查名录内湖泊
78	莲北圩	鄱阳县	大鸣湖、小鸣湖	是,且为水利普查公报的86个湖泊之一
79	莲南圩	鄱阳县		
80	角丰圩	鄱阳县		
81	塘背圩	余干县	塘背湖	否
82	大湾圩	余干县	大湾湖	否
83	润溪圩	余干县	润溪湖	是,且为水利普查公报的86个湖泊之一
84	马咀①圩	进贤县	马咀湖	否
85	水岚洲圩	南昌县	鸭子池	否
86	荷溪圩	永修县	大寨堤湖	否
87	老虎口圩	永修县	老虎口湖	否
88	沙湖山圩	庐山市		
89	增垅圩	共青城市		
90	跃进圩	共青城市	南湖	是,且为水利普查公报的86个湖泊之一
91	爱国圩	共青城市	南湖	是,且为水利普查公报的86个湖泊之一
92	渔场圩	共青城市		
93	红林圩	共青城市	红林湖	否
94	共大圩	共青城市	共大湖	否
95	郑泗圩	共青城市		
96	浆潭联圩	共青城市	大湖	是,且为水利普查公报的86个湖泊之一
97	寺下湖圩	共青城市	寺下湖	是,且为水利普查公报的86个湖泊之一
98	刘家当圩	庐山市		
99	龙溪坝圩	庐山市	龙溪湖	否
100	反水圩	庐山市		
101	罗眼当圩	庐山市		
102	窖上李圩	庐山市		
103	西庙圩	庐山市	西庙湖	否
104	松树湾圩	庐山市		
105	渚溪圩	庐山市	渚溪湖	否

①咀为嘴的俗称,余同。

续表 6-1

序号	堤防名称	所在县	圩区湖泊情况	
			湖泊名称	是否属水利普查名录内湖泊
106	老池联圩	庐山市		
107	团湖圩	庐山市	团湖	否
108	新桥圩	庐山市	新桥湖	否
109	高家圩(星子镇)	庐山市		
110	王家圩	庐山市		
111	肖家圩	庐山市		
112	蔡家圩	庐山市		
113	钱湖圩	庐山市	钱湖	否
114	西家湾圩	庐山市		
115	杨武庙圩	庐山市		
116	秀峰圩	庐山市		
117	波湖圩	庐山市	波湖	否
118	麻头圩	庐山市		
119	珠琳圩	庐山市		
120	高家圩(白鹿镇)	庐山市	高家湖	否
121	徐家圩	庐山市		
122	青山湖堤	濂溪区	青山湖	是,且为水利普查公报的86个湖泊之一
123	谷山湖堤	濂溪区	谷山湖	是,且为水利普查公报的86个湖泊之一
124	姑塘湖堤	濂溪区	姑塘湖	否
125	尹家湖堤	濂溪区	尹家湖	是
126	周岭小湖堤	濂溪区	周岭小湖	否
127	开天堤	濂溪区	开天湖	否
128	芳兰湖堤	濂溪区	芳兰湖	是,且为水利普查公报的86个湖泊之一
129	新港小湖圩	濂溪区	新港小湖	否
130	耀华堤	濂溪区	耀华湖	否
131	常家堰堤	濂溪区	常家堰	否
132	团山三堤	濂溪区	汪家堰、杨家堰	否

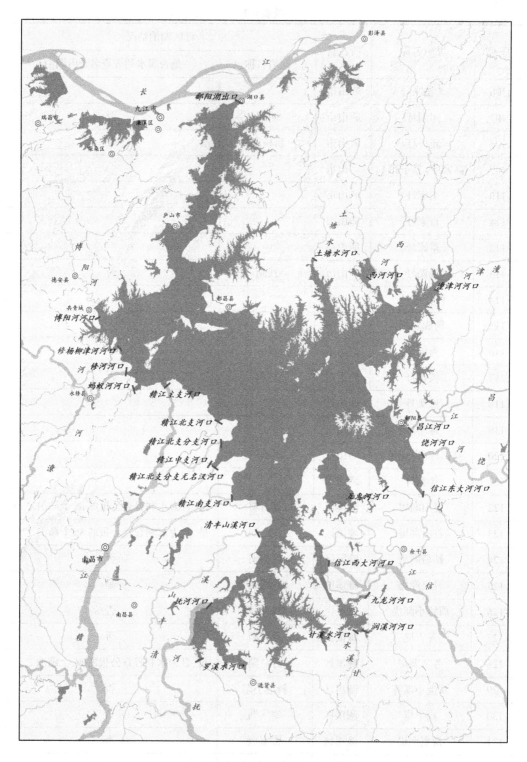

图6-1　鄱阳湖湖盆区各河口位置示意

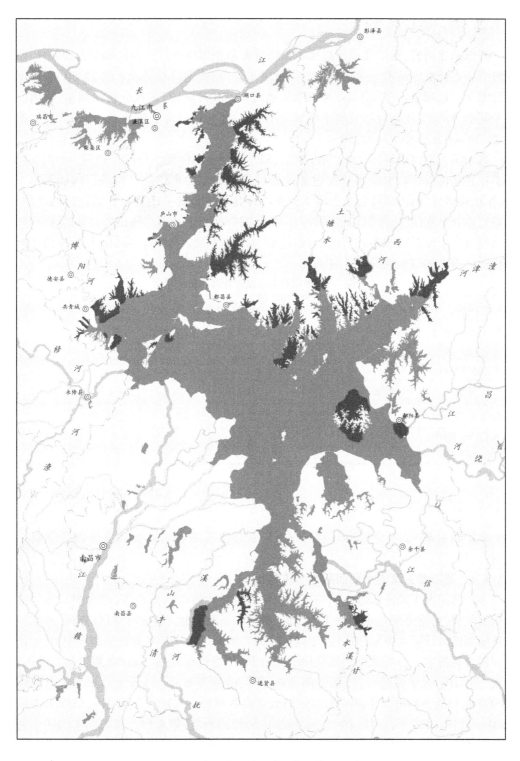

图 6-2　鄱阳湖湖盆区单退圩堤圩区分布

6.1.2　湖盆设计高水位

　　根据前述内容,鄱阳湖设计高水位是依据鄱阳湖周边九江市城区和军山湖联圩、矶山联圩等重点圩堤等最重要保护对象的设计洪水位(相应湖口站吴淞水位 22.50 m)及鄱阳湖蓄滞洪区运用条件(当湖口站吴淞水位超过 22.50 m 时,将采取分蓄洪措施,视情况启用不同的分洪区,使湖口站吴淞水位尽量不超过 22.50 m)综合确定的,为相应湖口站水位 20.58 m(吴淞水位为 22.50 m)。

　　鄱阳湖入湖河流较多,水文情况复杂,同一时间不同位置水位存在差别。本次鄱阳湖相关位置断面设计高水位主要通过相关设计成果和相关水位站水位换算内插求得。其中,军山湖联圩、矶山联圩等重点圩堤位置设计高水位直接采用重点圩堤设计洪水位;其他位置设计高水位,先依据湖盆区各水位站与湖口站的年最高水位相关关系,分析得到湖口站设计高水位时其他各站对应的设计高水位(成果见表 6-2),再通过上下游相邻两站水位内插得到相应位置的设计高水位。

表 6-2　鄱阳湖区各站设计高水位成果

测站	湖口	星子	都昌	吴城(一)	吴城(二)	棠荫
水位/m(吴淞)	22.50	22.58	22.53	23.06	23.04	22.51
水位/m(1985 国家高程基准)	20.58	20.66	20.74	20.71	20.69	20.76
测站	鄱阳	瑞洪	康山	八字脑	三阳	
水位/m(吴淞)	22.72	22.68	22.52	23.26	23.44	
水位/m(1985 国家高程基准)	20.80	20.77	20.78	20.87	20.98	

6.1.3　鄱阳湖水域形态

　　鄱阳湖主湖区(不含单退圩堤圩区)与单退圩区的水面面积及水体体积分别单独分析。

6.1.3.1　鄱阳湖主湖区水面面积与水体体积

　　本次鄱阳湖主湖区水域范围与边界主要通过雷达影像水面识别,结合卫星光学遥感影像对船只、桥梁等覆盖水面物体的鉴别,叠加水下测量地形图进行综合分析,并利用各位置断面的设计高水位复核确定;主湖区水体容积通过建立鄱阳湖数字高程模型,依据水面高程分析确定。分析基础数据采用欧洲航天局"哥白尼计划"地球观测卫星雷达影像、高新 2 号卫星光学遥感影像、鄱阳湖 2009 年基础地理测量 1:1 万地形图和依据鄱阳湖 2009 年基础地理测量制作形成的鄱阳湖数字高程模型(DEM 矢量数据),分析工作依托 ArcMap 软件、GEE 平台(Google Earth Engine 云计算平台)等进行。鄱阳湖主湖区水面面积与水体体积分析流程见图 6-3,分析计算方法及步骤如下。

　　1. 选取典型代表的雷达影像和光学影像

　　根据鄱阳湖设计高水位分析成果(鄱阳湖湖口站设计高水位为 20.58 m),选取接近

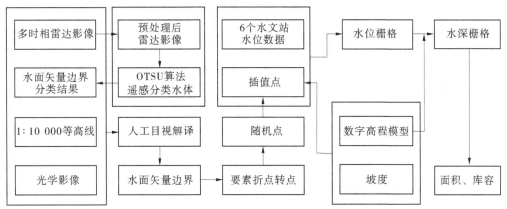

图 6-3　鄱阳湖主湖区水面面积与水体体积分析流程

设计高水位时刻的卫星雷达影像。综合湖口站水文观测资料和欧洲航天局"哥白尼计划"地球观测卫星 2014 年运行以来的雷达成像资料,选取欧洲航天局"哥白尼计划"地球观测卫星 2020 年 7 月 14 日(当天湖口站水位达到 20.53 m,接近设计高水位)鄱阳湖主湖区的雷达成像(见图 6-4)作为典型代表雷达影像。同时,选取高新 2 号卫星光学遥感影像作为辅助分析参照。

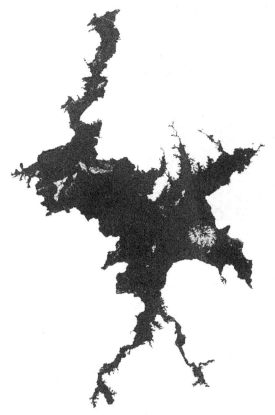

图 6-4　鄱阳湖主湖区雷达影像(2020 年 7 月 14 日)

2. 基于 GEE 平台对雷达影像进行分类

首先对取得的雷达影像地形进行校正,并使用空间滤波的方式去除细小的杂质,得到预处理后的雷达影像。然后基于预处理得到的雷达影像计算 SDWI 指数[计算公式:SDWI=ln(10×VV×VH)−8],扩大水体与其他地物间的差异。根据雷达影像计算的 SDWI 直方图,利用 OTSU 算法(最大类间方差法)确定水面范围的阈值,提取淹水范围(见图6-5)。

3. 运用 ArcMap 软件矢量化水面边界

由于雷达影像对湖泊区域中船只、桥梁等覆盖水面的物体识别为非水面,需对遥感分类结果得到的水面矢量进行人工二次解译。湖泊水面上的船只、桥梁等物体通过光学影像对比复核处理;湖泊岛屿及湖岸的水边界通过叠加1∶1万水下水上地形图(2000 国家大地坐标系、1985 国家高程基准),根据湖盆各位置的设计高水位复核确定。水面边界矢量化结果见图6-6。

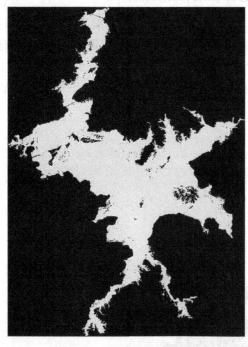

图6-5　水面范围分类结果

图6-6　水面边界矢量化结果

4. 运用 ArcMap 软件进行湖泊水位与水深计算

首先,提取二次解译得到的矢量水面边界的所有折点,对点进行随机抽取,并提取这些点的高程值,将所在位置坡度大于5°的点剔除,以应对高程变化较大而水边界无明显变化的极端情况所产生的水位、水深数据错误。其次,联合已有的湖口、星子、都昌、吴城、棠荫、康山 6 个水文(水位)站的坐标位置及设计高水位数据,运用 ArcMap 软件中的反距离权重法进行插值得到水位栅格计算结果(水面高程栅格数据)。最后,通过将水位栅格与鄱阳湖 DEM 数据相减,得到当前水位下鄱阳湖的水深空间分布(水深栅格数据)。水位栅格计算结果见图6-7,水深栅格计算结果见图6-8。

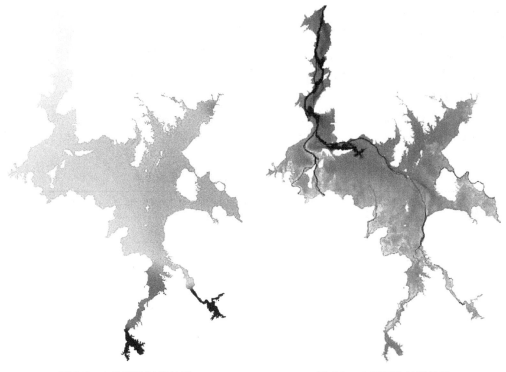

图 6-7　水位栅格计算结果　　　　　　　图 6-8　水深栅格计算结果

5. 水面面积与水体体积计算

　　基于的水深栅格计算结果,使用 ArcMap 中的功能性表面工具计算得到设计高水位对应的水面面积和水体体积,通过边界几何工具分析得到水面边界尺寸相关指标。

　　经计算,鄱阳湖主湖区水面面积 3 174. 94 km²,水面南北最长 147. 724 km、东西最宽 96. 200 km,水面平均宽度 21. 492 km。主湖区相应水体体积 283. 344 5 亿 m³,平均水深 8. 92 m,最大水深 40. 61 m。

6.1.3.2　单退圩堤圩区水面面积与水体体积

　　本次鄱阳湖单退圩堤圩区水面面积与水体体积采用依托湖泊水下水上地形测量数据建立湖泊数字高程模型(DEM)的分析方法进行计算,分析基础数据采用鄱阳湖 2009 年基础地理测量 1∶1万地形图,分析工作平台采用 CAD、ArcMap 等软件平台。分析计算方法及步骤如下。

　　(1)地形图矢量处理。运用 CAD 软件,对单退圩堤圩区水下、水上地形图中堤脚线、堤顶线、陡坎、公路等图层赋予适当的高程信息,转换为等高线,并适当加密部分区域等高线。

　　(2)TIN 模型建立。运用 ArcMap 软件 3D Analys 工具箱中的数据管理 TIN 创建工具,将处理后的地形图创建形成 TIN 模型。

　　(3)GRID 模型建立。运用 ArcMap 软件的 3D Analys 工具箱中的转换工具,将 TIN 模型转出生成 GRID 模型。

　　(4)水面面积、水体体积计算。根据湖盆设计高水位分析确定的各单退圩堤所在位置的设计高水位(相应湖口站 20.58 m 时的水位),运用 ArcMap 软件的 3D Analys 工具箱中的功能性表面工具"表面体积"命令,可计算得到各单退圩堤圩区设计高水位及其他水位对应的水面面积和水体体积,进而分析得出各单退圩堤圩区水位-水面面积关系和水位-水体体积关系曲线。通过数据管理工具中的"边界几何"命令,还可分析得出水域边界尺寸等数据。

经分析计算,湖盆区 132 座单退圩堤圩区在相应湖口设计高水位时总的水面面积为 563.53 km²,相应水体体积为 30.377 4 亿 m³。单退圩堤圩区水面面积和水体体积成果见表 6-3。

表 6-3　单退圩堤圩区水面面积和水体体积成果

序号	堤防名称	所在县	圩区水面面积/km²	圩区水体体积/万 m³
合计			563.53	303 774
1	沈家堰圩	湖口县	0.24	88
2	南北港圩	湖口县	44.79	22 344
3	泊洋湖圩	湖口县	12.90	7 665
4	皂湖圩	湖口县	27.40	13 889
5	泊口圩	湖口县	2.32	1 273
6	小桂港圩	湖口县	0.93	440
7	谢家湖圩	都昌县	4.30	1 474
8	献忠圩	都昌县	0.65	241
9	土目圩	都昌县	2.17	1 097
10	团子口圩	都昌县	6.11	2 368
11	下张圩	都昌县	0.11	28
12	陈塘圩	都昌县	0.14	23
13	马家堰圩	都昌县	0.06	11
14	新妙湖圩	都昌县	81.49	45 584
15	彭家堰圩	都昌县	0.32	111
16	大沔池圩	都昌县	8.44	5 038
17	小沔池圩	都昌县	1.79	874
18	小泞池圩	都昌县	0.06	27
19	沙湖圩	都昌县	1.65	899
20	南溪圩	都昌县	11.21	7 263

表 6-3

序号	堤防名称	所在县	圩区水面面积/km²	圩区水体体积/万 m³
21	龙潭圩	都昌县	8.84	5 413
22	楼湖圩	都昌县	0.58	274
23	南坂圩	都昌县	0.56	168
24	大坂圩	都昌县	0.40	111
25	石头山圩	都昌县	0.12	46
26	港西湾圩	都昌县	0.06	23
27	罗叔吴圩	都昌县	0.28	60
28	龙船地圩	都昌县	0.27	40
29	左桥圩	都昌县	2.22	1 001
30	恒星圩	都昌县	0.99	403
31	团结圩	都昌县	0.42	213
32	青旗湾圩	都昌县	0.26	118
33	曹棋圩	都昌县	0.15	59
34	周溪联圩	都昌县	22.32	16 716
35	盘湖圩	都昌县	0.14	58
36	新建圩	都昌县	0.42	188
37	焦前圩	都昌县	1.07	628
38	滚子湖圩	都昌县	1.36	638
39	长溪圩	都昌县	2.72	1 376
40	刘家边圩	都昌县	0.19	72
41	东湖圩	都昌县	1.48	647
42	东头圩	都昌县	0.14	57
43	大塘圩	都昌县	0.14	68
44	跃进圩	都昌县	0.30	122
45	东风圩、珠光圩	都昌县	6.24	3 527
46	越光圩	都昌县	2.86	1 258
47	霞光圩	都昌县	1.56	625
48	玉洲圩	都昌县	0.16	41

表 6-3

序号	堤防名称	所在县	圩区水面面积/km²	圩区水体体积/万 m³
49	土塘圩	都昌县	0.77	238
50	光明圩	都昌县	1.08	363
51	横渠口圩	都昌县	0.03	8
52	莲蓬湾圩	都昌县	0.06	16
53	珠岭圩	都昌县	0.83	349
54	狮山圩	都昌县	4.25	2 363
55	泥坑圩	都昌县	1.31	349
56	宋家圩	都昌县	0.67	323
57	北汉圩	都昌县	0.15	59
58	平池湖圩	都昌县	6.85	3 288
59	新兴圩	都昌县	1.92	806
60	新光程家园圩	都昌县	0.54	194
61	芗溪圩	都昌县	0.60	261
62	南峰圩	都昌县	3.43	1 410
63	破絮湖圩	都昌县	3.57	1 661
64	余晃圩	都昌县	0.62	415
65	鸣山圩	鄱阳县	1.53	630
66	下曹兰圩	都昌县	0.03	7
67	肖家坂圩	都昌县	0.40	47
68	西河西联圩	鄱阳县	17.08	8 789
69	横溪圩	鄱阳县	6.78	3 145
70	集会洲圩	鄱阳县	1.17	602
71	跃进圩(柘港圩)	鄱阳县	1.08	409
72	潼丰联圩	鄱阳县	25.55	11 951
73	前进圩	鄱阳县	1.00	465
74	半港圩	鄱阳县	3.20	1 158
75	新桥圩	鄱阳县	3.77	1 410
76	三门圩	鄱阳县	0.35	123

表 6-3

序号	堤防名称	所在县	圩区水面面积/km²	圩区水体体积/万 m³
77	莲北圩	鄱阳县	44.63	31 319
78	莲南圩	鄱阳县	18.60	11 390
79	角丰圩	鄱阳县	10.11	6 995
80	塘背圩	余干县	1.09	500
81	大湾圩	余干县	1.09	387
82	润溪圩	余干县	10.79	5 253
83	马咀圩	进贤县	17.09	9 070
84	水岚洲圩	南昌县	19.41	4 790
85	荷溪圩	永修县	2.70	1 337
86	老虎口圩	永修县	1.73	706
87	沙湖山圩	庐山市	6.52	4 277
88	增垅圩	共青城市	1.00	373
89	跃进圩	共青城市	1.59	559
90	爱国圩	共青城市	0.58	174
91	渔场圩	共青城市	0.86	493
92	红林圩	共青城市	1.28	598
93	共大圩	共青城市	1.26	675
94	郑泗圩	共青城市	0.25	73
95	浆潭联圩	共青城市	24.45	16 015
96	寺下湖圩	共青城市	16.40	9 074
97	刘家当圩	庐山市	0.17	60
98	龙溪坝圩、反水圩	庐山市	5.55	2 616
99	罗眼当圩、窑上李圩	庐山市	0.36	113
100	西庙圩	庐山市	0.68	279
101	松树湾圩	庐山市	0.24	82
102	渚溪圩	庐山市	0.36	129
103	老池联圩	庐山市	0.19	34

表 6-3

序号	堤防名称	所在县	圩区水面面积/km²	圩区水体体积/万 m³
104	团湖圩	庐山市	0.14	61
105	新桥圩	庐山市	3.67	83
106	高家圩(星子镇)	庐山市	0.07	15
107	王家圩	庐山市	0.04	12
108	肖家圩	庐山市	0.03	8
109	蔡家圩	庐山市	0.04	9
110	钱湖圩	庐山市	0.52	210
111	西家湾圩	庐山市	0.07	29
112	杨武庙圩	庐山市	0.06	14
113	秀峰圩	庐山市	0.07	8
114	波湖圩	庐山市	0.20	54
115	麻头圩	庐山市	0.09	23
116	珠琳圩	庐山市	0.03	4
117	高家圩	庐山市	0.10	36
118	徐家圩	庐山市	0.05	14
119	青山湖堤	濂溪区	4.41	3 081
120	谷山湖堤	濂溪区	4.11	2 747
121	姑塘湖堤	濂溪区	0.34	245
122	尹家湖堤	濂溪区	2.37	964
123	周岭小湖堤	濂溪区	0.83	380
124	开天堤	濂溪区	0.13	58
125	芳兰湖堤	濂溪区	3.24	1 937
126	新港小湖圩	濂溪区	0.54	315
127	耀华堤	濂溪区	0.73	309
128	常家堰堤	濂溪区	0.27	113
129	团山三堤(汪家堰、杨家堰)	濂溪区	0.28	100
130	团山三堤(团山堤)	濂溪区	0.17	48

6.1.3.3 鄱阳湖水域形态特征

综上分析,鄱阳湖主湖区(不含单退圩堤圩区)水面面积 3 174.94 km²,水面南北最长 147.724 km、东西最宽 96.200 km,水面平均宽度 21.492 km;主湖区相应水体体积 283.344 5 亿 m³,平均水深 8.92 m,最大水深 40.61 m。鄱阳湖单退圩堤圩区水面面积为 563.53 km²,相应水体体积为 30.377 4 亿 m³。

鄱阳湖主湖区与单退圩堤圩区合并之后,鄱阳湖水面面积达到 3 738.47 km²,水面南北最长 147.724 km、东西最宽 100.938 km,水面平均宽度 25.307 km。相应水体体积 313.721 9 亿 m³,平均水深 8.39 m,最大水深 40.61 m。鄱阳湖水域形态特征见表 6-4。

表 6-4 鄱阳湖水域形态特征

组合	最大长度/ m	最大宽度/ m	平均宽度/ m	水面面积/ km²	平均水深/ m	最大水深/ m	水体体积/ 万 m³
主湖区	147 724	96 200	21 492	3 174.94	8.92	40.61	2 833 445
单退圩堤圩区				563.53			303 774
鄱阳湖	147 724	100 938	25 307	3 738.47	8.39	40.61	3 137 219

6.1.4 鄱阳湖湖盆形态

鄱阳湖湖盆外边界一般采用湖泊管理范围线。若管理范围线与鄱阳湖设计高水位线重合,湖盆外边界由管理范围线向外水平延伸 5 m 确定;若存在共堤的相邻湖泊,该堤段湖盆外边界为堤顶中心线。

鄱阳湖管理范围已于 2020 年按行政区划由各县(市、区)完成划定工作。其中,有堤段湖岸按照《江西省河湖划界技术导则》确定的有堤段河湖划界标准划定;无堤段湖岸按鄱阳湖 22.5 m(吴淞高程)水位线划定,未考虑鄱阳湖水面上下游落差的因素。鉴于上述情况,鄱阳湖湖盆外边界有堤段采用 2020 年划定的管理范围线,与军山湖、内青岚湖、陈家湖、康山湖、珠湖、矶山湖等共堤的湖段,湖盆外边界为该堤段堤防的堤顶中心线;无堤段湖盆外边界不采用 2020 年划定的管理范围线,由设计高水位与湖岸交线往陆域水平延伸 5 m 确定为湖盆外边界。

经量算,鄱阳湖湖泊总面积(湖盆面积)3 860.03 km²,湖泊南北最大长度 147.73 km,东西最大宽度 100.95 km,平均宽度 26.13 km。

6.1.5 鄱阳湖岛屿形态

设计高水位(相应湖口水位 20.58 m)状态下,鄱阳湖有岛屿 46 处 73 座,岛屿总面积约 64.93 km²。其中:面积 10 km² 以上岛屿 3 处(莲湖岛、吴城岛、松门山岛),岛屿面积 46.42 km²,处数和面积占比分别为 6.5%、71.5%;面积 5~10 km² 岛屿 1 处(吉山群岛),岛屿面积约 5.68 km²,处数和面积占比分别为 2.2%、8.8%;面积 1~5 km² 岛屿 4 处(马鞍岛、南矶岛、荷溪岛和长山群岛),岛屿面积 9.32 km²,处数和面积占比分别为 8.7%、14.3%;面积 1 km² 以下岛屿 38 处,岛屿面积 3.51 km²,处数和面积占比分别为 82.6%、5.4%。鄱阳湖岛屿形态特征见表 6-5。鄱阳湖岛屿分布见图 6-9。

表 6-5　鄱阳湖岛屿形态特征

序号	岛屿名称	长度/m	平均宽度/m	周长/m	岛屿面积/km²
	合计(46 处 73 座)				64.926 9
1	航缸墩	51.71	25.35	142.74	0.001 3
2	候山墩	76.75	29.26	207.62	0.002 2
3	牛头山(余干县)	691.4	322.31	2 263.83	0.222 8
4	日月山	111.42	52.67	307.19	0.005 9
5	矶山岛	1 094.96	463.75	3 574.02	0.507 8
6	南矶岛	3 223.1	613.86	12 337.1	1.98
7	托山岛	197.16	62.37	471.82	0.012 3
8	角山前	2 855.78	57.78	10 095.6	0.17
9	小鸣嘴	418.2	146.66	1 307.43	0.061 3
10	外洲岛	161.83	82.48	449.14	0.013 3
11	瓢山	75.47	35.8	205.46	0.002 7
12	甑皮山	206.16	80.45	599.84	0.016 6
13	莲湖岛	9 960.06	2 327.3	80 893.8	23.18
14	犁头咀	537.41	248.97	2 222.14	0.133 8
15	车山群岛	小计(4 座)			0.015 4
		车山 1 岛　73.18	28.45	190.22	0.002 1
		车山 2 岛　162.34	63.85	480.73	0.010 4
		车山 3 岛　63.65	44.22	202.08	0.002 8
		车山 4 岛　15.03	9.17	43.42	0.000 1
16	棠荫群岛	小计(7 座)			0.909 6
		石头山　142.66	70.34	402.8	0.01
		鸟子山　159.24	60.31	483.73	0.009 6
		马鞍山 1 岛　206.96	122.15	742.34	0.025 3
		马鞍山 2 岛　228.09	107.77	714.79	0.024 6
		棠荫岛　1 287.9	645.03	4 551.08	0.830 7
		秋家墩　70.3	59.82	250.08	0.004 2
		鲇鱼寨　115	45.44	305.77	0.005 2

续表 6-5

序号	岛屿名称		长度/m	平均宽度/m	周长/m	岛屿面积/km²
17	长山群岛	小计(13 座)				3.366 9
		塘山岛	71.81	38.81	201.98	0.002 8
		小古山	58.16	32.89	170.68	0.001 9
		鸡笼山	254.06	72.15	637.2	0.018 3
		古山岛	223.85	64.64	521.94	0.014 5
		下山岛	1 223.99	534.44	5 335.34	0.654 1
		横山岛	544.84	148.45	1 707.44	0.080 9
		诸头山	1 055.93	569.27	3 761.62	0.601 1
		座山	482.13	245.54	1 481.19	0.118 4
		卵子山	603.13	234.11	2 261.5	0.141 2
		屌子山	38.06	23.1	114.07	0.000 9
		对鼓山	542.63	205.59	1 486.24	0.111 6
		龟山岛	596.79	270.12	1 782.68	0.161 2
		长山岛	2 113.2	692.07	6 199.44	1.46
18	扁担山		266.93	31.8	583.25	0.008 5
19	鱼山		165.78	41.54	380.52	0.006 9
20	鹰山岛		183.89	77.12	469.74	0.014 2
21	茶山岛		98.89	60.18	282.48	0.006
22	西山岛		312.53	164	1 012.24	0.051 3
23	三山群岛	小计(3 座)				0.112
		三山 1 岛	509.67	106.74	1 731.35	0.054 4
		三山 2 岛	301.87	133.49	985.72	0.040 3
		三山 3 岛	172.68	100.05	578.01	0.017 3
24	肇洲山		187.15	40.89	436.04	0.007 7
25	利家岛		928.37	256.58	3 233.21	0.238 2
26	大咀山		107.73	66.2	311.69	0.007 1

续表 6-5

序号	岛屿名称		长度/m	平均宽度/m	周长/m	岛屿面积/km²
27	朱袍山岛		1 127.62	54.28	3 805.22	0.061 2
28	狮毛岭		75.85	31.95	193.79	0.002 4
29	乌山岛		240.32	90.19	591.04	0.021 7
30	沙湖山岛		629.76	258.54	2 099.44	0.162 8
31	吴城岛		9 910.78	1 250.15	256 101	12.39
32	荷溪岛		770.23	2 298.01	1 898.46	1.77
33	彭家咀		600.97	296.93	2 379.27	0.178 4
34	段家岛		292.64	65.04	836.22	0.019
35	松门山岛		8 904.63	1 218.19	23 289.13	10.85
36	吉山群岛	小计(5 座)				5.682 1
		吉山 1 岛	3 792.83	1 377.1	16 782.2	5.22
		吉山 2 岛	1 559.58	174.84	4 343.26	0.272 7
		吉山 3 岛	512.83	123.44	1 722.27	0.063 3
		吉山 4 岛	466.13	73.42	1 129.58	0.034 2
		吉山 5 岛	724	126.98	1 672.48	0.091 9
37	小矶山		823.4	142.08	2 082.15	0.117
38	富山岛		591.87	213.12	1 818.78	0.126 1
39	兜里山		200.34	67.78	537.42	0.013 6
40	船山岛		765.95	237.09	2 206.69	0.181 6
41	落星墩		51.7	34.7	159.53	0.001 8
42	牛屎墩		68.55	32.07	192.31	0.002 2
43	马鞍岛		3 178.5	691.97	16 745.58	2.20
44	湖山		224.91	111.03	661.4	0.025
45	鞋山		362.96	81.34	813.58	0.029 5
46	牛头山(濂溪区)		286.22	135.35	933.5	0.038 7

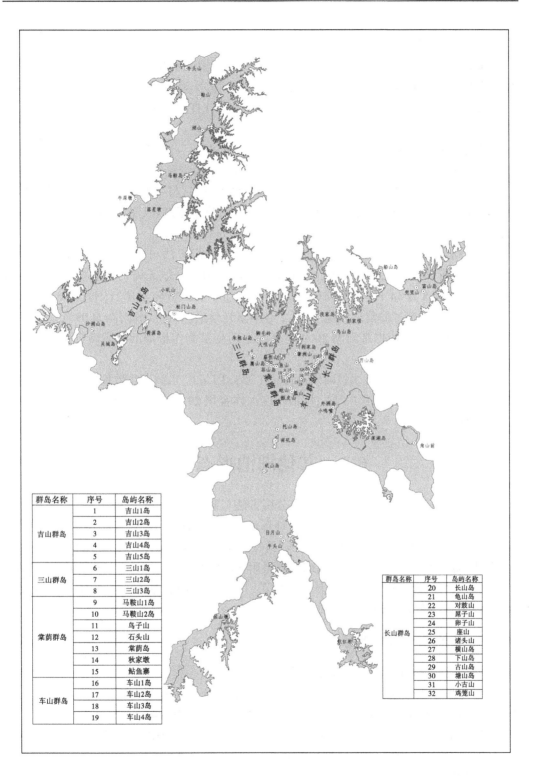

群岛名称	序号	岛屿名称
吉山群岛	1	吉山1岛
	2	吉山2岛
	3	吉山3岛
	4	吉山4岛
	5	吉山5岛
三山群岛	6	三山1岛
	7	三山2岛
	8	三山3岛
棠荫群岛	9	马鞍山1岛
	10	马鞍山2岛
	11	鸟子山
	12	石头山
	13	棠荫岛
	14	秋家墩
	15	鲇鱼寨
车山群岛	16	车山1岛
	17	车山2岛
	18	车山3岛
	19	车山4岛

群岛名称	序号	岛屿名称
长山群岛	20	长山岛
	21	龟山岛
	22	对鼓山
	23	屏子山
	24	卵子山
	25	座山
	26	诸头山
	27	横山岛
	28	下山岛
	29	古山岛
	30	塘山岛
	31	小古山
	32	鸡笼山

图 6-9　鄱阳湖岛屿分布

6.1.6　鄱阳湖常水位水域特征

鄱阳湖属吞吐型湖泊,水面范围的大小受长江上游来水和"五河"来水影响很大。当鄱阳湖水位下降至 14.50 m 后,鄱阳湖中的碟形湖依次显露,当水位降到 12.00 m 左右时,多数碟形湖成为孤立的水域,与鄱阳湖主湖体没有直接的水力联系,形成湖中湖的独特景观。

根据前述分析,鄱阳湖常水位湖口代表站为 10.96 m,此时鄱阳湖单退圩区和多数碟形湖与主湖体水力联系断开。基于此,常水位状态下,单退圩区水体和与主湖体不存在水力联系(水体连通)的碟形湖水体不计入鄱阳湖水体范围,与主湖体存在水力联系的碟形湖水体计入鄱阳湖水体范围。相关位置区域的常水位依据湖口、星子、都昌、吴城、棠荫、康山 6 个水文(水位)站插值分析确定。

鄱阳湖常水位水域范围与边界及水体体积分析确定方法与设计高水位时水域范围、水体体积分析计算方法基本相同。分析基础数据采用欧洲航天局"哥白尼计划"地球观测卫星 2018 年 5 月 14 日(当天湖口站水位 11.15 m)和 2020 年 4 月 21 日(当天湖口站水位 10.66 m)鄱阳湖区的雷达成像、高新 2 号卫星光学遥感影像、鄱阳湖 2009 年基础地理测量 1:1 万地形图及依据鄱阳湖 2009 年基础地理测量制作形成的鄱阳湖数字高程模型(DEM 矢量数据)。

经分析计算,鄱阳湖常水位时水面面积 1 333.15 km^2,水面南北最长 147.65 km,东西最宽 90.43 km,平均宽度 9.03 km;湖泊相应水体容积 29.77 亿 m^3,平均水深 2.23 m,最大水深 29.33 m。

6.2　其他湖泊形态分析

军山湖、瑶湖等其他 59 个湖泊形态分析方法与鄱阳湖湖盆区单退圩堤圩区形态分析方法类似,即:依据测量的湖泊水下水上地形图,建立湖泊数字高程模型(DEM),推求出湖泊水位-水面面积-水体体积关系曲线,再根据分析确定的湖泊设计高水位,量算出湖盆、水域、岛屿等形态参数。分析基础数据采用 2020—2022 年实测的 1:5 000 或 1:2 000 湖泊水下水上地形图(2000 国家大地坐标系、1985 国家高程基准),分析工作平台采用 CAD、ArcMap 等软件平台。

6.2.1　其他湖泊水域形态

水域形态分析计算方法及步骤如下:

(1)地形图矢量处理。运用 CAD 软件,对湖泊水下水上地形图中堤脚线、堤顶线、陡坎、公路等图层赋予适当的高程信息,转换为等高线,并适当加密部分区域等高线。

(2)TIN 模型建立。运用 ArcMap 软件 3D Analys 工具箱中的数据管理 TIN 创建工具,将处理后的地形图创建形成 TIN 模型。

(3)GRID 模型建立。运用 ArcMap 软件的 3D Analys 工具箱中的转换工具,将 TIN 模型转出生成 GRID 模型。

（4）水面面积、水体体积计算。根据分析确定的湖泊设计高水位,运用 ArcMap 软件的 3D Analys 工具箱中的功能性表面工具"表面体积"命令,可计算得到各湖泊设计高水位及其他水位对应的水面面积和水体体积,进而分析得出各湖泊水位-水面面积关系和水位-水体体积关系曲线。通过数据管理工具中的"边界几何"命令,分析得出水域边界尺寸等数据。

经分析计算,军山湖、瑶湖等其他 59 个湖泊的水面总面积(设计高水位时)为 814.72 km²,相应水体体积为 36.740 8 亿 m³。军山湖、瑶湖等其他 59 个湖泊水面面积和水体体积成果见表 6-6。

表 6-6　军山湖、瑶湖等其他 59 个湖泊水面面积和水体体积成果

序号	湖泊名称	所在行政区	水面面积/km²	水体体积/万 m³
	合计		814.72	367 408
1	青山湖	青山湖区	3.09	626
2	艾溪湖	青山湖区、南昌高新区	3.90	1 076
3	瑶湖	南昌高新区	21.13	5 006
4	南塘湖	南昌高新区	1.05	270
5	前湖	红谷滩区	1.75	810
6	象湖	青云谱区	3.33	1 133
7	梅湖	青云谱区	1.14	272
8	上池湖	新建区、南昌经济技术开发区	3.27	942
9	下庄湖	南昌经济技术开发区	1.90	543
10	杨家湖	南昌经济技术开发区	1.14	240
11	儒乐湖	南昌经济技术开发区	1.36	254
12	大沙湖	南昌县	5.14	1 083
13	芳溪湖	南昌县	3.57	725
14	军山湖	进贤县	197.16	111 589
15	内青岚湖	进贤县	18.69	7 775
16	东港湖	进贤县	8.28	2 898
17	苗塘池	进贤县	6.96	2 847
18	陈家湖	进贤县	20.49	7 469
19	瑶岗湖	进贤县	3.13	750
20	白水湖	浔阳区	1.25	426
21	甘棠湖(南门湖)	浔阳区	1.32	444
22	八里湖	八里湖新区	18.20	10 174
23	赛城湖	八里湖新区、柴桑区、瑞昌市	66.40	46 850
24	船头湖	柴桑区	2.37	465
25	禁湖(东湖)	柴桑区	1.50	191

续表 6-6

序号	湖泊名称	所在行政区	水面面积/km²	水体体积/万 m³
26	杨柳湖(安定湖)	瑞昌市、柴桑区	1.72	359
27	赤湖	瑞昌市、柴桑区	56.70	31 383
28	下巢湖	瑞昌市	1.26	588
29	蓼花池	庐山市	6.96	2 017
30	矶山湖	都昌县	3.31	792
31	东湖	都昌县	1.34	564
32	黄茅潭	湖口县	10.84	4 266
33	芳湖	彭泽县	53.99	22 945
34	太泊湖	彭泽县	33.65	19 424
35	白莲湖	永修县	1.29	626
36	康山湖	余干县	96.24	26 010
37	沙湖	余干县	1.13	142
38	江家湖	余干县	3.42	911
39	竹子池	余干县	2.37	433
40	杨林浆湖	余干县	1.28	255
41	小口湖	余干县	1.50	300
42	大口湖	余干县	1.04	61
43	燕湖	余干县	1.82	268
44	北湖	余干县	3.56	732
45	泊头湖	余干县	1.94	266
46	珠湖	鄱阳县	91.56	40 693
47	青山湖	鄱阳县	5.26	1 052
48	上土湖	鄱阳县	2.62	906
49	东湖	鄱阳县	1.94	483
50	大塘湖	鄱阳县	1.01	165
51	道汊湖	鄱阳县	3.22	813
52	塔前湖	鄱阳县	2.20	357
53	麻叶湖	鄱阳县	4.58	1 351
54	菱角塘	鄱阳县	2.50	1 006
55	娇家湖	鄱阳县	1.87	318
56	官塘湖	鄱阳县、万年县	1.39	216
57	毛坊湖	丰城市	4.54	524
58	浠湖	丰城市	2.50	408
59	药湖	丰城市	6.65	1 916

6.2.2　其他湖泊湖盆形态

各湖泊湖盆外边界原则上采用湖泊管理范围线。若湖泊管理范围线与湖泊设计高水位线重合,湖盆外边界由湖泊管理范围线向外水平延伸 5 m 确定;若存在共堤的相邻湖泊,该堤段湖盆外边界为堤顶中心线。

59 个湖泊中,余干县的竹子池和小口湖、鄱阳县的大塘湖、都昌县的矶山湖等 4 个湖泊为水利普查名录外湖泊,未开展管理范围划定工作,其他湖泊管理范围均已于 2020 年按行政区划由各县(市、区)完成划定工作,其中柴桑区禁湖(东湖)管理范围划定位置与本次调查湖泊位置存在较大出入。

已划定管理范围的湖泊中,有堤段湖岸按照《江西省河湖划界技术导则》确定的有堤段河湖划界标准划定,无堤段湖岸多以湖岸线往陆域偏移一定距离划定。但由于划界时无堤段湖岸线多为主观确定,未以《江西省河湖划界技术导则》规定的湖泊设计洪水位作为无堤段依据界定湖泊范围,划界界定的湖泊范围与依据设计高水位(设计洪水位或最高蓄涝水位)分析确定的湖泊范围存在一定出入。鉴于上述情况,除 4 个未开展管理范围划定的湖泊和禁湖(东湖)等 5 个湖泊外,其他 54 个湖泊湖盆外边界有堤段湖岸采用 2020 年划定的管理范围线,但对于存在共堤的相邻湖泊,有堤段湖盆外边界为该堤段堤防的堤顶中心线;竹子池、小口湖、大塘湖、矶山湖、禁湖(东湖)等 5 个湖泊有堤段湖盆外边界按《江西省河湖划界技术导则》确定的有堤段河湖划界标准划定,对存在相邻湖泊共堤的情况,有堤段湖盆外边界为堤顶中心线。无堤段湖盆外边界本次统一按湖泊设计高水位与湖岸交线往陆域水平延伸 5 m 划定,不采用已划定的管理范围线。

其他湖泊湖盆形态特征见表 6-7。

表 6-7　其他湖泊湖盆形态特征

序号	湖泊名称	所在行政区	长度/ m	最大宽度/ m	平均宽度/ m	湖泊面积/ km²
	合计					841.43
1	青山湖	青山湖区	3 430	1 745	936	3.21
2	艾溪湖	青山湖区、南昌高新区	5 017	1 360	793	3.98
3	瑶湖	南昌高新区	12 890	4 139	1 664	21.45
4	南塘湖	南昌高新区	3 055	702	386	1.18
5	前湖	红谷滩区	2 202	1 442	836	1.84
6	象湖	青云谱区	3 608	1 687	1 106	3.99
7	梅湖	青云谱区	4 502	1 258	313	1.41
8	上池湖	新建区、南昌经济技术开发区	3 127	1 797	1 167	3.65
9	下庄湖	南昌经济技术开发区	2 529	1 234	775	1.96
10	杨家湖	南昌经济技术开发区	2 546	1 125	597	1.52
11	儒乐湖	南昌经济技术开发区	3 386	1 244	478	1.62

续表 6-7

序号	湖泊名称	所在行政区	长度/ m	最大宽度/ m	平均宽度/ m	湖泊面积/ km²
12	大沙湖	南昌县	4 524	4 162	1 298	5.87
13	芳溪湖	南昌县	3 778	3 393	1 027	3.88
14	军山湖	进贤县	27 198	20 552	7 365	200.30
15	内青岚湖	进贤县	7 773	6 216	2 547	19.80
16	东港湖	进贤县	5 052	3 041	2 051	10.36
17	苗塘池	进贤县	5 700	2 651	1 257	7.17
18	陈家湖	进贤县	8 581	6 204	2 424	20.80
19	瑶岗湖	进贤县	3 636	3 177	908	3.30
20	白水湖	浔阳区	1 821	1 112	724	1.29
21	甘棠湖(南门湖)	浔阳区	2 322	1 155	604	1.37
22	八里湖	八里湖新区	9 724	4 694	1 913	18.60
23	赛城湖	八里湖新区、柴桑区、瑞昌市	15 860	9 395	4 244	67.30
24	船头湖	柴桑区	2 612	1 640	965	2.52
25	禁湖(东湖)	柴桑区	2 845	1 153	555	1.58
26	杨柳湖(安定湖)	瑞昌市、柴桑区	3 157	2 074	596	1.88
27	赤湖	瑞昌市、柴桑区	11 562	9 869	5 025	58.10
28	下巢湖	瑞昌市	1 642	1 195	786	1.29
29	蓼花池	庐山市	4 959	3 134	1 464	7.27
30	矶山湖	都昌县	7 037	2 117	477	3.35
31	东湖	都昌县	2 565	792	530	1.36
32	黄茅潭	湖口县	6 555	3 936	1 722	11.29
33	芳湖	彭泽县	16 951	10 378	3 279	55.58
34	太泊湖	彭泽县	10 851	5 722	3 143	34.10
35	白莲湖	永修县	2 297	1 128	579	1.33
36	康山湖	余干县	18 565	11 404	5 180	98.55

续表 6-7

序号	湖泊名称	所在行政区	长度/ m	最大宽度/ m	平均宽度/ m	湖泊面积/ km²
37	沙湖	余干县	2 141	1 309	556	1.19
38	江家湖	余干县	3 442	2 620	1 142	3.65
39	竹子池	余干县	3 896	1 396	674	2.63
40	杨林浆湖	余干县	1 837	1 265	713	1.31
41	小口湖	余干县	3 414	1 052	468	1.59
42	大口湖	余干县	2 465	1 871	633	1.56
43	燕湖	余干县	3 930	1 112	553	2.14
44	北湖	余干县	5 133	2 569	753	3.89
45	泊头湖	余干县	2 749	1 744	729	2.01
46	珠湖	鄱阳县	19 454	16 799	4 842	94.20
47	青山湖	鄱阳县	5 057	3 950	1 256	6.35
48	上土湖	鄱阳县	3 213	2 325	871	2.80
49	东湖	鄱阳县	2 993	1 783	705	2.11
50	大塘湖	鄱阳县	2 305	804	464	1.07
51	道汊湖	鄱阳县	4 276	2 393	795	3.40
52	塔前湖	鄱阳县	2 552	1 965	996	2.57
53	麻叶湖	鄱阳县	6 415	1 556	756	4.85
54	菱角塘	鄱阳县	2 291	2 064	1 101	2.52
55	娇家湖	鄱阳县	2 646	1 846	771	2.04
56	官塘湖	鄱阳县、万年县	2 526	1 617	626	1.58
57	毛坊湖	丰城市	4 405	2 243	1 040	4.58
58	浠湖	丰城市	4 234	1 072	624	2.64
59	药湖	丰城市	5 125	2 754	1 307	6.70

6.2.3　其他湖泊岛屿形态

设计高水位状态下,军山湖、瑶湖等其他 59 个湖泊中存在岛屿的有青山湖(南昌市)、艾溪湖、前湖、象湖、梅湖、芳溪湖、军山湖、陈家湖、甘棠湖、八里湖、赛城湖、船头湖、黄茅潭、芳湖、太泊湖、白莲湖、康山湖、珠湖、东湖(鄱阳县)等 19 个湖泊。其中,象湖岛屿数量最多,共有岛屿 15 个;珠湖岛屿面积最大,岛屿总面积 0.856 km²。其他湖泊岛屿形态特征见表 6-8。

表 6-8　其他湖泊岛屿形态特征

序号	湖泊名称	所在行政区	岛屿名称	长度/m	平均宽度/m	周长/m	面积/km²
	合计						2.195
1	青山湖	青山湖区	小计				0.053
			丹霞岛	264	106	708	0.028
			湖滨东岛	142	99	486	0.014
			湖滨西岛	168	65	488	0.011
2	艾溪湖	青山湖区、南昌高新区	浪琴湾岛	173	40	60	0.007
3	前湖	红谷滩区	前湖岛	104	19	238	0.002
4	象湖	青云谱区	小计				0.579
			京山岛	49	14	123	0.001
			环漪阁岛	217	69	583	0.015
			真君岛	138	58	385	0.008
			观鱼村岛	818	109	2 480	0.089
			象湖公园岛	300	113	1 060	0.034
			象湖西岛	1 378	131	5 637	0.180
			云锦岛	127	63	383	0.008
			云飞岛	267	60	659	0.016
			云海岛	91	44	269	0.004
			万寿塔岛	1 307	142	4 946	0.186
			生态岛	143	35	345	0.005
			施尧岛	164	73	466	0.012
			象湖岛	200	5.0	629	0.001
			曲苑荷风岛	179	84	543	0.015
			西桥岛	137	36	381	0.005

续表 6-8

序号	湖泊名称	所在行政区	岛屿名称	长度/m	平均宽度/m	周长/m	面积/km²
5	梅湖	青云谱区	小计				0.179
			青云谱岛	97	31	249	0.003
			紫园岛	106	38	316	0.004
			昌南岛	121	50	411	0.006
			八大山人岛	205	78	556	0.016
			彭友善岛	261	115	858	0.030
			个山兰岛	427	187	1 281	0.080
			个山岛	302	132	830	0.040
6	芳溪湖	南昌县	小计				0.018
			徐桥 1 岛	180	83	521	0.015
			徐桥 2 岛	90	178	236	0.003
7	军山湖	进贤县	小计				0.030
			坞堑岛	166	77	437	0.013
			冷井夏家岛	177	96	505	0.017
8	陈家湖	进贤县	墩山岛	226	109	648	0.020
9	甘棠湖(南门湖)	浔阳区	小计				0.001
			烟水亭岛	41	24	127	0.001
			小游园群岛	20	20	188	0
10	八里湖	八里湖新区	小计				0.088
			上洲岛	709	110	2 081	0.078
			黎家洲岛	134	75	367	0.010
11	赛城湖	八里湖新区、柴桑区、瑞昌市	潘湖渡岛	340	229	1 145	0.078
12	船头湖	柴桑区	小计				0.017
			杨家洲岛	99	20	243	0.002
			梁家咀岛	297	51	770	0.015
13	黄茅潭	湖口县	王家咀岛	126	40	311	0.005
14	芳湖	彭泽县	小计				0.144
			西屋颉	295	108	861	0.032
			洛家咀	589	112	1 682	0.066
			大屋张	350	131	897	0.046

续表 6-8

序号	湖泊名称	所在行政区	岛屿名称	长度/m	平均宽度/m	周长/m	面积/km²
15	太泊湖	彭泽县	小计				0.014
			双墩岛	150	60	384	0.009
			蛤蟆墩岛	92	54	258	0.005
16	白莲湖	永修县	白莲岛	200	85	531	0.017
17	康山湖	余干县	小计				0.084
			鸡笼山	219	61	512	0.014
			麦黄洲	459	152	1 098	0.070
18	珠湖	鄱阳县	小计				0.856
			后范	238	92	607	0.022
			赵家村	564	131	1 488	0.074
			朱家	481	154	1 442	0.074
			徐家2岛	100	60	282	0.006
			啄家咀	279	108	939	0.030
			徐家1岛	135	52	326	0.007
			竹溪三岛	176	108	522	0.019
			腰里	184	65	441	0.012
			飘里山	438	103	1 162	0.045
			大宗	302	106	765	0.032
			裴家嘴	1 209	241	5 188	0.291
			横头嘴	723	133	1 801	0.096
			网埠	693	176	1 747	0.122
			乌龟山	228	114	637	0.026
19	东湖	鄱阳县	小计				0.003
			好人岛	95	4.4	227	0.001
			湖心岛	50	13	157	0.002

6.2.4　其他湖泊常水位水域特征

其他湖泊常水位水域特征分析计算方法与设计高水位时水域形态分析计算方法基本相同。

经分析计算,军山湖、瑶湖等其他59个湖泊常水位时的水面总面积为659.09 km²,相应水体体积为 16.716 3 亿 m³。军山湖、瑶湖等其他 59 个湖泊常水位水域特征见表 6-9。

表 6-9　军山湖、瑶湖等其他 59 个湖泊常水位水域特征

序号	湖泊名称	所在行政区	水面长度/ m	最大宽度/ m	平均水深/ m	最大水深/ m	水面面积/ km²	水体体积/ 万 m³
	合计						659.09	167 163
1	青山湖	青山湖区	3 415	1 733	1.66	3.32	3.07	509
2	艾溪湖	青山湖区、南昌高新区	4 964	1 343	1.25	4.55	3.81	477
3	瑶湖	南昌高新区	11 121	4 073	2.20	3.26	17.39	3 828
4	南塘湖	南昌高新区	2 824	581	1.74	4.14	0.95	165
5	前湖	红谷滩区	2 102	1 411	2.40	4.21	1.63	391
6	象湖	青云谱区	3 572	1 664	2.90	6.81	2.84	823
7	梅湖	青云谱区	4 480	1 237	1.94	5.20	0.89	173
8	上池湖	新建区、南昌经济技术开发区	2 953	1 612	2.11	6.83	3.10	655
9	下庄湖	南昌经济技术开发区	2 502	1 159	2.44	9.00	1.41	344
10	杨家湖	南昌经济技术开发区	2 385	790	1.18	5.27	0.78	92
11	儒乐湖	南昌经济技术开发区	2 726	1 023	1.30	2.16	1.17	152
12	大沙湖	南昌县	4 457	4 098	1.57	3.62	4.71	738
13	芳溪湖	南昌县	3 591	3 126	0.93	3.44	2.71	253
14	军山湖	进贤县	23 477	20 086	3.03	4.94	157.84	47 798
15	内青岚湖	进贤县	7 686	6 100	1.54	3.97	13.66	2 104
16	东港湖	进贤县	3 688	2 557	1.62	2.49	4.88	792
17	苗塘池	进贤县	5 332	2 581	1.93	3.95	4.89	945
18	陈家湖	进贤县	7 542	5 911	1.98	3.10	18.08	3 576
19	瑶岗湖	进贤县	3 450	3 135	1.73	3.03	2.94	507
20	白水湖	浔阳区	1 794	1 086	2.50	3.31	1.21	302
21	甘棠湖（南门湖）	浔阳区	2 307	1 141	2.38	3.11	1.31	312
22	八里湖	八里湖新区	9 640	4 496	3.73	5.37	16.40	6 116
23	赛城湖	八里湖新区、柴桑区、瑞昌市	15 039	7 752	3.61	6.20	53.13	19 184

续表 6-9

序号	湖泊名称	所在行政区	水面长度/m	最大宽度/m	平均水深/m	最大水深/m	水面面积/km²	水体体积/万 m³
24	船头湖	柴桑区	2 395	1 596	1.70	3.40	1.77	300
25	禁湖（东湖）	柴桑区	2 522	1 011	0.94	2.60	0.90	85
26	杨柳湖（安定湖）	瑞昌市、柴桑区	3 089	1 908	1.22	3.00	1.70	208
27	赤湖	瑞昌市、柴桑区	10 609	8 057	2.13	4.90	45.05	9 576
28	下巢湖	瑞昌市	1 590	1 153	3.87	12.10	1.20	465
29	蓼花池	庐山市	3 737	2 276	2.50	4.27	3.54	885
30	矶山湖	都昌县	6 756	1 949	1.72	4.10	2.82	486
31	东湖	都昌县	2 528	778	3.02	4.35	1.23	372
32	黄茅潭	湖口县	6 335	3 745	3.31	4.59	10.04	3 327
33	芳湖	彭泽县	14 627	8 864	2.49	7.16	36.66	9 139
34	太泊湖	彭泽县	10 761	5 082	3.95	6.43	29.82	11 782
35	白莲湖	永修县	2 237	1 041	3.53	7.98	1.10	388
36	康山湖	余干县	18 413	8 876	1.88	3.25	89.15	16 722
37	沙湖	余干县	2 098	1 151	0.45	1.50	0.89	40
38	江家湖	余干县	3 274	2 265	1.63	3.40	2.60	423
39	竹子池	余干县	3 285	1 150	1.17	3.19	1.89	221
40	杨林浆湖	余干县	1 818	1 233	1.06	1.48	1.22	130
41	小口湖	余干县	3 377	988	1.51	3.18	1.12	169
42	大口湖	余干县	1 679	1 087	0.24	0.46	0.74	17
43	燕湖	余干县	2 515	794	0.86	2.09	0.55	47
44	北湖	余干县	5 111	2 553	1.56	3.17	2.85	444
45	泊头湖	余干县	2 462	1 704	0.65	1.52	1.07	69
46	珠湖	鄱阳县	17 777	15 576	2.38	4.28	69.35	16 537
47	青山湖	鄱阳县	5 005	3 197	1.32	3.47	4.34	573

续表 6-9

序号	湖泊名称	所在行政区	水面长度/m	最大宽度/m	平均水深/m	最大水深/m	水面面积/km²	水体体积/万m³
48	上土湖	鄱阳县	3 005	2 300	3.02	5.12	2.57	776
49	东湖	鄱阳县	2 949	1 708	2.14	3.97	1.82	389
50	大塘湖	鄱阳县	2 240	702	0.92	3.38	0.81	75
51	道汊湖	鄱阳县	3 277	1 178	0.61	2.54	1.62	98
52	塔前湖	鄱阳县	2 533	1 895	1.15	4.48	2.01	231
53	麻叶湖	鄱阳县	6 283	1 385	2.33	3.77	3.97	923
54	菱角塘	鄱阳县	2 243	1 824	3.26	4.46	2.34	764
55	娇家湖	鄱阳县	2 466	1 731	1.20	2.97	1.68	202
56	官塘湖	鄱阳县、万年县	1 933	1 495	1.15	4.97	1.10	127
57	毛坊湖	丰城市	4 340	1 369	0.62	2.12	2.96	182
58	浠湖	丰城市	3 895	1 006	0.88	3.69	2.04	180
59	药湖	丰城市	5 062	2 671	1.00	3.57	5.77	575

第7章　结论与建议

7.1　结　论

湖泊具有调节河川径流、拦洪蓄涝、灌溉供水、水产养殖、交通运输、旅游观光等多种开发利用功能,可为国民经济发展提供重要支撑。同时,湖泊又具有调节区域气候、繁衍生物多样性、维护区域生态系统平衡等特殊功能,是生态系统的重要组成部分。随着经济社会的快速发展,一些湖泊被过度开发利用,带来湖泊水域空间减少、水质恶化、生物栖息地破坏等众多问题,湖泊功能退化严重,亟待对湖泊进行保护。为摸清江西省湖泊基本家底,建立湖泊保护名录,推进湖泊管理保护工作,开展湖泊情况调查及功能形态研究很有必要。

本次重点对湖泊数量与分布、湖泊范围边界与形态,以及湖泊承担功能等方面进行了调查研究,基本摸清了江西省水面面积 1 km² 以上天然湖泊的数量与分布,界定了湖泊范围边界,分析确定了各湖泊形态特征(湖盆、水域、岛屿),掌握了湖泊现状承担功能情况。

通过调查研究,江西省现有水面面积 1 km² 以上的天然湖泊 60 个,集中坐落于省境北部的鄱阳湖区和长江沿岸区,分布于南昌、九江、上饶、宜春 4 市的 24 个县(市、区)或功能区。湖泊总面积 4 701.46 km²,其中水面面积 4 553.19 km²,水体体积 350.46 亿 m³。60 个湖泊均具有洪涝调蓄功能,洪涝调蓄总容积 304.36 亿 m³;直接承担农业灌溉任务的湖泊 25 个,年供水量 2.61 亿 m³,灌溉面积 63.17 万亩;承担城乡供水任务的湖泊 3 个,年供水量 0.78 亿 m³,供水人口 143.91 万人;60 个湖泊均具有生物栖息功能,其中作为珍稀鸟类、珍稀动物或水产种质资源保护物种栖息地的湖泊有 28 个;承担水产养殖任务的湖泊 49 个,养殖面积 79.50 万亩,水产年产量 20.423 万 t;具有旅游观光功能的湖泊 38 个;承担交通运输功能的湖泊 1 个,为鄱阳湖,年水运量约 7 800 万 t。

7.2　建　议

(1)系统开展湖泊现状调查。本次湖泊调查研究旨在为建立湖泊保护名录服务,主要开展了湖泊数量与分布、湖泊范围边界与形态特征、湖泊承担功能等方面的调查研究工作,在湖泊岸线开发利用与保护、水环境、水生态等方面未开展深入、细致的调查研究。为做好湖泊保护管理工作,建议后续开展全面、系统的调查研究工作。

(2)加快湖泊保护专项规划编制。江西省湖泊众多,湖泊在江西省国民经济社会发展和生态环境改善方面发挥着不可替代的作用。相比湖北、江苏等省份,江西省湖泊保护工作相对滞后,尚未编制过相关湖泊保护规划。建议尽快开展江西省湖泊保护总体规划编制工作,并根据湖泊重要性,有针对性地编制单个湖泊保护规划,以指导湖泊保护工作。

（3）成立湖泊保护专管机构。2018 年 6 月 1 日，《江西省湖泊保护条例》正式实施，江西省在全国率先将"湖长制"通过地方立法形式予以固化。目前，大多数湖泊建立了区域与流域相结合的三级或以上湖长制组织体系，进一步完善了湖泊的监督管理。但是，各湖泊基本仍按行业进行管理，存在多行业、多部门管理现象，缺乏一个统一的专管机构，管理体制机制不健全。建议湖泊所在县级水行政主管部门均成立专管机构，进一步理顺湖泊管理体制，规范湖泊保护管理。

（4）严控湖泊开发利用活动。由于历史原因，多数湖泊存在围垦农业种植或水产养殖现象，部分湖泊大面积发展光伏发电。湖泊不合理和过度的开发利用造成湖泊洪涝调蓄、水资源利用、生态功能下降，不利于湖泊的可持续健康发展。建议严格按照《水利部关于加强河湖水域岸线空间管控的指导意见》（水河湖〔2022〕216 号）要求，严格涉湖建设项目审批，严控湖泊水域岸线开发利用活动。

（5）强化湖泊水污染源防治。根据相关资料，综合水质、营养化、水生态等评价指标，江西省水面面积 1 km² 以上独立湖泊水生态环境相对较好的仅有鄱阳湖、军山湖、赛城湖、康山湖、珠湖等寥寥几个面积大、水深较深、自净能力较强的湖泊，大多数湖泊生态环境脆弱，极易受到生活、工业、农业污染。建议以河湖长制为抓手，持续开展排污口整治、河湖"清四乱"、垃圾一体化处理、农村污水达标处理等专项行动，加强监测检测，用法治化、制度化、常态化手段守护好"一湖清水"。

（6）调整修正湖泊管理范围划定成果。当前的湖泊管理范围于 2020 年前后划定，鉴于当时的特殊情况，湖泊无堤段管理范围未按照《江西省河湖划界技术导则》规定的以湖泊设计洪水位为依据划定，其中，鄱阳湖无堤段管理范围多以相应湖口水文站 22.5 m（吴淞高程）的水位划定，未考虑鄱阳湖水面上下游落差的因素；其他湖泊无堤段管理范围多以主观界定的湖岸线往陆域水平偏移一定距离划定。建议依据本次调查研究分析确定的湖泊设计高水位，对湖泊无堤段管理范围划定成果进行修正，并建议无堤段管理范围能与本次湖泊调查研究确定的湖泊湖盆边界相协调。

参考文献

[1] 王苏民,窦鸿身.中国湖泊志[M].北京:科学出版社,1998.

[2] 《中国河湖大典》编纂委员会.中国河湖大典[M].北京:中国水利水电出版社,2010.

[3] 《鄱阳湖研究》编委会.鄱阳湖研究[M].上海:上海科学技术出版社,1988.

[4] 中国科学院南京地理与湖泊研究所.中国湖泊调查报告[M].北京:科学出版社,2019.

[5] 王洪道.中国湖泊资源[M].北京:科学出版社,1989.

[6] 施成熙.中国湖泊概论[M].北京:科学出版社,1989.

[7] 中国科学院南京地理与湖泊研究所.湖泊调查技术规程[M].北京:科学出版社,2015.

[8] 中国科学院南京地理与湖泊研究所.中国湖泊生态环境研究报告[M].北京:科学出版社,2023.

[9] 张闻松,宋春桥.中国湖泊分布与变化:全国尺度遥感监测研究进展与新编目[J].遥感学报,2022, 26(1):92-103.

[10] 马荣华,杨桂山,段洪涛,等.中国湖泊的数量、面积与空间分布[J].中国科学:地球科学,2011,41 (3):394-401.

[11] 张甘霖,谷孝鸿,赵涛,等.中国湖泊生态环境变化与保护对策[J].中国科学院院刊,2023,38(3): 358-364.

[12] 饶恩明,肖燚,欧阳志云,等.中国湖泊水量调节能力及其动态变化[J].生态学报,2014,34(21): 6225-6231.

[13] 魏礼宁.宁夏河道湖泊分级管理与范围划定[J].宁夏农林科技,2018,59(2):38-40.

[14] 刘佳奇.湖泊保护范围划定的立法研究[J].湖北经济学院学报,2013,11(2):103-106,127.

[15] 胡小贞,许秋瑾,蒋丽佳,等.湖泊缓冲带范围划定的初步研究:以太湖为例[J].湖泊科学,2011,23 (5):719-724.

[16] 高永刚,郭金运,岳建平.卫星测高在陆地湖泊水位变化监测中的应用[J].测绘科学,2008,33(6): 73-75,29.

[17] 李治路.鄱阳湖水位变化对水质的影响研究[D].南昌:南昌大学,2015.

[18] Costadone L, Sytsma M D, Pan Y, et al. Effect of management on water quality and perception of ecosystem services provided by an urban lake[J]. Lake and Reservoir Management, 2021, 37(4): 418-430.

[19] Staehr P A, Baastrup-Spohr L, Sand-Jensen K, et al. Lake metabolism scales with lake morphometry and catchment conditions[J]. Aquatic Sciences, 2012(74):155-169.

[20] Xie Z, Chen L, Wang D, et al. Lake reclamation driven by government policy in China:a case study of Poyang Lake[J]. Transactions of the Royal Society of South Australia, 2016, 140(1):57-73.

[21] Peng Z, Hu W, Zhang Y, et al. Modelling the effects of joint operations of water transfer project and lake sluice on circulation and water quality of a large shallow lake[J]. Journal of Hydrology, 2021 (593):125881.

[22] Cianci-Gaskill J A, Klug J L, Merrell K C, et al. A lake management framework for global application: monitoring, restoring, and protecting lakes through community engagement[J]. Lake and Reservoir Management, 2024, 40(1):66-92.

[23] Hu W. A review of the models for Lake Taihu and their application in lake environmental management [J]. Ecological Modelling, 2016(319):9-20.

附件

湖

泊

简

介

附件一　鄱阳湖

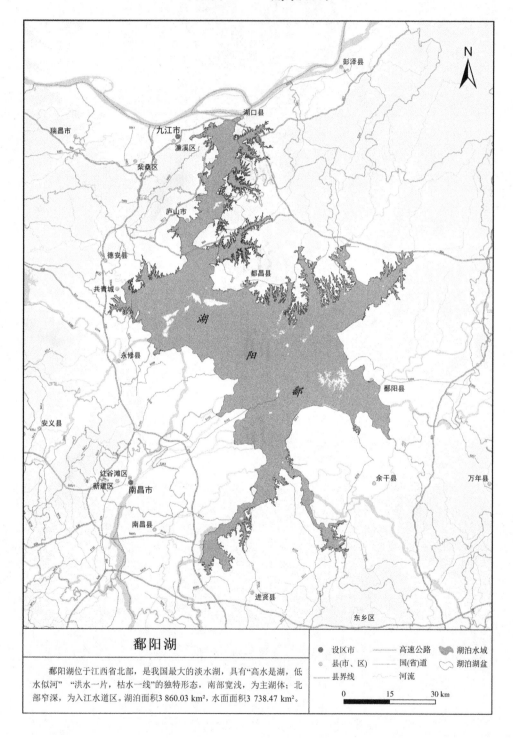

鄱阳湖

　　鄱阳湖位于江西省北部，是我国最大的淡水湖，具有"高水是湖，低水似河""洪水一片，枯水一线"的独特形态，南部宽浅，为主湖体；北部窄深，为入江水道区。湖泊面积3 860.03 km²，水面积3 738.47 km²。

图例	
◉ 设区市	——— 高速公路
◎ 县(市、区)	——— 国(省)道
——— 县界线	～～ 河流
	湖泊水域
	湖泊湖盆

0　　　　15　　　　30 km

一、自然环境

(一) 湖泊位置及形态

鄱阳湖位于江西省北部,是我国最大的淡水湖,是江西人民的"母亲湖",素有"长江之肾"之美誉,也是国际重要湿地、世界候鸟天堂。

鄱阳湖是吞吐型、季节性淡水湖泊,高水湖相,低水河相,具有"高水是湖,低水似河""洪水一片,枯水一线"的独特形态。进入汛期,"五河"洪水入湖,湖水漫滩,湖面扩大,碧波荡漾,茫茫无际;冬春枯水季节,湖水落槽,湖滩显露,湖面缩小,比降增大,流速加快,与河道无异。洪、枯水期的湖泊水面面积、水体体积相差极大,湖口水文站水位 20.75 m(黄海高程)时,相应水面面积 5 100 km²(含康山、珠湖、黄湖、方洲斜塘 4 个分蓄洪区面积)、水体体积 365 亿 m³。湖口水文站水位 3.99 m(黄海高程)时,相应水面面积 146 km²、水体体积 4.5 亿 m³。

湖面似葫芦形,以松门山为界,分为南、北两部分。南部宽浅,为主湖体;北部窄深,为入江水道区。湖盆长度 147.73 km,最大宽度 100.95 km,平均宽度 26.13 km。湖泊面积 3 860.03 km²,湖泊设计高水位 20.58 m 时,水面面积 3 738.47 km²(不含四个蓄滞洪区、"五河"尾闾河道及军山湖、内青岚湖、陈家湖),最大水深 40.61 m,平均水深 8.39 m,水体体积 313.72 亿 m³。湖中有 46 处 73 个岛屿,总面积 64.93 km²。

(二) 水文气象

鄱阳湖流域属亚热带湿润季风气候区。春雨、梅雨明显,四季更替分明。多年平均气温 16.2 ~ 19.7 ℃,极端最低气温 -15.2 ℃,极端最高气温 44.9 ℃。冬春多偏北风,夏秋多偏南风,偶有台风侵袭,多年平均风速 1 ~ 3.8 m/s,最大风速 34 m/s。多年平均相对湿度 75% ~ 83%。多年平均无霜期 241 ~ 304 d,由南向北递减。流域多年平均年降水量 1 596 mm,年内分配不均,4—9 月降水量占全年的 73%。流域多年平均年水面蒸发量 800 ~ 1 200 mm。

流域多年平均经湖口汇入长江年径流量 1 468 亿 m³。最大年径流量为 1998 年的 2 646 亿 m³,最小年径流量为 1963 年的 566 亿 m³,最大与最小倍比值为 4.67。多年平均径流系数 0.57,径流深 905 mm。汛期(4—9 月)径流量占全年的 69%,其中 4—7 月径流量占全年的 53.8%。

(三) 河流水系

鄱阳湖水系河湖密布,控制流域面积达 10 km² 以上河流有 3 500 余条,控制流域面积 100 km² 以上河流 426 条。其中,100 ~ 1 000 km² 河流 384 条,1 000 ~ 10 000 km² 河流 37 条,大于 10 000 km² 的河流有赣江、抚河、信江、饶河、修河 5 条,"五河"总计控制流域面积 14.7 万 km²,占鄱阳湖水系控制流域总面积的 90.6%。"五河"河口至湖口区间面积 1.52 万 km²,占鄱阳湖流域面积的 9.4%,其中环湖直接入湖河流控制流域面积 1.01 万 km²,占鄱阳湖流域面积的 6.2%;鄱阳湖水面面积 0.51 万 km²(含康山、珠湖、黄湖、方洲斜塘 4 个分蓄洪区面积,相应湖口水文站黄海基面水位 20.75 m),占鄱阳湖流域面积的 3.1%。

受"五河"洪水和长江来水的顶托作用,历年来滨湖沿江地区洪水灾害严重。据统计,中华人民共和国成立后滨湖地区共发生 21 次大洪水灾害。1954 年,鄱阳湖滨湖圩堤几乎全部溃决,九江市街道大部分被淹,江西省被淹农田 652 万亩,灾民 191 万人。1998年,鄱阳湖高洪水位超警戒时间持续 94 天,包括重点圩堤郭东圩、永北圩以及 23 座万亩圩堤在内的 242 座堤垸溃决,造成严重灾害。2016 年,鄱阳湖出现高洪水位,超警戒时间持续 35 天,鄱阳县向红圩向阳段决口。2020 年,江西省遭遇 21 世纪以来最大的一场洪水,全省 204 条单退圩堤主动进洪,1 座 5 万亩以上圩堤(三角联圩)溃口 1 处、2 座万亩以上圩堤(问桂道圩、鄱阳中洲圩)各溃口 1 处。

(四)自然资源

鄱阳湖湿地共有高等植物 109 科 308 属 551 种。这些高等植物中,苔藓植物有 16 科24 属 31 种,蕨类植物有 14 科 15 属 18 种。被子植物种类最多,也是鄱阳湖湿地的优势类群,有 79 科 269 属 502 种。未发现裸子植物分布。

底栖动物 117 种,第二次鄱阳湖综合科学考察(简称"二次鄱考")记录到 83 种,分别隶属于环节动物门、软体动物门和节肢动物门 3 门 6 纲 10 目 15 科。其中,环节动物门 2纲 2 目 2 科 21 种,占底栖动物总种数的 25.3%;软体动物门 2 纲 5 目 8 科 37 种,占底栖动物总种数的 44.6%;节肢动物门 2 纲 3 目 5 科 25 种,占底栖动物总种数的 30.1%。大型底栖动物物种较丰富的区域主要位于鄱阳湖碟形湖泊及相关河口等区域,如鄱阳湖国家级自然保护区内湖泊及修河和赣江河段等,物种数较多,为 48 种,都昌水域和余干水域分别为 21 种、20 种,湖口水域种类较少,为 16 种。优势种分别为环棱螺、中华沼螺、长角涵螺、颤蚓和褐斑菱跗摇蚊等。蚌类是鄱阳湖重要的底栖动物,有记录蚌类 53 种,从蚌的分布看,物种丰富的地区主要在都昌水域、鄱阳县水域(饶河至瓢山)、康山(信江)水域、赣江和修河入鄱阳湖水域,以及青岚湖等,而湖口水域物种单一。

"二次鄱考"监测到 89 种鱼类,隶属于 11 目 20 科。其中,鲤科鱼类最多,有 48 种,占鱼类种类数的 53.9%;鲿科、鳅科各 7 种,占 7.9%;鲳科 4 种,占 4.5%;银鱼科 3 种,占3.4%;鳅科、斗鱼科、鳢科、鲇科和塘鳢科各 2 种,均占 2.2%;鲟科、鳗鲡科、胭脂鱼科、虾虎鱼科、胡子鲇科、青鳉科、织科、合鳃鱼科、刺鳅科、舌鳎科各 1 种,均占 1.1%。主要优势种为鲤、鲫、黄颡鱼、鳜、鲢等。"二次鄱考"记录到虾类 7 种、蟹类 2 种。

"二次鄱考"共记录到鸟类 236 种,隶属于 15 目 52 科。其中,䴙䴘目 1 科 3 种,约占鸟类总种数的 1.27%;鹈形目 2 科 2 种,占 0.85%;鹳形目 3 科 17 种,约占 7.20%;雁形目1 科 24 种,约占 10.17%;隼形目 2 科 11 种,约占 4.66%;鸡形目 1 科 4 种,约占 1.69%;鹤形目 3 科 14 种,约占 5.93%;鸻形目 7 科 38 种,约占 16.10%;鸽形目 1 科 4 种,约占1.69%;鹃形目 1 科 6 种,约占 2.54%;鸮形目 1 科 4 种,约占 0.42%;佛法僧目 2 科 6 种,约占 2.54%;戴胜目 1 科 1 种,约占 0.51%;鴷形目 1 科 1 种,约占 0.42%;雀形目 25 科104 种,约占 44.07%。有国家重点保护鸟类 27 种,其中国家一级保护鸟类 4 种,国家二级保护鸟类 23 种,中国特有鸟类 2 种。据 2013 年 1 月 18 日环鄱阳湖水鸟调查统计,鄱阳湖区、南矶湿地保护区水鸟数量均超过 2 万只,都昌县和鄱阳县水鸟数量均超过 6 万只,是越冬水鸟主要的分布区。

(五)水生态环境状况

根据《江西省生态环境状况公报》(2020 年),入湖"五河"除赣江断面水质优良比例为98.3%外,其余水质优良比例均为100%,鄱阳湖点位水质优良比例为41.2%,与2019年同比上升3.53%,水质轻度污染。其中,Ⅲ类比例为41.2%,Ⅳ类比例为58.8%,主要污染物为总磷,营养化程度为中营养。数据显示,三年来,鄱阳湖主要污染物总磷浓度一直呈下降趋势,2018年为0.082 mg/L,2019年为0.069 mg/L,2020年为0.058 mg/L,与2019年同比下降15.9%。

二、历史变迁

鄱阳湖的形成发展经历了漫长过程。史料表明,现代鄱阳湖,是古"彭蠡"逐渐南迁扩张的结果。

战国时期成书的《禹贡》,记载了古长江河道上的彭蠡泽,古长江穿泽而过,当时湖口地区是"彭蠡"的南部边界。至汉代长江主泓逐渐形成,江道南北两侧的洪泛盆地逐渐发育成为河漫湖,南侧的河漫湖就是班固在《汉书·地理志》中所称的湖口附近的"彭蠡"。三国以后,因湖水扩展到今庐山市附近的宫庭庙,彭蠡又称"宫庭湖"。至北魏郦道元著《水经注》时,彭蠡湖水域已经扩展到今松门山附近。松门山以南原本是人烟稠密的枭阳平原,随着湖水的不断南侵,湖盆地内的枭阳县和海昏县先后被淹入水中,历史上曾有"沉枭阳起都昌、沉海昏起吴城"之说。隋代彭蠡湖向南扩展到今鄱阳县城附近,始称鄱阳湖。唐、宋、元继续南侵扩展,至元末明初鄱阳湖已扩展为水域浩瀚的大湖。明、清以来,水域的扩展趋势并未终止,今鄱阳湖南部湖岸沿线伸入陆地的大量港汊,就是湖域扩展的产物。

中华人民共和国成立后,由于大量围垦,湖水面积、水体体积急剧减少。湖口水位20.09 m(黄海高程)时的湖体水面面积由1954年的4 390 km² 减至1985年的3 222 km²,相应水体体积由336亿m³ 减至261亿m³。1998年特大洪灾过后,江西省实施"平垸行洪、退田还湖、移民建镇"的治水方略,鄱阳湖区共平退圩堤273座,其中双退95座,单退178座。至2005年,包括康山、珠湖、黄湖、方洲斜塘4个分蓄洪区在内,湖口水位20.75 m(黄海高程)时,湖体水面面积恢复到5 100 km²,相应水体体积达365亿m³。

由于历代社会经济、技术落后,直到1949年前,鄱阳湖还未得到真正意义上的综合治理开发。1949年后,对鄱阳湖实施综合治理开发,防洪抗旱、航运养殖、血吸虫防治等方面取得巨大的综合效益。每年组织群众冬修水利,新建和加高加固堤防,联圩并垸,兴修水库、机电排灌站、农田水利设施,初步建立了水利系统工程。湖区各县(区)自1956年建立血防专业机构,开展血吸虫防治工作。1983—1987年,江西省组织全省17个委、办、厅、局和地市,39所科研单位和高等院校的600多位科技人员,对"鄱阳湖区综合考察和开发整治研究"进行科研攻关,取得一大批重要科研成果,出版了《鄱阳湖研究》专著。1991年,江西省山江湖治理委员会编制《江西省山江湖开发治理总体规划纲要》,1995年,江西省水利规划设计院编制《江西省鄱阳湖区综合利用规划报告》,2011年,水利部长江水利委员会完成《鄱阳湖区综合治理规划》。

鄱阳湖区一直被列为江西省防洪建设的重点之一,湖区重点圩堤相继实施一期和二期治理。鄱阳湖治理一期工程自1986年开始实施,对信瑞联圩、饶河联圩、梓埠联圩、赣西联圩、廿四联圩、南新联圩、蒋巷联圩、红旗联圩、长乐联圩、军山湖联圩、康山大堤、珠湖联圩共 12 座圩堤进行除险加固建设,同期开展了康山大堤中的康山、珠湖联圩中的珠湖、赣西联圩中的方洲斜塘、蒋巷联圩中的黄湖圩共 4 座分蓄长江超额洪水的蓄滞洪区安全建设。1998 年大洪水后,实施"平垸行洪、退田还湖"工程,工程于 2007 年结束,共实施移民搬迁 22.1 万户、90.82 万人,恢复鄱阳湖及其支流天然河道面积 1 086.6 km²,高水位时相应增加鄱阳湖蓄洪容积约 45.7 亿 m³。为进一步解决湖区防洪问题,在一期工程基础上,开展鄱阳湖区二期防洪工程建设,其实施过程中分为二期防洪工程第四个单项、第五个单项、第六个单项,工程于 1998 年动工兴建,2014 年完成主体工程建设。2000—2007年,实施了赣抚大堤加固配套工程。通过上述防洪工程的实施,鄱阳湖区重点圩堤防洪能力得到大幅提升。近年来,"五河"治理防洪工程、中小河流治理工程和万亩圩堤除险加固开展了部分城防堤和 1 万~5 万亩圩堤除险加固。

三、湖区经济开发

鄱阳湖区范围为湖口水文站防洪控制水位 22.50 m(吴淞高程)所影响的环鄱阳湖区,涉及东湖、西湖、青云谱、青山湖、新建、红谷滩、南昌、进贤、濂溪、永修、德安、共青城、庐山、湖口、都昌、鄱阳、余干、万年、乐平、丰城共 20 个县(市、区),2020 年人口合计1 255.19 万,城镇化率 65%;地区生产总值 9 002 亿元,一、二、三产比为 6∶47∶46;耕地面积 1 046 万亩,有效灌溉面积 753 万亩,高效节水灌溉面积 88 万亩,粮食年产量 600 万 t;湖面水产养殖面积 9.75 万亩,年产量 5.54 万 t。

滨湖地区是江西省经济社会发展重要区域和中部地区崛起重要增长极,是长江中下游重要生态屏障和大湖流域综合治理样板区。步入新时代,江西省提出"一圈引领、两轴驱动、江湖联保、三屏筑底"的国土空间总体格局,提出到 2035 年,形成大湖流域国土空间整体保护与合理开发模式,生态、农业、城镇空间实现合理协调布局;要求强化能源、水利设施韧性保障,加强区域防洪设施、重点水源工程、水生态安全保障工程规划建设,完善交通、能源、水利和防灾减灾等设施支撑体系,建设环鄱阳湖魅力景观圈,形成经济富裕、山川美丽、人人幸福、安全稳定的生态文明高度发展新局面,成为大湖流域可持续发展的世界典范。

四、湖泊功能

鄱阳湖是我国第一大淡水湖,具有重要的调蓄、供水、灌溉、养殖、旅游、航运、生物栖息等功能。鄱阳湖被誉为"长江之肾",是长江重要的生态屏障,区内生态资源丰富,具有1 处世界级地质公园(庐山地质公园)、3 处国家级自然保护区、4 处国家级森林公园、1 处国家级湿地公园、2 处国家级水产种质资源保护区和 1 处国家级风景名胜区,以及众多省、市级生态敏感区,在江西省生态安全格局中承接"五河""三屏",生态区位重要。鄱阳湖纳"五河"来水,由湖口入长江,具有重要的调蓄功能。区内地势平坦、耕地集中,鄱阳湖平原、赣抚平原两大农产品主产区是国家重要粮仓;区内人口众多、工业园区环湖分布,经济发展活力强劲。鄱阳湖为社会经济发展提供了优质的水资源保障。

鄱阳湖区一直以来都是国家防洪重点区域,目前防洪主要依靠堤防工程,据 2021 年底统计资料,鄱阳湖区共建有城防堤和保护耕地千亩以上圩堤 342 座(其中,城防与千亩以上圩堤重复堤防 12 座），堤线总长 3 448.448 km。其中，城防堤 34 座，堤线总长 275.567 km，保护城市人口约 469.50 万人。保护耕地千亩以上圩堤 320 座，堤线总长 3 341.817 km，保护耕地 670.82 万亩，保护人口 1 206.13 万人，保护耕地千亩以上圩堤中，5 万亩以上及重点圩堤 48 座（其中 46 座为湖区重点圩堤，单退圩堤 2 座），堤线总长 1 706.812 km，保护耕地 490.36 万亩，保护人口 1 046.57 万人；1 万~5 万亩圩堤 57 座，堤线长度 836.083 km，保护耕地 108.09 万亩，保护人口 94.62 万人；千亩圩堤 215 座，堤线总长 798.922 km，保护耕地 72.37 万亩，保护人口 64.94 万人。此外，鄱阳湖区共建有康山、珠湖、黄湖、方洲斜塘 4 座国家级蓄滞洪区，承担 25 亿 m^3 的分蓄洪任务，其中，康山蓄滞洪区为重点蓄滞洪区，区内总集雨面积 450.30 km^2（含信瑞联圩 106.9 km^2），其中蓄洪面积 280.84 km^2，有效蓄洪容积 15.80 亿 m^3；珠湖蓄滞洪区内总集雨面积 256 km^2，其中蓄洪面积 120.78 km^2，有效蓄洪容积 4.88 亿 m^3；黄湖蓄滞洪区总集雨面积 49.31 km^2，蓄洪面积为全部集雨面积，即 49.31 km^2，有效蓄洪容积 2.74 亿 m^3；方洲斜塘蓄滞洪区总集雨面积 39.05 km^2，其中蓄洪面积 30.03 km^2，有效蓄洪容积 1.82 亿 m^3。

五、湖泊管理

2018 年 6 月 1 日，《江西省湖泊保护条例》正式实施，江西在全国率先将"湖长制"通过地方立法形式予以固化。目前，鄱阳湖建立了区域与流域相结合的湖长制组织体系，建立了省、市、县、乡、村五级湖长制，其中省、市、县三级设立总湖长、副总湖长。

作为生态文明建设的先行者，江西省坚决落实"重在保护、要在治理"的战略要求，深入推进国家生态文明试验区建设，不断擦亮鄱阳湖生态名片。2018 年以来，江西省委、省政府始终坚持把全面推行河长制、深入实施湖长制作为国家生态文明试验区建设的重要组成部分，河长制、湖长制工作从"全面建立""全面实施"走向"全面见效"。2018 年 12 月，江西省委、省政府开展生态鄱阳湖流域建设"空间规划引领行动、绿色产业发展行动、国家节水行动、入河排污防控行动、最美岸线建设行动、河湖水域保护行动、流域生态修复行动、水工程生态建设行动、流域管理创新行动、生态文化建设行动"等十大行动，提出坚持以流域为单元，统筹流域自然、经济和社会等各要素，系统保护和进一步改善鄱阳湖流域生态环境，永葆鄱阳湖"一湖清水"。为贯彻落实长江经济带"共抓大保护、不搞大开发"的决策部署，2020 年 1 月 1 日，江西省提前一年实施禁捕退捕工作，坚决做好鄱阳湖的守护者，鄱阳湖水清、鸟飞鱼跃、江豚归来的生态画卷正在赣鄱大地徐徐展开。

附件二　青山湖(南昌市)

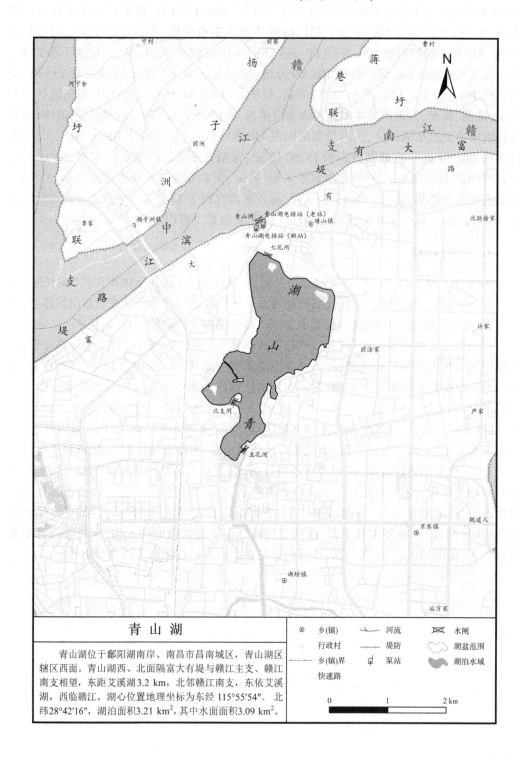

青 山 湖

　　青山湖位于鄱阳湖南岸、南昌市昌南城区，青山湖区辖区西面。青山湖西、北面隔富大有堤与赣江主支、赣江南支相望，东距艾溪湖 3.2 km，北邻赣江南支，东依艾溪湖，西临赣江。湖心位置地理坐标为东经 115°55′54″、北纬28°42′16″，湖泊面积3.21 km²，其中水面面积3.09 km²。

一、自然环境

(一)湖泊位置及形态

青山湖位于鄱阳湖南岸、南昌市昌南城区,青山湖区辖区西面。青山湖西面、北面隔富大有堤与赣江主支、赣江南支相望,东距艾溪湖 3.2 km。地理位置在东经 115°55′~116°56′、北纬 28°41′~28°43′,北邻赣江南支,东依艾溪湖,西临赣江,湖心位置地理坐标为东经 115°55′54″、北纬 28°42′16″。

湖泊长度 3.43 km,最大宽度 1.75 km,平均宽度 0.94 km。湖泊设计高水位 17.20 m,常水位 16.67 m。湖泊面积 3.21 km²,其中水面面积 3.09 km²。湖泊最大水深 3.85 m,平均水深 2.03 m,水休休积 626 万 m³。

(二)水文气象

湖区属亚热带湿润气候区,温暖湿润、四季分明,温差较大,夏季酷热、冬季寒冷,多年平均日气温 18.3 ℃。雨量充沛,多年平均降水量 1 680.3 mm,降水量年内分配极不均匀,汛期 4—9 月多年平均降水量达 1 127.9 mm,占全年总降水量的 67%。多年平均年蒸发量 1 271.6 mm,无霜期 277 d。城区常年主导风向是北风(发生频率 22.5%)和东北风(发生频率 20.1%),多发生于冬季,平均风速 4.6~5.4 m/s,7 月、8 月多为西南风,偶尔有短时台风侵袭,江湖水面阵风可高达 8~10 级。

(三)河流水系

青山湖为河迹洼地型淡水湖,属赣江下游右岸水系,集雨面积 13.75 km²,湖泊来水主要通过五干一分渠、玉带河总渠经十一孔闸引入赣抚平原水源,由七孔闸排水进入赣江;湖泊同时承担着南昌城区 52 km² 雨污水的调蓄。

(四)水生态环境状况

根据江西省水文监测中心和水利部中国科学院水工程生态研究所编制的《2019 年度江西省 1 km² 以上湖泊水生态调查报告》,基于水化学水质评价方法,青山湖水质类别为Ⅳ类,富营养化等级为中度富营养化;基于生物学水质评价方法,青山湖水质等级为劣等,属严重污染,浮游植物密度偏高、底栖动物处"亚健康"状态,生物多样性和完整性差。青山湖水生态综合评价等级为差等。

湖泊北部水质最好,中、东部水质其次,西部水质较差,南部水质最差。五干渠是青山湖主要来水渠道,经过五干渠周边居民生活污水汇入,造成青山湖水质变差。区域内无污水处理厂,区域内污水进入市政管网,经高新区青山湖污水处理厂处理,该厂污水处理能力 50 万 t/d,污水经处理后排向赣江南支。

二、历史变迁

青山湖因绿树环抱、周边山色青青而得名,古为赣江河汊,明万历十四年(1586 年)在入赣江口筑青山石闸后成固定湖。青山湖北宽南窄,为典型的牛轭湖(弓形),是南昌城区重要的内湖,又是城区排水主要出口处。

为满足防洪排涝、休闲娱乐功能,1981 年、2002 年兴建了青山湖电排站(老站和新站)2 座,2004 年兴建了七孔闸和青山闸 2 座水位控制闸,1983 年、2018 年分别兴建北支闸、青山闸 2 座进水控制闸。

20 世纪 60 年代,湖水清澈,年最大捕鱼量达 850 t。20 世纪 70 年代后,水质为劣 V 类地表水标准,鱼类常死亡,湖水异味。2000 年以后,通过投放鱼苗来吸食蓝藻,并进行湖底淤泥清理,水质有所好转,2006 年水质达 Ⅳ 类地表水标准。近年来,青山湖区强化城中村、老旧城区和城乡接合部污水截流、收集。2019 年,新增城镇污水管网 10 km,雨污合流管网分流改造 10 km,污水纳管率达到 80%。

2001 年 10 月,南昌市委、市政府决定把青山湖整治工程列为建设花园城市的标志性工程,工程总投资 2.8 亿元,相继建成了相思林公园、湖滨公园、燕鸣岛公园,整治后的青山湖显现出欧式风格,是公共休闲的大型城市公园。2019 年底,青山湖区政府组织编制完成《青山湖景区专项规划》(2019—2035),规划按照"两带、四环、十四园"总体布局,将青山湖打造为以人工景观为主、兼有自然景观相互交融的大型城市公园。

青山湖底建有穿湖隧道,青山湖隧道是南昌市一条东西走向的城市主干道,隧道西起阳明东路京九线隧道,东至国威路和上海北路交叉口,隧道主体工程为双向 6 车道,长 1 070 m,其中湖底暗埋段为 550 m。

三、湖区经济开发

湖盆区涉及青山湖区塘山镇和青山路街办纺南社区,人口总计 40.7 万人,均为城市人口。地区生产总值总计 160 亿元,全年财政收入累计完成 63.05 亿元;流域无耕地;水产养殖面积 0.46 万亩,年产量 0.05 万 t。

青山湖周边建成集生态宜居与商业氛围的住宅聚集地,南部为青山湖高新技术产业园区,规划总面积 21.5 km²,目前已形成以现代轻纺、电子信息两大产业为主导,食品饮料、医药化工、电子商务等产业协调发展的产业形态。

四、湖泊功能

湖泊功能主要为城市洪涝调蓄、水产养殖、旅游观光和生物栖息。外排主要由青山湖电排站(新站)和青山湖电排站(老站)以及七孔闸和青山闸排水进入赣江,汛期由青山湖电排站(新站)、青山湖电排站(老站)抽排,2 座电排站装机容量均为 4 000 kW(5×800 kW);平时则由青山闸控制水位,孔口尺寸为 3 孔 4 m×4 m。青山湖风景区作为城市绿肺,对维持生态环境良性循环、改善微观小气候起着重要作用;同时,也是提供居民休闲、游乐活动场所的大型城市公园和重要的旅游景点。青山湖突出自然生态功能,强化人文内涵,增加活动设施,形成以开阔水面为主体,独立景区为核心,环湖沿路绿化为纽带的复合型景观绿地系统。

五、湖泊管理

青山湖尚未成立综合性的湖泊专门管理机构,目前设有青山湖风景区管理处,主要负责湖泊景区建设和维护、湖面保洁等方面的工作。

目前,青山湖已基本建立了区域与流域相结合的市、区、乡、村四级湖长制组织体系,已设置市级湖长 1 名、区级(青山湖区、东湖区)湖长 2 名、乡级湖长 2 名,湖长办公室设置在青山湖风景区管理处。

市级湖长承担总督导、总调度职责。区级及以下湖长负责组织领导相应河湖的管理和保护工作,包括水资源保护、水域岸线管理、水污染防治、水环境治理等,牵头组织对侵占河道、围垦湖泊、超标排污、非法采砂、坡岸种菜、倾倒垃圾等突出问题依法进行清理整治,协调解决重大问题;对跨行政区域的河湖明晰管理责任,协调上下游、左右岸实行联防联控;对相关部门和下一级湖长履职情况进行督导,对目标任务完成情况进行考核,强化激励问责。

附件三　艾溪湖

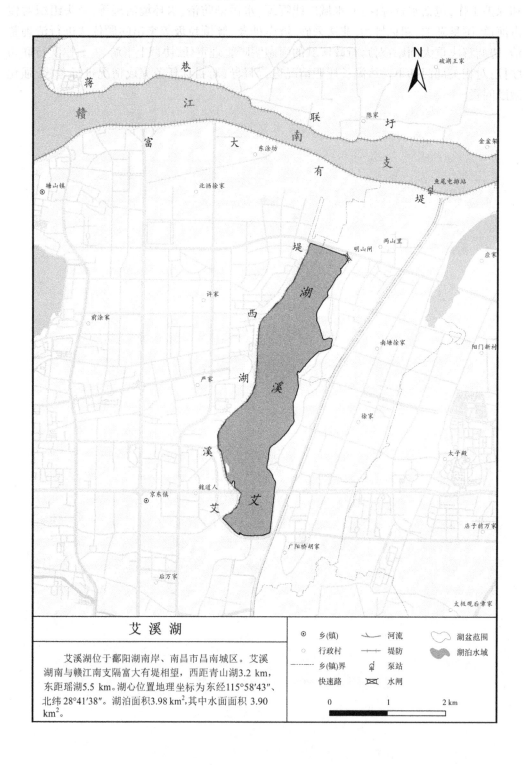

艾溪湖

　　艾溪湖位于鄱阳湖南岸、南昌市昌南城区。艾溪湖南与赣江南支隔富大有堤相望，西距青山湖3.2 km，东距瑶湖5.5 km。湖心位置地理坐标为东经115°58′43″、北纬28°41′38″。湖泊面积3.98 km²,其中水面面积 3.90 km²。

一、自然环境

(一)湖泊位置及形态

艾溪湖位于鄱阳湖南岸、南昌市昌南城区。艾溪湖南与赣江南支隔富大有堤相望,西距青山湖 3.2 km,东距瑶湖 5.5 km。地理位置在东经 115°58′~115°59′、北纬 28°40′~28°42′,湖心位置地理坐标为东经 115°58′43″、北纬 28°41′38″。

湖泊长度 5.02 km,最大宽度 1.36 km,平均宽度 0.79 km。湖泊设计高水位 17.17 m,常水位 15.97 m。湖泊面积 3.98 km²,其中水面面积 3.90 km²。湖泊最大水深 5.75 m,平均水深 2.76 m,水体体积 1 076 万 m³。

(二)水文气象

湖区属亚热带湿润气候区,温暖湿润、四季分明,温差较大,夏季酷热、冬季寒冷,多年平均日气温 18.3 ℃。雨量充沛,多年平均降水量 1 680.3 mm。降水量年际变化较大,最大年降水量为 2 241.2 mm(1998 年),而最小年降水量仅 1 131.8 mm(1978 年)。降水量年内分配极不均匀,汛期 4—9 月多年平均降水量达 1 127.9 mm,占全年总降水量的67%;主汛期 4—6 月降水量达 759.7 mm,占全年总降水量的 45%。多年平均年蒸发量1 271.6 mm,无霜期 277 d。城区常年主导风向是北风(发生频率 22.5%)和东北风(发生频率 20.1%),多发生于冬季,平均风速 4.6~5.4 m/s,7 月、8 月多为西南风,偶尔有短时台风侵袭,江湖水面阵风可高达 8~10 级。

(三)河流水系

艾溪湖为河迹洼地型淡水湖,属赣江南支右岸水系,湖泊集雨面积 59.24 km²。经人工改造后,艾溪湖水系相对复杂,南与象湖、梅湖,西与青山湖有水系连通关系,通过四干渠、六干渠引赣抚平原水源,并通过明山渠将水排至赣江南支。

(四)水生态环境状况

根据江西省水文监测中心和水利部中国科学院水工程生态研究所编制的《2019 年度江西省 1 km² 以上湖泊水生态调查报告》,基于水化学水质评价方法,艾溪湖水质类别为Ⅳ类,富营养化等级为轻度富营养化;基于生物学水质评价方法,艾溪湖水质等级为优等,水质清洁,浮游植物密度偏高、底栖动物处"亚健康"状态,生物多样性和完整性一般。艾溪湖水生态综合评价等级为中等。

幸福渠是艾溪湖主要来水渠道,区内工业、生活、养殖等废水是湖区主要污染源。广阳桥进水口、广阳村、何家沥闸设置 3 处排污口,排污规模分别是 1.5 万 t/d、0.08 万 t/d、0.05 万 t/d。

二、历史变迁

艾溪湖古为赣江河汊,明弘治十二年(1499 年)在入赣江口处修筑牛尾岭石闸,成为固定湖。相传古时有一女子因丈夫捕鱼未归,伤心而绝,在此化身为湖,所以湖面呈一女性侧身形状,人称爱妻湖,后演变为现名。又一说湖名得自东北岸的艾山。

为满足防洪排涝、休闲娱乐功能,艾溪湖出口处建有明山闸和鱼尾电排站。湖水过北岸的明山闸,沿明山渠道经富大有堤上的鱼尾出水口入赣江南支。牛尾岭石闸于民国时期改称鱼尾闸,1963 年由石质改为钢筋混凝土结构,2007 年拆除原闸,原地兴建装机容量为 4 000 kW 的鱼尾电排站,工程于 2008 年建成。

2005 年,艾溪湖水质为劣 Ⅴ 类地表水标准,南部湖区散发臭味。2018 年,实施幸福渠流域综合治理项目,对幸福渠系 23.35 km 长河道进行清淤、护坡、建设生态隔离带,建设截污管网 30 km;2019 年,新增城镇污水管网 10 km,雨污合流管网分流改造 10 km,污水纳管率达到 80%。通过投放鲢鱼和鳙鱼鱼苗来吸食蓝藻,缓解水体富营养化程度。经过一系列治理,艾溪湖水质目前已达到 Ⅳ 类标准。艾溪湖周边已建成湖滨公园,区内绿树成荫,花草丰茂。艾溪湖湿地公园是南昌市重要的典型城市天然湿地,占地 2 500 余亩,于 2007 年 9 月开建。公园建成后,逐步与天香园候鸟公园连为一体,成为鄱阳湖候鸟通道。而艾溪湖 4.5 km² 的水面也将与 2 500 余亩土地一起构建成自然、立体的森林湿地体系,成为南昌继梅岭之后的又一个天然绿肺。

艾溪湖周边交通设施完善,建成越湖工程艾溪湖大桥和穿湖工程艾溪湖隧道。艾溪湖大桥是连接青山湖区与高新区的过湖通道,位于艾溪湖之上,为南昌市东部的重要放射性干道之一。大桥于 2010 年 5 月 8 日动工兴建,2011 年 1 月完成主桥合龙工程,于 2011 年 9 月 9 日通车运营。艾溪湖大桥是体现南昌"城湖相融"意境的景观大道,体现南昌山水城、园林城、科技城风貌的景观轴之一。艾溪湖隧道起点位于南京东路与火炬大街交叉口处,沿火炬大街向东穿越艾溪湖中部,终点位于创新一路与艾溪湖二路交叉口。艾溪湖隧道分为上下两层,上层为公路隧道,下层为远期预留快速公共交通管廊,全长约 2.7 km。艾溪湖隧道于 2019 年 9 月正式开工,2022 年 1 月 26 日正式通车。该隧道的建设,将实现南昌市一环线与二环线的有效连接,进一步完善城市骨架路网。

三、湖区经济开发

湖盆区涉及青山湖区京东镇和高新区艾溪湖管理处,现状人口总计 42.5 万人,均为城市人口。地区生产总值总计 500 亿元,工业增加值 260 亿元;全年财政收入累计完成 114.24 亿元;流域无耕地;水产养殖面积 0.6 万亩,养殖方式为人放天养,年产量 0.12 万 t。

艾溪湖东岸为高新区高科技产业聚集区,西岸建成集生态宜居与商业氛围于一体的住宅聚集地。根据高新区"十四五"规划,艾溪湖板块将建成城市功能以居住生活、配套服务为主,产业以绿色、环保的软件研发、文化创意、电子商务、总部办公、新材料为主的产城融合区。

四、湖泊功能

湖泊主要承担了城市洪涝调蓄、水产养殖、旅游观光和生物栖息功能。外排主要依靠富大有堤上的鱼尾电排站以及湖泊出口处的明山闸,汛期由鱼尾电排站抽排,装机容量 4 000 kW(8×500 kW);平时则由明山闸控制水位,孔口尺寸为 4 孔 2.8 m×2.8 m。艾溪湖为南昌市乃至江西省著名旅游休闲之地,湖岸建有江西省第一条全长 15 km 的环艾溪湖绿道,生态优美,成为鄱阳湖的候鸟通道和都市天然绿肺;东岸建有占地 2 500 余亩的艾溪湖湿地公园,动植物资源丰富,生态宜人。

艾溪湖湖岸建有艾溪湖西堤,总长 1.35 km,现状防洪能力 20 年一遇,主要保护青山湖区京东镇。

五、湖泊管理

艾溪湖尚未成立综合性的湖泊专门管理机构,目前设有南昌市水产场,主要负责湖泊水产养殖、湖面保洁等方面的工作。

艾溪湖目前已基本建立了区域与流域相结合的市、区、乡、村四级湖长制组织体系,已设置市级湖长 1 名、区级(青山湖区、高新区)湖长 2 名、乡级湖长 2 名,各区均设置湖长办公室。

市级湖长承担总督导、总调度职责。区级及以下湖长负责组织领导相应河湖的管理和保护工作,包括水资源保护、水域岸线管理、水污染防治、水环境治理等,牵头组织对侵占河道、围垦湖泊、超标排污、非法采砂、坡岸种菜、倾倒垃圾等突出问题依法进行清理整治,协调解决重大问题;对跨行政区域的河湖明晰管理责任,协调上下游、左右岸实行联防联控;对相关部门和下一级湖长履职情况进行督导,对目标任务完成情况进行考核,强化激励问责。

附件四　瑶　湖

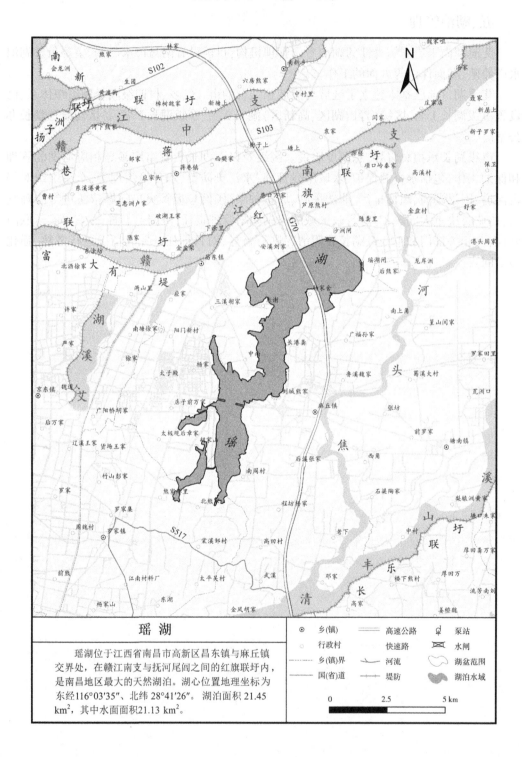

瑶　湖

瑶湖位于江西省南昌市高新区昌东镇与麻丘镇交界处，在赣江南支与抚河尾闾之间的红旗联圩内，是南昌地区最大的天然湖泊。湖心位置地理坐标为东经116°03′35″、北纬28°41′26″。湖泊面积21.45 km²，其中水面面积21.13 km²。

一、自然环境

(一)湖泊位置及形态

瑶湖位于江西省南昌市高新区昌东镇与麻丘镇交界处,在赣江南支与抚河尾闾之间的红旗联圩内,是南昌地区最大的天然湖泊。瑶湖北距赣江南支 2.5 km,东距鄱阳湖 12 km,南距抚河 11 km,西距艾溪湖 5.5 km。湖面呈长条形,中部狭窄,自南向北分为上瑶湖、中瑶湖、下瑶湖,地理位置在东经 116°01′~116°06′、北纬 28°38′~28°44′,湖心位置地理坐标为东经 116°03′35″、北纬 28°41′26″。

湖泊长度 12.89 km,最大宽度 4.14 km,平均宽度 1.66 m。湖泊设计高水位 16.11 m,常水位 15.57 m。湖泊面积 21.45 km²,其中水面面积 21.13 km²。湖泊最大水深 4.46 m,平均水深 2.37 m,水体体积 5 006 万 m³。

(二)水文气象

湖区属亚热带季风湿润气候区,气候温和,日照充足,雨量丰沛,无霜期长,四季分明。春季多雨低温、盛夏高温炎热、伏秋晴多易旱、冬季寒冷干燥。一年四季中,夏冬季长,春秋季短。多年平均气温 17.7 ℃,多年平均降水量 1 522 mm;多年平均风速 2.9 m/s;多年平均相对湿度 77%;多年平均无霜期 274 d;多年平均日照时数为 1 893 h。

(三)河流水系

瑶湖属长江流域鄱阳湖水系,是南昌地区最大的内陆天然湖泊,与南昌市已开发的青山湖、艾溪湖东西方向一字排开。湖泊集雨面积 43.95 km²。水源主要为四干渠—瑶湖连通渠和区域积流,流向由南向北。湖水在北部分为两支流出:一支向东,经 1.8 km 的排水道,过大横头闸或红旗大泵站进入抚河;另一支向东偏北,沿 2.2 km 的排水道,过灌子口闸或程家池闸进入赣江。

(四)水生态环境状况

根据江西省水文监测中心和水利部中国科学院水工程生态研究所编制的《2019 年度江西省 1 km² 以上湖泊水生态调查报告》,基于水化学水质评价方法,瑶湖水质类别为 V 类,富营养化等级为中度富营养化;基于生物学水质评价方法,瑶湖水质等级为劣等,属严重污染,浮游植物密度偏高、底栖动物处"亚健康"状态,生物多样性和完整性差。瑶湖水生态综合评价等级为差等。

上游农村居民生活、工业企业及农业面源污染是瑶湖的主要污染源,经过普庆寺沟汇入瑶湖,部分工业和居民生活污水进入青山湖污水处理厂,该污水处理厂位于高新开发区,日处理能力 50 万 t,污水处理后排向赣江南支。区域内有农村污水处理设施 2 处,覆盖人口 0.67 万人,处理达标后排向当地池塘。随着瑶湖板块的进一步发展,目前瑶湖受周边建成区污水、村庄生活污水、生活垃圾等各种原因污染严重,水质监测结果为 Ⅳ 类至 V 类,南部瑶湖水质更差。

二、历史变迁

20 世纪 50 年代,瑶湖面积 29 km²,80 年代后缩小为 18 km²。南昌绕城高速公路高架桥跨越北部水域,南昌至万年公路瑶湖大桥跨越南部水域。1991 年起,瑶湖由南昌国家高新技术开发区管理委员会管辖,2007 年制定了以原生态自然水体风光为主,以野趣、休闲为特色的湖区建设规划。2011 年,南昌市启动瑶湖森林公园建设,目前瑶湖周边已建成湖滨公园。2021 年,启动环瑶湖水生态环境治理项目,项目范围为瑶湖岛以东、瑶湖郊野森林公园以北、瑶湖大道与瑶湖之间区域,总占地面积约 6 000 亩,建设内容包括“化堤融城”“还湿提耕”“融水生活”三大板块。

2015 年建成瑶湖闸,2019 年建成沙洲闸。

三、湖区经济开发

湖盆区涉及高新区昌东镇和麻丘镇。流域人口总计 36 万人,其中,城镇人口 20 万人,农村人口 16 万人。流域内地区生产总值总计 235 亿元,工业增加值 180 亿元;全年财政收入累计完成 114.24 亿元;流域耕地面积 5.8 万亩,农作物播种面积 6.96 万亩,年产量 4.87 万 t;水产养殖面积 2.2 万亩,养殖方式为人放天养,养殖种类为鲢鱼、鳙鱼和草鱼,年产量 0.44 万 t。

瑶湖具有优良的生态资源,是高新区未来发展的核心,根据《大南昌都市圈发展规划(2019—2025 年)》和《瑶湖组团发展规划》,瑶湖地区将打造为南昌航空城、光伏产业城 LED 城、大学城等生产区以及约 20 万人规模的生态型、花园式、高档次、高品位的居住中心。

四、湖泊功能

湖泊主要承担了洪涝调蓄、旅游观光和生物栖息等功能。湖泊排水由瑶湖闸和沙洲闸 2 座外排闸控制,瑶湖闸为 6 孔 5 m×4 m,沙洲闸为 10 m×2 m。旅游观光有瑶湖公园,区内绿树成荫,花草丰茂。

五、湖泊管理

瑶湖尚未成立综合性的湖泊专门管理机构,目前设有瑶湖水产场,主要负责湖面保洁、水产养殖等方面的工作。

目前,瑶湖已基本建立了区域与流域相结合的市、区、乡、村四级湖长制组织体系,已设置市级湖长 1 名、区级湖长 1 名、乡级湖长 2 名、村级湖长 14 名。

市级湖长承担总督导、总调度职责。区级及以下湖长负责组织领导相应河湖的管理和保护工作,包括水资源保护、水域岸线管理、水污染防治、水环境治理等,牵头组织对侵占河道、围垦湖泊、超标排污、非法采砂、坡岸种菜、倾倒垃圾等突出问题依法进行清理整治,协调解决重大问题;对跨行政区域的河湖明晰管理责任,协调上下游、左右岸实行联防联控;对相关部门和下一级湖长履职情况进行督导,对目标任务完成情况进行考核,强化激励问责。

附件五　南塘湖

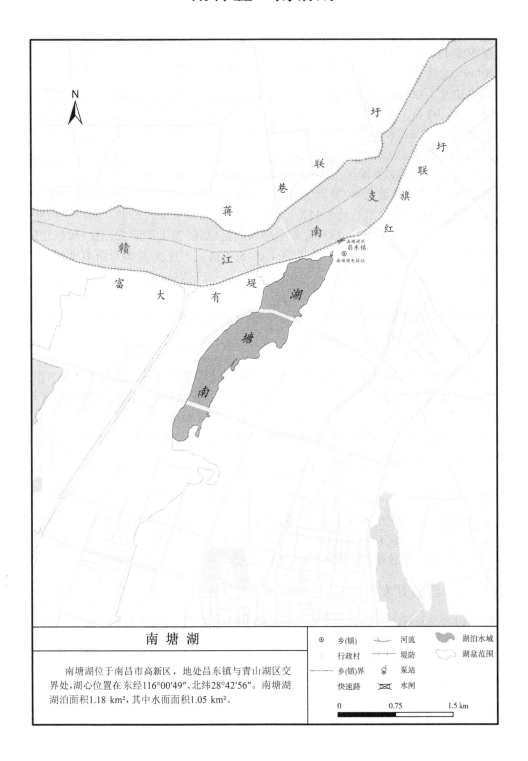

南 塘 湖

　　南塘湖位于南昌市高新区,地处昌东镇与青山湖区交界处,湖心位置在东经116°00′49″、北纬28°42′56″。南塘湖湖泊面积1.18 km²,其中水面面积1.05 km²。

图例			
⊙ 乡(镇)	〰 河流		湖泊水域
◦ 行政村	✛ 堤防		湖盆范围
---- 乡(镇)界	⚏ 泵站		
快速路	⌧ 水闸		

0　　　　0.75　　　　1.5 km

一、自然环境

(一)湖泊位置及形态

南塘湖位于南昌市高新区昌东镇,紧邻赣江南支,西靠艾溪湖,东与瑶湖相望。地理位置在东经 116°00′~116°01′,北纬 28°42′~28°43′,湖面大致呈长条形,湖心位置在东经116°00′49″,北纬 28°42′56″。

湖泊长度 3.06 km,最大宽度 0.70 km,平均宽度 0.39 km。湖泊设计高水位 17.17 m,常水位 15.97 m。湖泊面积 1.18 km²,其中水面面积 1.05 km²。湖泊最大水深 5.64 m,平均水深 2.57 m,水体体积 270 万 m³。

(二)水文气象

湖区属亚热带湿润气候区,温暖湿润、四季分明,温差较大,夏季酷热、冬季寒冷,多年平均气温 18.3 ℃。雨量充沛,多年平均降水量 1 680.3 mm,降水量年内分配极不均匀,汛期 4—9 月多年平均降水量达 1 127.9 mm,占全年总降水量的 67%。多年平均年蒸发量 1 271.6 mm,无霜期 277 d。城区常年主导风向是北风(发生频率 22.5%)和东北风(发生频率 20.1%),多发生于冬季,平均风速 4.6~5.4 m/s,7 月、8 月多为西南风,偶尔有短时台风侵袭,江湖水面阵风可高达 8~10 级。

(三)河流水系

南塘湖属长江流域鄱阳湖水系。水源主要为创新二路明渠及区域积流,湖泊集雨面积 28.33 km²,湖水向北入赣江南支。

(四)水生态环境状况

南塘湖曾饱受因不科学养鱼造成的湖体富营养化污染困扰,近几年,通过南昌市海绵城市建设示范区和南昌市高新区水环境综合治理工程的实施,改善了南塘湖的水环境。经调查,目前南塘湖水质仍较差,污染源主要为由于湖区种植水稻使用农药化肥对湖区水质造成的污染,以及部分游客丢弃垃圾,应加强监测和保护,控制其污染来源。目前,南塘湖沿岸无规模以上入湖排污口。

二、历史变迁

南塘湖的湖泊面积没有明显变化。因排水需要,2011 年建成南塘湖闸(外排)和南塘湖电排站;因防洪需要,1963 年建成富大有堤;2019 年建成南塘湖市民公园。近几年,各地政府实行河湖长制政策,合理规划利用湖泊资源。

三、湖区经济开发

区域内人口总计 12.5 万人,其中,城镇人口 12.3 万人,农村人口 0.2 万人;地区生产总值总计 235 亿元,工业增加值 160 亿元;全年财政收入累计完成 114.24 亿元。区域内耕地面积 0.03 万亩,农作物播种面积 0.04 万亩,年产量 0.02 万 t;水产养殖面积 0.14 万亩,年产量 0.03 万 t。

四、湖泊功能

湖泊主要承担了洪涝调蓄、水产养殖、旅游观光和生物栖息功能。湖泊外排主要依靠南塘湖闸和南塘湖电排站,汛期由南塘湖电排站抽排,平时则由南塘湖闸控制水位。南塘湖电排站装机容量 2 240 kW。水产养殖面积 0.14 万亩,养殖方式为人放天养,养殖种类为鲤鱼、鳙鱼、鲫鱼,年产量约 0.03 万 t。旅游观光有南塘湖市民公园,位于南昌高新区创新二路以东,环南塘湖路以西,富大有路与艾溪湖四路之间,呈带状分布,是一个围绕南塘湖建设的城中市民公园。

湖岸建有富大有堤,总长 12.735 km,保护南昌市昌南城区,保护面积 177 km²,保护人口 160 万人。

五、湖泊管理

南塘湖尚未成立综合性的湖泊专门管理机构,目前由昌东镇人民政府管理,主要负责湖泊堤防及穿堤水利建筑物管护、湖面保洁、水产养殖等方面的工作。

南塘湖已建立了区域与流域相结合的区、镇、村三级湖长制组织体系,已设置区级湖长 1 名、镇级湖长 1 名、村级湖长 4 名。

区级湖长为总湖长,全面负责南塘湖湖长制工作,承担总督导、总调度职责。各级湖长对包干湖区的水环境治理工作负有领导责任,具体承担包干湖区综合治理与日常管护工作的指导、协调和监督职能,推动湖泊岸线区域内的水资源、防洪排涝、水域岸线、水产养殖、水环境、水生态、旅游观光等相关工作的开展,牵头组织对侵占岸线、超标排污、乱扔垃圾等突出问题依法进行清理整治。

附件六　前　湖

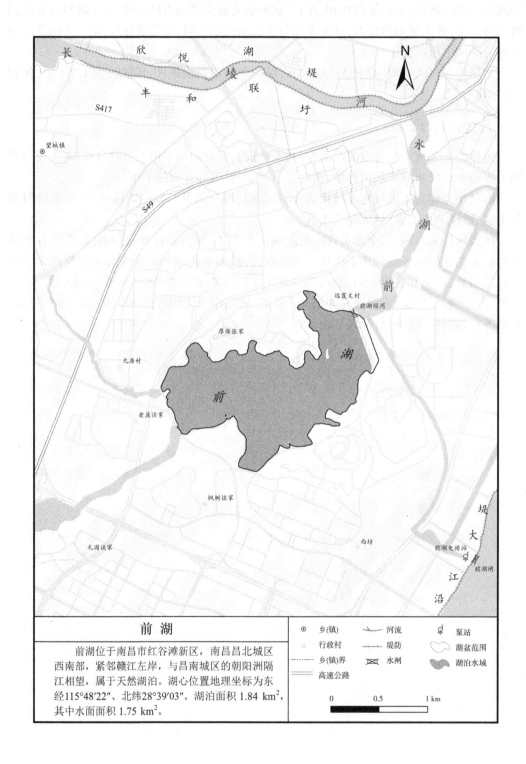

前　湖

　　前湖位于南昌市红谷滩新区，南昌昌北城区西南部，紧邻赣江左岸，与昌南城区的朝阳洲隔江相望，属于天然湖泊。湖心位置地理坐标为东经115°48′22″、北纬28°39′03″。湖泊面积 1.84 km²，其中水面面积 1.75 km²。

图例		
⊙ 乡(镇)	⋏ 河流	泵站
○ 行政村	┼┼ 堤防	湖盆范围
------ 乡(镇)界	⊠ 水闸	湖泊水域
══ 高速公路		

0　　　0.5　　　1 km

一、自然环境

(一)湖泊位置及形态

前湖位于南昌市红谷滩新区,南昌昌北城区西南部,紧邻赣江左岸,与昌南城区的朝阳洲隔江相望,属于天然湖泊。地理位置在东经 115°47′~115°49′、北纬 28°38′~28°39′,湖心位置地理坐标为东经 115°48′22″、北纬 28°39′03″。

前湖长度 2.20 km,最大宽度 1.44 km,平均宽度 0.84 km。湖泊设计高水位 20.97 m,常水位 18.47 m。湖泊面积 1.84 km²,其中水面面积 1.75 km²。湖泊最大水深 7.21 m,平均水深 4.63 m,水体体积 810 万 m³。

(二)水文气象

湖区属亚热带季风气候区,具有四季分明、日照充足、雨量充沛、无霜期长的气候特点。天气潮湿温暖,多年平均气温 17.9 ℃;多年平均降水量 1 518 mm,降水季节分配不均,全年降水总量的 57%集中于雨季 4—7 月;平均无霜期 280 d;平均日照时数 1 895 h;历年蒸发量为 1 789.9 mm。

(三)河流水系

前湖属长江流域鄱阳湖水系。前湖位于前湖水下游段,湖泊集雨面积 47.1 km²,湖水向北经前湖坝闸控制进入乌沙河,也可向东经前湖电排站进入赣江。

前湖水为赣江二级支流,乌沙河一级支流,自西南向东北进入前湖,湖水出前湖大坝流向东北,在新建区长堎镇从右岸经前湖坝闸进入乌沙河,流域面积 63 km²。前湖水系由前湖上游水系、前湖水库、前湖下游水系组成,上游水系包括华南渠、永强渠、前湖干渠、云溪水渠;下游水系包括清远渠、红角洲景观渠等。

(四)水生态环境状况

根据江西省水文监测中心和水利部中国科学院水工程生态研究所编制的《2019 年度江西省 1 km² 以上湖泊水生态调查报告》,基于水化学水质评价方法,前湖水质类别为Ⅳ类,富营养化等级为中度富营养化;基于生物学水质评价方法,前湖水质等级为劣等,属严重污染,底栖动物处"不健康"状态,生物多样性和完整性差。前湖水生态综合评价等级为差等。

前湖污染主要来自上游的生活污水和周边工地施工污水,近年来,通过开展前湖水系综合治理,前湖水质有所好转。

经调查统计,前湖沿岸无规模以上入湖排污口。

二、历史变迁

1950 年,民众在卧龙山间利用峡谷筑坝,截前湖水灌溉和养殖,渐成湖形。2000 年后沿湖筑公路,2004 年水坝加固维修,称前湖大坝。为满足排水要求,2005 年建成前湖电排站和 2 座外排闸。2009 年,在东南岸兴建卧龙山景区。

前湖水系是南昌"一江十河串百湖"水系格局的重要组成部分。为提升前湖水系水环境质量,自 2022 年 1 月,南昌市大力开展前湖水系综合治理工作,包括前湖水体本身的治理,也包括上下游有关问题的整治,主要工程措施包括控源截污、边坡复绿、生态修复等。

三、湖区经济开发

湖盆区位于红谷滩新区红角洲管理处。区域内人口总计 22 万人,均为城镇人口;地区生产总值总计 147.3 亿元,全年财政收入累计完成 25.2 亿元。

四、湖泊功能

湖泊主要承担洪涝调蓄、旅游观光和生物栖息功能。湖泊排水主要依靠前湖坝闸、前湖闸和前湖电排站,汛期主要利用泵站抽排。前湖电排站装机容量 3 000 kW(5×600 kW)。

前湖南岸是江西省人民政府所在地,环湖沿岸有前湖公园、环湖绿道、红角洲高校园区、卧龙山景区等,是江西省重要的政治、文化中心,也是观光休闲胜地。

五、湖泊管理

前湖尚未成立综合性的湖泊专门管理机构,目前由红角洲管理处和昌北管理处共同管理,主要负责水域岸线管理、湖面保洁、修复水生态(红角洲管理处)、泵站与涵闸管护(昌北管理处)等方面的工作。

前湖已建立了区域与流域相结合的区、乡、村三级湖长制组织体系,已设置区级湖长 1 名、乡级湖长 2 名、村级湖长 3 名。

区级湖长为总湖长,全面负责前湖湖长制工作,承担总督导、总调度职责。各级湖长对包干湖区的水环境治理工作负有领导责任,具体承担包干湖区综合治理与日常管护工作的指导、协调和监督职能,推动湖泊岸线区域内的水资源、防洪排涝、水域岸线、水环境、水生态、旅游观光等相关工作的开展,牵头组织对侵占岸线、超标排污、水资源违规利用等突出问题依法进行清理整治。

附件七　象　湖

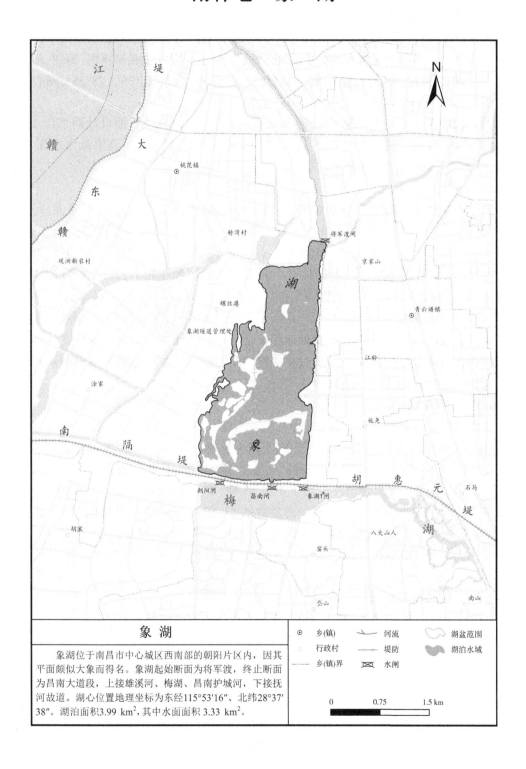

象　湖

　　象湖位于南昌市中心城区西南部的朝阳片区内，因其平面颇似大象而得名。象湖起始断面为将军渡，终止断面为昌南大道段，上接雄溪河、梅湖、昌南护城河，下接抚河故道。湖心位置地理坐标为东经115°53′16″、北纬28°37′38″。湖泊面积3.99 km²，其中水面面积3.33 km²。

图例		
⊙ 乡(镇)	〜 河流	湖盆范围
◉ 行政村	—— 堤防	湖泊水域
---- 乡(镇)界	⊠ 水闸	

0　　　　0.75　　　　1.5 km

一、自然环境

(一)湖泊位置及形态

象湖位于南昌市中心城区西南部的朝阳片区内,是南昌市八大湖之一,因其平面颇似大象而得名。象湖起始断面为将军渡,终止断面为昌南大道段,上接雄溪河、梅湖、昌南护城河,下接抚河故道。地理位置在东经115°52′~115°53′、北纬28°36′~28°38′,湖心位置地理坐标为东经115°53′16″、北纬28°37′38″。

湖泊长度3.61 km,最大宽度1.69 km,平均宽度1.11 km。湖泊设计高水位19.67 m,常水位18.67 m。湖泊面积3.99 km²,其中水面面积3.33 km²。湖泊最大水深7.81 m,平均水深3.40 m,水体体积1 133万 m³。

(二)水文气象

湖区属亚热带湿润气候区,温暖湿润、四季分明,温差较大,夏季酷热、冬季寒冷,多年平均气温18.3 ℃。雨量充沛,多年平均降水量1 680.3 mm,降水量年内分配极不均匀,汛期4~9月多年平均降水量达1 127.9 mm,占全年总降水量的67%。多年平均年蒸发量1 271.6 mm,无霜期277 d。城区常年主导风向是北风(发生频率22.5%)和东北风(发生频率20.1%),多发生于冬季,平均风速4.6~5.4 m/s,7月、8月多为西南风。

(三)河流水系

象湖属长江流域鄱阳湖水系,集雨面积8.23 km²。来水主要源自区域积流和赣抚平原灌区引流。湖水分两支流出,一支过将军渡闸向北经抚河支流故道,经新洲闸从右岸入赣江;另一支向东沿玉带河入青山湖。

(四)自然资源

象湖共鉴定浮游植物6门81属(种),其中绿藻门30属(种),占总数的37.04%;硅藻门24属(种),占总数的29.63%;蓝藻门17属(种),占总数的20.99%;隐藻门4属(种),占总数的4.94%;甲藻门2属(种),占总数的2.47%;优势种有小环藻、针杆藻、隐藻、栅藻、鱼腥藻等。共鉴定出浮游动物4类55种(属),其中原生动物有16种(属),占总数的29.09%;轮虫类有23种(属),占总数的41.82%;枝角类有9种(属),占总数的16.36%,桡足类各7种(属),分别占总数的12.73%。从种类分布看,调查范围内浮游动物以轮虫为优势种群,其次为原生动物。常见种类为砂壳虫、镜轮虫、臂尾轮虫、叶轮虫和象鼻溞。

(五)水生态环境状况

根据青云谱区水质现状评价结果,大象湖水系(象湖-雄溪河-梅湖)水质基本维持在Ⅳ类,水环境质量中等或一般,水体呈富营养化水平。

区域建有象湖污水处理厂,污水处理能力为20万 t/d。象湖污水处理厂设计出水水质为《城镇污水处理厂污染物排放标准》(GB 18918—2002)一级B标准,处理后的尾水就近排入桃花河,再经抚河故道、新洲闸排入赣江南支,或者通过西桃花河北延工程排入赣江。其服务范围主要包括3个区域:青云谱区迎宾大道以西,施尧路以东,梅湖、南莲路沿线区域,西湖区朝阳新城区域,南昌县象湖新城。

二、历史变迁

1958 年前,象湖为抚河支流通往赣江途中一片滩涂宽阔、水草生长、候鸟栖息的水域,面积 38 km²。1958 年修建赣抚平原水利枢纽工程,在抚河支流入口处建闸,1960 年以后建莲塘排渍道、将军渡闸和新洲闸后,来水减少,赣江洪水不再倒灌入湖,水域面积缩至 9 km²,由自流湖变为固定湖,主要用于水产养殖。1997 年至 2005 年,因排水需要,建成 4 座涵闸(其中将军渡闸为外排)。

1998 年实施象湖整治,沿湖修路植树,湖中兴楼阁、筑长堤。2006 年以水域为中心的景区基本建成,东起施尧路西至真君路,南临昌南大道北至灌婴路,当年获建设部"中国人居环境范例奖",2007 年成为省级风景名胜区,每年端午节在此举行龙舟竞赛。2020 年 8 月以来,开展象湖风景名胜区提升项目,对标 5A 级景区,已进行观湖、赏景、亮化等一系列提升改造工程,完成东广场提升改造、万寿塔立面彩绘修复、5 km 环象湖绿道改造和景区亮化提升工程。2021 年,编制完成《象湖风景名胜区控制性详细规划》,规划将象湖风景名胜区分为南部湿地休闲组团、中部湿地科教组团、西北部游乐休闲组团、北部文化展示等四大组团。

三、湖区经济开发

湖盆区涉及青云谱区京山街道和青云谱镇。流域人口总计 28.71 万人,均为城镇人口。流域内地区生产总值总计 135.87 亿元,工业增加值 98.7 亿元;全年财政收入累计完成 23.5 亿元。

四、湖泊功能

湖泊主要承担了洪涝调蓄、旅游观光和生物栖息功能。湖泊排水由 4 座涵闸控制,为朝阳闸、昌南闸、象湖 1# 闸和将军渡闸,其中将军渡闸为外排涵闸,其他均为内排涵闸。湖岸建有南隔堤,总长 6.6 km,现状防洪能力已达 100 年一遇。旅游观光有象湖风景名胜区,主要景观设施有环湖一条路,西南一座山,湖心一座岛,湖中两条堤,湖滨一片景。

五、湖泊管理

象湖尚未成立综合性的湖泊专门管理机构,目前设有象湖风景区管理处,主要负责湖泊景区建设和维护、湖面保洁等方面的工作。

象湖目前已基本建立了区域与流域相结合的市、县、乡、村四级湖长制组织体系,已设置市级湖长 1 名、区级湖长 1 名、乡级湖长 2 名、村级湖长 8 名。

市级湖长承担总督导、总调度职责。县(区)级及以下湖长负责组织领导相应河湖的管理和保护工作,包括水资源保护、水域岸线管理、水污染防治、水环境治理等,牵头组织对侵占河道、围垦湖泊、超标排污、非法采砂、坡岸种菜、倾倒垃圾等突出问题依法进行清理整治,协调解决重大问题;对跨行政区域的河湖明晰管理责任,协调上下游、左右岸实行联防联控;对相关部门和下一级湖长履职情况进行督导,对目标任务完成情况进行考核,强化激励问责。

附件八　梅　湖

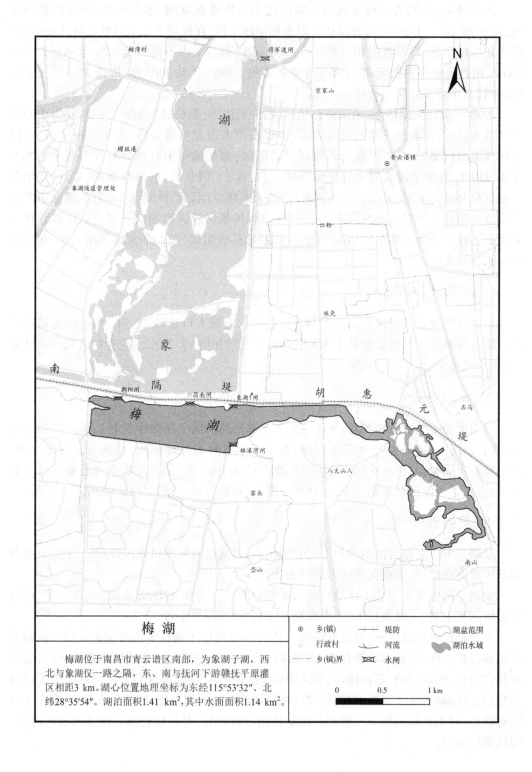

梅　湖

　　梅湖位于南昌市青云谱区南部，为象湖子湖，西北与象湖仅一路之隔，东、南与抚河下游赣抚平原灌区相距3 km。湖心位置地理坐标为东经115°53′32″、北纬28°35′54″。湖泊面积1.41 km²，其中水面面积1.14 km²。

⊙ 乡(镇)	—— 堤防	湖盆范围
○ 行政村	河流	湖泊水域
乡(镇)界	⊠ 水闸	

0　　0.5　　1 km

一、自然环境

(一)湖泊位置及形态

梅湖位于南昌市青云谱区南部,为象湖子湖,西北与象湖仅一路之隔,东、南与抚河下游赣抚平原灌区相距 3 km。地理位置在东经 115°53′~115°54′、北纬 28°34′~28°36′,湖心位置地理坐标为东经 115°53′32″、北纬 28°35′54″。

湖泊长度 4.50 km,最大宽度 1.26 km,平均宽度 0.31 km。湖泊设计高水位 20.97 m,常水位 19.97 m。湖泊面积 1.41 km²,其中水面面积 1.14 km²。湖泊最大水深 6.20 m,平均水深 2.38 m,水体体积 272 万 m³。

(二)水文气象

湖区属亚热带湿润气候区,温暖湿润、四季分明,温差较大,夏季酷热、冬季寒冷,多年平均气温 18.3 ℃。雨量充沛,多年平均降水量 1 680.3 mm,降水量年内分配极不均匀,汛期 4—9 月多年平均降水量达 1 127.9 mm,占全年总降水量的 67%。多年平均年蒸发量 1 271.6 mm,无霜期 277 d。城区常年主导风向是北风(发生频率 22.5%)和东北风(发生频率 20.1%),多发生于冬季,平均风速 4.6~5.4 m/s,7月、8月多为西南风。

(三)河流水系

梅湖属赣江下游右岸水系,水源主要为雄溪河(丰城平原排渍道)和区域积流,湖水向东入抚河,向南经象湖入赣江。湖泊集雨面积 25 km²。

(四)水生态环境状况

根据青云谱区水质现状评价结果,大象湖水系(象湖-雄溪河-梅湖)水质基本维持在Ⅳ类,水环境质量中等或一般,水体呈富营养化水平。

梅湖涉及城镇生活污水口 1 处、农村生活污水口 1 处。象湖污水处理厂设计出水水质为《城镇污水处理厂污染物排放标准》(GB 18918—2002)一级 B 标准,处理后的尾水就近排入桃花河,再经抚河故道、新洲闸排入赣江南支,或者通过西桃花河北延工程排入赣江。其服务范围主要包括三个区域:青云谱区迎宾大道以西,施尧路以东,梅湖、南莲路沿线区域;西湖区朝阳新城区域;南昌县象湖新城。

二、历史变迁

梅湖一说因汉尉梅福在此种荷、垂钓得名。1958 年前,梅湖为抚河支流通往赣江水道。1958 年修建赣抚平原水利枢纽工程后,来水减少,由河流演变为湖泊。2007 年实施整治,沿湖修路植树,湖中建桥筑堤,湖岸建拦污管道。以水域为中心的八大山人风景区面积 6.65 km²,呈中国古典园林风格。湖内波光粼粼,堤岸杨柳依依,具文化、旅游、休闲、娱乐和生态园林功能。

赣抚平原五干渠和三干渠水过南莲路入湖,南莲路旁的明清建筑群内有梅汝璈故居,梅氏曾以中国首席大法官身份,参加了 1946 年"远东国际法庭"对日本战犯的审判。湖水西流 400 m 过京九铁路,两岸为水田和苗圃;西进 600 m,右岸观景长廊绵延,左岸为我国著名的雕塑家和书法家程允贤雕塑艺术馆;再行 300 m 至八大山人纪念馆。纪念馆是中国明末清初著名画家朱耷居住地。朱耷号"八大山人",1985 年被联合国教科文组织列为"中国十大文化艺术名人"之一。

为满足排水要求,1997 年至今已建 4 座涵闸,建成堤防 2 条,堤防总长 13.082 km。

三、湖区经济开发

湖盆区涉及青云谱区青云谱镇、岱山街道和南昌县莲塘镇共 3 个镇(街道),人口总计 4.84 万人,均为城市人口。流域内地区生产总值总计 19.96 亿元,工业增加值 15.47 亿元;全年财政收入累计完成 10.07 亿元。

梅湖位于生态文化旅游带,根据青云谱区"十四五"规划,梅湖板块将围绕"人文生态慧圃、都市产业新城"的战略定位,立足"十四五"发展趋势,努力打造全国老工业转型示范区、全省军民融合样板区、全市产城融合发展极和独具风韵的生态文化旅游休闲新高地,构建"一核一带三区"的空间布局。

四、湖泊功能

梅湖主要承担城市洪涝调蓄、旅游观光和生物栖息功能。湖泊排水由 4 座涵闸控制,分别为朝阳闸、昌南闸、象湖 1# 闸和雄溪河闸,其中朝阳闸、昌南闸、象湖 1# 闸为外排水位控制闸;内排闸为位于主要入湖河流雄溪河上的雄溪河闸。梅湖与象湖之间建有南隔堤和胡惠元堤,两座堤防与昌南大道已实现路堤接合,为昌南城区的重要防洪屏障,堤线合计 13.082 km,现状防洪能力 100 年一遇。

梅花沿岸有著名的八大山人梅湖风景区,景区面积约 3 200 亩,建筑面积约 730 亩。整个景区由水墨丹青区、文化博览区、水乡风情区、岁寒三友区、农耕休闲区、梅村思贤区和综合娱苑区等七大景区组成。八大山人梅湖风景区与滕王阁同时划定为南昌历史名胜风貌区,2021 年 5 月,八大山人梅湖风景区入选国家 4A 级旅游景区。

五、湖泊管理

梅湖尚未成立综合性的湖泊专门管理机构,目前设有梅湖管理处,主要负责湖泊景区建设和维护、湖面保洁等方面的工作。

梅湖目前已基本建立了区域与流域相结合的区、乡、村三级湖长制组织体系,已设置区级湖长 1 名、乡级湖长 1 名,湖长办公室设置在梅湖管理处。

区级湖长为总湖长,负责组织领导相应河湖的管理和保护工作,包括水资源保护、水域岸线管理、水污染防治、水环境治理等,牵头组织对侵占河道、超标排污、倾倒垃圾等突出问题依法进行清理整治,协调解决重大问题;对相关部门和下一级湖长履职情况进行督导,对目标任务完成情况进行考核,强化激励问责。

附件九　上池湖

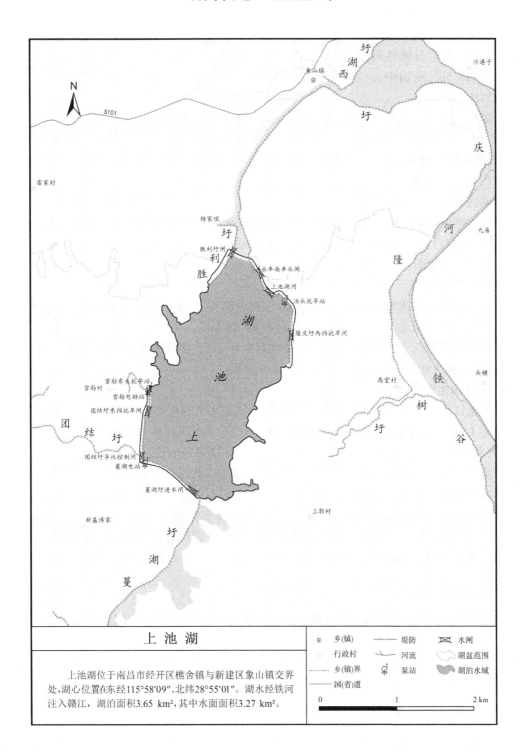

上池湖

　　上池湖位于南昌市经开区樵舍镇与新建区象山镇交界处,湖心位置在东经115°58′09″、北纬28°55′01″。湖水经铁河注入赣江,湖泊面积3.65 km²,其中水面面积3.27 km²。

图例		
⊙ 乡(镇)	—— 堤防	⊠ 水闸
○ 行政村	⌇ 河流	湖盆范围
----- 乡(镇)界	泵站	湖泊水域
—— 国(省)道		

0　　　　　1　　　　　2 km

一、自然环境

(一)湖泊位置及形态

上池湖位于南昌市经开区樵舍镇与新建区象山镇交界处,东、南、西傍樵舍镇蔓湖圩、团结圩,北靠象山镇胜利圩,地势南高北低。地理位置在东经 115°57′~115°58′、北纬 28°54′~28°56′,湖泊中心位于经开区樵舍镇雪舫村,地理坐标为东经 115°58′09″、北纬 28°55′01″。

湖泊长度 3.13 km,最大宽度 1.80 km,平均宽度 1.17 km。湖泊设计高水位 16.60 m,常水位 15.70 m。湖泊面积 3.65 km²,其中水面面积 3.27 km²。湖泊最大水深 7.73 m,平均水深 2.88 m,水体体积 942 万 m³。

(二)水文气象

湖区属亚热带季风气候区,具有四季分明、日照充足、雨量充沛、无霜期长的气候特点。天气潮湿温暖,多年平均气温 17.9 ℃;多年平均降水量 1 518 mm,降水季节分配不均,全年降水总量的 57%集中于 4—7 月,该时段称为雨季;平均无霜期 280 d;平均日照时数 1 895 h;历年蒸发量为 1 789.9 mm。

(三)河流水系

上池湖属长江流域鄱阳湖水系。水源主要为塘头、雪舫、环湖、西港四水和区域积流,湖水出上池湖闸向北入铁河。湖泊集雨面积 53.45 km²。

湖区南高北低,发生过洪涝灾害,2020 年 7 月,由于持续的降雨影响,湖区发生洪涝灾害,受灾耕地 0.42 万亩,直接经济损失 830 万元。

(四)水生态环境状况

根据江西省水文监测中心和水利部中国科学院水工程生态研究所编制的《2019 年度江西省 1 km² 以上湖泊水生态调查报告》,基于水化学水质评价方法,上池湖水质类别为Ⅴ类,富营养化等级为中度富营养化;基于生物学水质评价方法,上池湖水质等级为劣等,属严重污染,浮游植物密度过高、底栖动物处"不健康"状态,生物多样性和完整性差。上池湖水生态综合评价等级为差等。

上池湖流域内无规模以上入河排污口,禁养区畜禽养殖企业已全部拆除,污染源主要是生活污水污染和农业面源污染。流域内集镇污水处理厂覆盖率低,部分村庄生活污水未经处理直接排入上池湖中。

二、历史变迁

中华人民共和国成立后,为防御上池湖洪水,保护樵舍镇和象山镇,新建了蔓湖圩、团结圩、胜利圩、隆庆圩等圩堤,湖区遭到大量围垦,上池湖水面面积、水体体积急剧减少。因灌溉和排水需要,1972 年至今建成 4 座泵站和 7 座涵闸(其中仅上池湖闸为外排)。近年来,随着湖长制的推进,湖泊资源得到更好的规划和利用。

三、湖区经济开发

湖盆区涉及经开区樵舍镇和新建区象山镇。流域人口总计 13.4 万人,其中,城镇人口 0.9 万人,农村人口 12.5 万人。流域内地区生产总值总计 70 亿元;全年财政收入累计完成 7.5 亿元;流域耕地面积 15.4 万亩,农作物播种面积 20.5 万亩,年产量 11.28 万 t;水产养殖面积 3 830 亩,年产量 0.19 万 t。

四、湖泊功能

上池湖主要承担了洪涝调蓄、农业灌溉、旅游观光和生物栖息功能。水产养殖面积 3 830 亩,养殖方式为人放天养,养殖种类为四大家鱼,年产量约 0.19 万 t。湖泊排水主要依靠上池湖闸和团结圩导托控制闸,其中上池湖闸为外排闸。湖盆区周围建有雪舫、蔓湖 2 座灌排结合泵站,总装机容量 770 kW,排涝面积 0.75 万亩,受益人口 0.72 万人。此外,为满足农业灌溉需求,湖盆区还建有雪舫东头、泊头 2 座抗旱站,装机容量合计 115 kW;建有团结圩东挡抗旱闸、蔓湖圩进水闸、隆庆圩西挡抗旱闸、胜利圩闸、永丰南丰头闸共 5 座灌溉引水闸,总灌溉面积 0.79 万亩。为防御上池湖洪水,保护樵舍镇和象山镇,湖岸建有蔓湖圩、团结圩、胜利圩、隆庆圩共 4 座堤防,总长 21.735 km,保护面积 24.4 km²,保护农田面积合计 2.14 万亩,保护人口合计 1.87 万人。

五、湖泊管理

上池湖尚未成立综合性的湖泊专门管理机构,目前由南昌市经开区樵舍镇人民政府管理,主要负责湖泊堤防及穿堤水利建筑物管护、水产养殖等方面的工作。

上池湖已建立了区域与流域相结合的区、镇、村三级湖长制组织体系,已设置区级湖长 1 名、镇级湖长 2 名、村级湖长 3 名。

区级湖长为总湖长,全面负责上池湖湖长制工作,承担总督导、总调度职责。各级湖长对包干湖区的水环境治理工作负有领导责任,具体承担包干湖区综合治理与日常管护工作的指导、协调和监督职能,推动湖泊岸线区域内的水资源、防洪排涝、水域岸线、水产养殖、水环境、水生态等相关工作的开展,牵头组织对侵占岸线、超标排污、电毒炸鱼、水资源违规利用等突出问题依法进行清理整治。

附件十　下庄湖

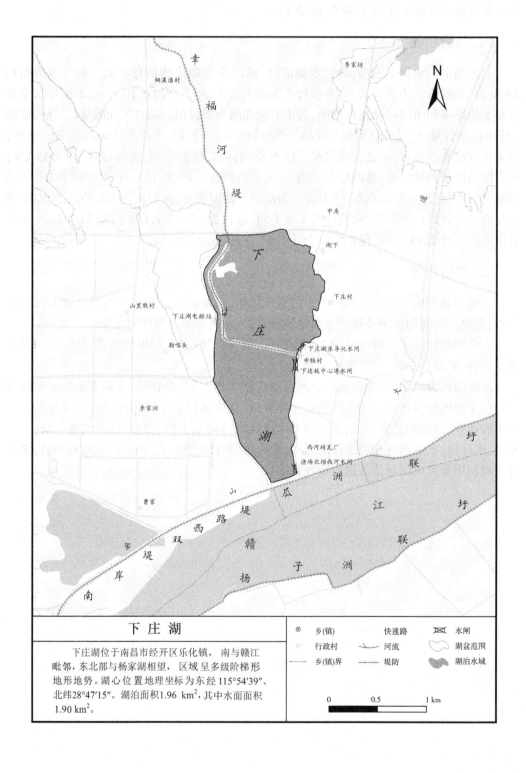

下 庄 湖

　　下庄湖位于南昌市经开区乐化镇，南与赣江毗邻，东北部与杨家湖相望，区域呈多级阶梯形地形地势。湖心位置地理坐标为东经115°54′39″、北纬28°47′15″。湖泊面积1.96 km²，其中水面面积1.90 km²。

图例		
⊚ 乡(镇)	快速路	⊠ 水闸
○ 行政村	河流	湖盆范围
乡(镇)界	堤防	湖泊水域

0　　　　0.5　　　　1 km

一、自然环境

(一)湖泊位置及形态

下庄湖位于南昌市经开区乐化镇,南与赣江相毗,东北部与杨家湖相望,区域呈多级阶梯形地形地势。地理位置在东经115°54′~115°55′、北纬28°46′~28°48′,湖心位置地理坐标为东经115°54′39″,北纬28°47′15″。

湖泊长度2.53 km,最大宽度1.23 km,平均宽度0.78 km。湖泊设计高水位17.57 m,常水位16.37 m。湖泊面积1.96 km²,其中水面面积1.90 km²。湖泊最大水深10.20 m,平均水深2.86 m,水体体积543万 m³。

(二)水文气象

湖区属亚热带季风湿润气候区,具有四季分明、日照充足、雨量充沛、无霜期长的气候特点。多年平均气温17.9 ℃,多年平均降水量1 518 mm,降水季节分配不均,全年降水总量的57%集中于4—7月,该时段称为雨季。平均无霜期280 d,平均日照时数1 895 h,历年蒸发量为1 789.9 mm。

(三)河流水系

下庄湖属长江流域鄱阳湖水系。目前水源主要为幸福河,幸福河又名梅岭水,是赣江左岸的一级支流,发源于新建区湾里洗药坞山的北侧,自西向东流经太平镇、梅岭镇后,转向东北流过溪霞镇后又流向东南方向,流经下庄湖后自渔场北埒西河水闸注入赣江。河道全长50 km,流域面积174 km²,流域内建有溪霞中型水库。2015年开始,对幸福河下游进行改线整治,在新建区郭台村村西狮子脑附近向东新开河道,拆除西河水闸,按站闸结合方式新建西河电排站等,目前正在施工中。待工程完成后,幸福河将经新开河道进儒乐湖后注入赣江,下庄湖水源主要为幸福河改线后的幸福河故道河段及区域积流,湖泊集雨面积将由174 km²减为13.8 km²,下庄湖水经西河电排站入赣江。

(四)自然资源

湖泊中的鱼类共6目14科,其中主要是鲤形目鲤科鱼类;其他水生经济动物有鳖、乌龟、沼虾、溪蟹、米虾等;水生经济植物有藕、菱角、芡实、荸荠、茭白、水葫芦、紫背浮萍等;水生经济贝类有三角帆蚌、皱纹冠蚌、背角无齿蚌、田螺、湖螺、椎实螺、黄蚬、杜氏蚌等;常见浮游生物有绿藻、硅藻、甲藻、蓝藻、轮虫、枝角类、桡足类、原生动物等。

(五)水生态环境状况

根据江西省水文监测中心和水利部中国科学院水工程生态研究所编制的《2019年度江西省1 km²以上湖泊水生态调查报告》,基于水化学水质评价方法,下庄湖水质类别为Ⅴ类,富营养化等级为中度富营养化;基于生物学水质评价方法,下庄湖水质等级为劣等,属严重污染,浮游植物密度过高、底栖动物处"不健康"状态,生物多样性和完整性差。下庄湖水生态综合评价等级为劣等。

下庄湖污染源主要是入湖处的养殖污染和周边生活、工业污水污染。沿线所有排污口均已进行截污处理,污水经污水处理厂处理后排向赣江白水湖,但是下庄湖周边污水管网标高比雨水管网标高低,落差近2 m,致使污水溢流至雨水口排入湖体;原污水管网2013年建成,现有多处出现破损渗漏。

二、历史变迁

中华人民共和国成立后,湖区中联村以上部分遭到围垦;随着昌北城防堤—幸福河堤(下段)的修建,湖泊上部彻底脱离,形成如今的下庄湖。因灌溉和排水需要,1972 年兴建下庄湖电排站和 3 座水闸;因防洪需要,建成 2 座堤防。2015 年开始,对幸福河下游进行改线整治;2018 年,开展了下庄湖片区污水管网工程建设。

下庄湖现状水源主要为幸福河(又名梅岭水),幸福河流经下庄湖后自渔场北垱西河水闸注入赣江。待新开河道和西河电排站等完成后,幸福河将经新开河道进儒乐湖后注入赣江,下庄湖水源主要为幸福河改线后的幸福河故道河段及区域积流,经西河电排站注入赣江。

三、湖区经济开发

下庄湖盆区涉及经开区乐化镇,流域人口总计 17 万人。流域内地区生产总值总计 113.8 亿元;全年财政收入累计完成 0.36 亿元;流域耕地面积 0.05 万亩,农作物播种面积 0.06 万亩,年产量 0.03 万 t;水产养殖面积 2 079 亩,年产量 0.1 万 t。

四、湖泊功能

湖泊主要承担了洪涝调蓄、水产养殖和生物栖息功能。目前,湖泊外排主要依靠渔场北垱西河水闸控制;下庄湖东导托水闸和下边拢中心港水闸为内排水闸;湖盆区周围建有下庄湖电排站(内排),装机容量 465 kW,排涝面积 0.42 万亩,受益人口 0.62 万人。目前,正准备拆除西河水闸,按闸站结合方式新建西河电排站(外排)。水产养殖面积 2 079 亩,养殖方式为人放天养,养殖种类为四大家鱼,年产量约 0.1 万 t。

湖岸建有幸福河堤和瓜洲联圩,总长 16.631 km,保护面积合计 36 km²,保护农田面积合计 2.3 万亩,保护人口合计 1.8 万人。

五、湖泊管理

下庄湖尚未成立综合性的湖泊专门管理机构,目前由白水湖管理处管理,主要负责湖泊堤防及穿堤水利建筑物管护、湖面保洁、水产养殖等方面的工作。

下庄湖目前已基本建立了区域与流域相结合的市、县、乡、村四级湖长制组织体系,已设置市级湖长 1 名、县级湖长 1 名、乡级湖长 1 名、村级湖长 2 名。

区级湖长为总湖长,全面负责下庄湖湖长制工作,承担总督导、总调度职责。各级湖长负责组织领导相应河湖的管理和保护工作,包括水资源保护、水域岸线管理、水污染防治、水环境治理等,牵头组织对侵占河道、围垦湖泊、超标排污、非法采砂、坡岸种菜、倾倒垃圾等突出问题依法进行清理整治,协调解决重大问题;协调上下游、左右岸实行联防联控;对相关部门和下一级湖长履职情况进行督导,对目标任务完成情况进行考核,强化激励问责。

附件十一　杨家湖

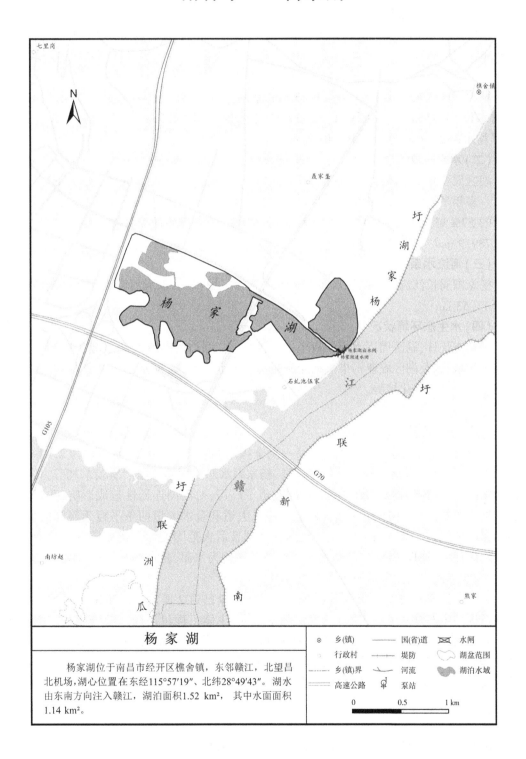

杨　家　湖

　　杨家湖位于南昌市经开区蛟桥镇，东邻赣江，北望昌北机场，湖心位置在东经115°57′19″、北纬28°49′43″。湖水由东南方向注入赣江，湖泊面积1.52 km²，其中水面面积1.14 km²。

图例		
◎ 乡(镇)	—— 国(省)道	⋈ 水闸
○ 行政村	—+— 堤防	湖盆范围
⋯⋯ 乡(镇)界	⋏ 河流	湖泊水域
—— 高速公路	⚥ 泵站	

0　　　0.5　　　1 km

一、自然环境

(一)湖泊位置及形态

杨家湖位于南昌市经开区樵舍镇,东邻赣江,北望昌北机场,地理位置在东经115°56′~115°58′、北纬 28°49′~28°50′。湖泊中心位置在东经 115°57′19″、北纬 28°49′43″。

湖泊长度 2.55 km,最大宽度 1.13 km,平均宽度 0.60 km。湖泊设计高水位 17.47 m,常水位 15.97 m。湖泊面积 1.52 km²,其中水面面积 1.14 km²。湖泊最大水深 6.77 m,平均水深 2.11 m,水体体积 240 万 m³。

(二)水文气象

湖区属亚热带季风湿润气候区,具有四季分明、日照充足、雨量充沛、无霜期长的气候特点。多年平均气温 17.9 ℃,多年平均降水量 1 518 mm,降水季节分配不均,全年降水总量的 57%集中于 4—7 月。平均无霜期 280 d,平均日照时数 1 895 h,历年蒸发量为 1 789.9 mm。

(三)河流水系

杨家湖属长江流域鄱阳湖水系。水源主要为区域积流,承泄河流为赣江。湖泊集雨面积 13.53 km²。

(四)水生态环境状况

经调查统计,湖区周围无规模以上入湖排污口。湖泊污染源主要为周边生活污水、工地施工污水,以及湖区农业污染。杨家湖目前水质状况较差,应加强监测和保护,控制其污染来源与富营养化趋势。

二、历史变迁

2013 年以前,杨家湖湖面广阔,第一次全国水利普查中常年水面面积为 2.21 km²。2010 年以后,随着围垦种植和城市化发展,杨家湖水面面积总体呈严重萎缩趋势,枯水期湖面干涸。2013 年在杨家湖与赣江之间建造了厂房,对河湖连通性造成影响,并阻隔了杨家湖主要补给源;2015 年在湖区修建了昌九大道和金水大道两条平行于赣江的公路,将杨家湖分割为 3 部分;2016 年至今,湖区被围垦后大范围萎缩。杨家湖现已被南昌市赣江新区征用,经现场调查,现状杨家湖圩内几乎均为水田,耕地面积 2.21 km²。杨家湖圩在 1998 年被列入国家退田还湖单退圩堤。

为满足灌溉和排水要求,湖区周围 1971 年至今已建 2 座涵闸。2020 年开始实施杨家湖及周边生态修复工程,项目总投资超 7 亿元,主体工程包括杨家湖公园和滨湖路建设,杨家湖公园按照"三区四园一岛"理念打造,三区指湖光绿影区、山色秋韵区、多彩生活区,四园指芭蕉竹石园、莲花鱼乐园、秋高净云园、山水通景园,一岛指玉兰山茶岛;滨湖路建设总长 1.99 km,并对道路两侧进行绿化。

三、湖区经济开发

湖盆区位于南昌市经开区樵舍镇,流域内人口总计约 4 万人,其中,城镇人口 0.6 万人,农村人口 3.4 万人。流域内地区生产总值总计 55.2 亿元,全年财政收入累计完成 6.7 亿元。流域内耕地面积 2.8 万亩,农作物播种面积 3.38 万亩,年产量 1.86 万 t。

四、湖泊功能

杨家湖现状主要承担洪涝调蓄、旅游观光和生物栖息功能。湖泊排水由杨家湖出水闸控制,另建有杨家湖进水闸。旅游观光有杨家湖公园,正在打造成为"三区四园一岛",并设置智慧公厕、智慧便利店、智慧亭等设施的智慧与科技的现代化公园。

湖岸建有杨家湖圩,总长 1.76 km,保护面积 1.64 km²,保护耕地面积 0.2 万亩,现状防洪能力约 10 年一遇。

五、湖泊管理

杨家湖尚未成立综合性的湖泊专门管理机构,目前由南昌市经开区樵舍镇人民政府管理,主要负责湖泊堤防及穿堤水利建筑物管护、湖面保洁等方面的工作。

杨家湖已建立了区域与流域相结合的区、镇、村三级湖长制组织体系,已设置区级湖长 1 名、镇级湖长 2 名、村级湖长 1 名。

区级湖长为总湖长,全面负责杨家湖湖长制工作,承担总督导、总调度职责。各级湖长对包干湖区的水环境治理工作负有领导责任,具体承担包干湖区综合治理与日常管护工作的指导、协调和监督职能,推动湖泊岸线区域内的水资源、防洪排涝、水域岸线、水环境、水生态、旅游观光等相关工作的开展,牵头组织对侵占岸线、超标排污、乱扔垃圾等突出问题依法进行清理整治。

附件十二　儒乐湖

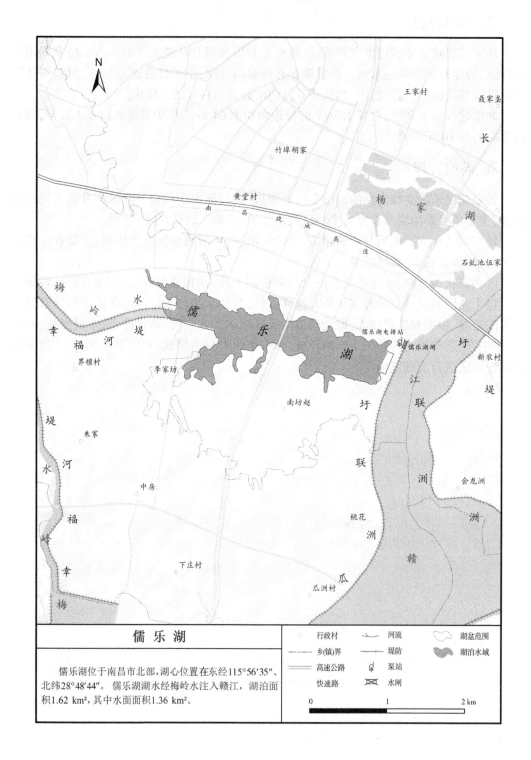

儒乐湖

　　儒乐湖位于南昌市北部,湖心位置在东经115°56′35″、北纬28°48′44″。儒乐湖湖水经梅岭水注入赣江,湖泊面积1.62 km²,其中水面面积1.36 km²。

行政村	河流	湖盆范围
乡(镇)界	堤防	湖泊水域
高速公路	泵站	
快速路	水闸	

0　　　　　　　　1　　　　　　　　2 km

一、自然环境

(一)湖泊位置及形态

儒乐湖位于南昌市经开区樵舍镇,东部隔瓜洲联圩与赣江相望,北部与杨家湖相邻,地理位置在东经 115°55′~115°57′、北纬 28°48′~28°49′。湖泊中心位置在东经 115°56′35″,北纬 28°48′44″。

湖泊长度 3.39 km,最大宽度 1.24 km,平均宽度 0.48 km。湖泊设计高水位 17.17 m,常水位 16.47 m。湖泊面积 1.62 km²,其中水面面积 1.36 km²。湖泊最大水深 3.36 m,平均水深 1.87 m,水体体积 254 万 m³。

(二)水文气象

湖区属亚热带季风湿润气候区,具有四季分明、日照充足、雨量充沛、无霜期长的气候特点。多年平均气温 17.9 ℃,多年平均降水量 1 518 mm,降水季节分配不均,全年降水总量的 57% 集中于 4—7 月。平均无霜期 280 d,平均日照时数 1 895 h,历年蒸发量为 1 789.9 mm。

(三)河流水系

儒乐湖属长江流域鄱阳湖水系。目前,水源主要为儒乐湖水和区域积流。儒乐湖水系赣江左岸的一级支流,河长约 7 km,汇水面积 15.7 km²,来水汇入儒乐湖经儒乐湖闸注入赣江。2015 年开始,对幸福河下游进行改线整治,在新建区郭台村村西狮子脑附近向东新开河道,拆除并重建儒乐湖闸等,目前正在施工中。待工程完成后,幸福河水将经新开河道进入儒乐湖,后经儒乐湖闸注入赣江,儒乐湖集雨面积将由约 15.7 km² 增至 174 km²。

(四)水生态环境状况

经调查,儒乐湖流域内无规模以上入河排污口,流域范围内工矿企业较少,且规模普遍较小,经过清河行动,排污基本能达到要求,沿河两岸没有工矿企业污水直排入河。

二、历史变迁

儒乐湖原名汝罗湖,现为赣江一级支流儒乐湖水上的季节性湖泊,当赣江水位高时,儒乐湖为一水域,湖面面积约 0.7 km²,4—7 月一般为水面,下半年外河水位降低后一般用于栽种二晚。幸福河改道后,幸福河水经儒乐湖注入赣江。因防洪需要,修建了瓜洲圩和汝罗湖堤,现已合并成为瓜洲联圩;因解决沿湖内涝问题的需要,1976 年和 2008 年分别兴建了儒乐湖电排站和儒乐湖闸,将湖水排入赣江。目前准备对儒乐湖闸进行拆除并重建。

2018 年 8 月,儒乐湖滨江公园开始动工,愿景是打造一个最清、最绿、最酷的城市湖泊,工程于 2019 年 10 月竣工。儒乐湖滨江公园占地面积超过 4 km²,其中湖面面积近 2 km²,将以“城之心、江之眼”为定位,打造湖滨示范区、城市文化广场、地景艺术区、生活休闲区、生态湿地岛及产业休闲区“六大板块”,吸引游客游玩参观。

三、湖区经济开发

湖盆区涉及经开区樵舍镇,现状人口总计 4 万人,其中,城镇人口 0.6 万人,农村人口

3.4 万人。地区生产总值总计 55.2 亿元,财政收入总计 6.7 亿元;流域内耕地面积 2.8 万亩,农作物播种面积 3.38 万亩,年产量 1.86 万 t。

根据《赣江新区直管区儒乐湖新城核心区战略策划、城市设计暨控制性详细规划》,以打造大南昌都市圈创新引擎、智能制造产业触媒中心及科技成果转化特区为目标,以制造业与实体经济作为主攻方向,将儒乐湖新城打造成"科创突围、智慧赋能"的全省智慧城市示范样板区。

四、湖泊功能

儒乐湖主要承担了洪涝调蓄、旅游观光和生物栖息功能。湖泊外排主要依靠儒乐湖闸和儒乐湖电排站,汛期由儒乐湖电排站抽排,平时则由儒乐湖闸控制水位。儒乐湖电排站装机容量 490 kW。目前正准备对儒乐湖闸进行拆除并重建,湖岸建有儒乐湖滨江公园,吸引游客游玩观光。

湖岸建有瓜洲联圩,瓜洲联圩为城市防洪圩堤,由瓜洲圩和儒乐湖堤联并而成,起于建丰堤南端,止于原儒乐湖堤北端高地,全长 7.083 km。幸福河堤和瓜洲联圩两条圩堤与北部高地形成封闭圈,保护幸福河中下游地区,保护面积 26 km²,保护耕地 1.2 万亩,保护人口 1 万人,现状防洪能力全段 50 年一遇。

五、湖泊管理

儒乐湖尚未成立综合性的湖泊专门管理机构,目前由南昌市经开区白水湖管理处和冠山管理处共同管理,主要负责湖泊堤防及穿堤水利建筑物管护、湖面保洁等方面的工作。

儒乐湖已建立了区域与流域相结合的区、镇、村三级湖长制组织体系,已设置区级湖长 1 名、镇级湖长 3 名、村级湖长 3 名。

区级湖长为总湖长,全面负责儒乐湖湖长制工作,承担总督导、总调度职责。各级湖长对包干湖区的水环境治理工作负有领导责任,具体承担包干湖区综合治理与日常管护工作的指导、协调和监督职能,推动湖泊岸线区域内的水资源、防洪排涝、水域岸线、水环境、水生态、旅游观光等相关工作的开展,牵头组织对侵占岸线、超标排污、水资源违规利用等突出问题依法进行清理整治。

附件十三　大沙湖

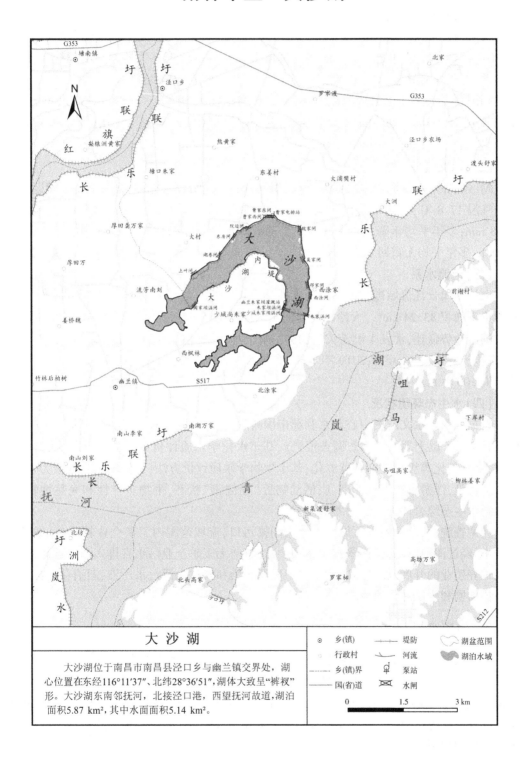

大 沙 湖

　　大沙湖位于南昌市南昌县泾口乡与幽兰镇交界处，湖心位置在东经116°11′37″、北纬28°36′51″，湖体大致呈"裤衩"形。大沙湖东南邻抚河，北接泾口港，西望抚河故道，湖泊面积5.87 km²，其中水面面积5.14 km²。

图例		
◎ 乡(镇)	┿ 堤防	湖盆范围
◦ 行政村	⟂ 河流	湖泊水域
----- 乡(镇)界	泵站	
—— 国(省)道	水闸	

0　　　1.5　　　3 km

一、自然环境

(一)湖泊位置及形态

大沙湖位于南昌市南昌县泾口乡与幽兰镇交界处,地理位置在东经116°09′~116°12′、北纬28°35′~28°37′,湖体大致呈"裤衩"形。大沙湖东南邻抚河,北接泾口港,西望抚河故道,湖心位置在东经116°11′37″、北纬28°36′51″。

湖泊长度4.52 km,最大宽度4.16 km,平均宽度1.30 km。湖泊设计高水位15.70 m,常水位15.00 m。湖泊面积5.87 km²,其中水面面积5.14 km²。湖泊最大水深4.32 m,平均水深2.11 m,水体体积1 083万 m³。

(二)水文气象

湖区属亚热带湿润季风气候区,温暖湿润,四季分明,雨水充沛,日照充足。湖区多年平均气温17.8 ℃;多年平均湖水温度16 ℃;多年平均风速3.3 m/s;多年平均蒸发量1 568 mm;多年平均年降水量为1 662.5 mm,降水量年际变化较大;多年平均日照时数1 788 h;多年平均无霜期265 d。

(三)河流水系

大沙湖属长江流域鄱阳湖水系。大沙湖无较大的入湖河流,水源主要来自区域积流,湖泊集雨面积33.24 km²。大沙湖承泄河湖为泾口港。

湖区地势低洼,常发生洪涝灾害,1973年7月,受灾耕地1.3万亩,受灾人口0.7万人,直接经济损失40万元;2010年7月,受灾耕地0.1万亩,受灾人口0.05万人,直接经济损失100万元。

(四)水生态环境状况

根据江西省水文监测中心和水利部中国科学院水工程生态研究所编制的《2019年度江西省1 km²以上湖泊水生态调查报告》,基于水化学水质评价方法,大沙湖水质类别为Ⅳ类,富营养化等级为轻度富营养化;基于生物学水质评价方法,大沙湖水质等级为中等,属轻度污染,浮游植物密度偏高、底栖动物处"亚健康"状态,生物多样性和完整性较差。大沙湖水生态综合评价等级为差等。

经调查统计,湖区周围无规模以上入湖排污口,流域范围内工矿企业较少,且规模普遍较小,经过清河行动,排污基本能达到要求,目前无工矿企业污水直排入湖。近年来,随着人工养殖业的开展,加上周边大片农田面源污染和农村生活污水污染,湖泊存在富营养化趋势加剧和水质恶化的风险。

二、历史变迁

中华人民共和国成立后,湖体两只"裤衩"大浦朱家、少城周家段遭到围垦,湖体大致一分为三。为保护泾口乡和幽兰镇部分村庄,1949年修筑大沙湖内堤;为保证灌溉需求,2010年建成9座涵闸,2015年建成大沙湖幽兰朱家坝灌溉站;为解决沿湖内涝问题,1989年建成曹家电排站,2010年建成5座涵闸。近年来,随着湖长制的推进,湖泊资源得到一定的保护和利用。

三、湖区经济开发

湖盆区涉及南昌县泾口乡和幽兰镇。现状人口总计 14.75 万人,其中,城镇人口 0.81 万人,农村人口 13.94 万人。流域内地区生产总值总计 143.27 亿元。流域耕地面积 35 万亩,农作物播种面积 42.18 万亩,年产量 25.43 万 t。水产养殖面积 0.585 万亩,年产量 0.3 万 t。

四、湖泊功能

湖泊主要承担了洪涝调蓄、农业灌溉、水产养殖、旅游观光和生物栖息功能。其中,水产养殖面积为整个湖面,养殖方式为人放天养,养殖种类为四大家鱼,年产量约 0.3 万 t。湖泊外排由魏家闸控制,排涝面积 3.17 万亩;湖盆区建有曹家电排站(内排),排涝面积 0.07 万亩,受益人口 0.2 万人;建有大沙湖幽兰朱家坝灌溉站,装机容量 25 kW。4 座灌排两用涵闸(内排),分别为朱家涵闸、少城朱家坝涵闸、朱家坝涵闸、周家坝涵闸,总排涝面积 0.48 万亩,灌溉面积 0.47 万亩;9 座灌溉涵闸,分别为上叶闸、湖巷闸、东房闸、院边闸、曹家西闸、曹家东闸、吴家闸、邓家闸和西涂闸,灌溉面积 2.54 万亩。

湖岸建有大沙湖内堤,起自泾口乡上叶村,终至幽兰镇大浦朱家,堤防总长 12.23 km,保护面积 21.09 km²,保护人口 1.2 万人,设计防洪标准 10 年一遇,现状防洪能力为 5 年一遇。

五、湖泊管理

大沙湖尚未成立综合性的湖泊专门管理机构,目前由南昌县幽兰镇少城、水阁、大浦、大沙、沙湖村委会共同管理,主要负责湖泊泵站与涵闸管护、湖面保洁、农业灌溉、水产养殖等方面的工作。

大沙湖已建立了区域与流域相结合的县、乡、村三级湖长制组织体系,已设置县级湖长 1 名、乡级湖长 2 名、村级湖长 6 名。

县级湖长为总湖长,全面负责大沙湖湖长制工作,承担总督导、总调度职责。乡、村级湖长是所辖湖泊保护管理的直接责任人,主要负责组织领导相应的管理和保护工作,包括水资源保护、水资源利用、水域岸线管理、水污染防治、水环境治理等,牵头组织对侵占岸线、超标排污、水资源违规利用等突出问题依法进行清理整治。

附件十四　芳溪湖

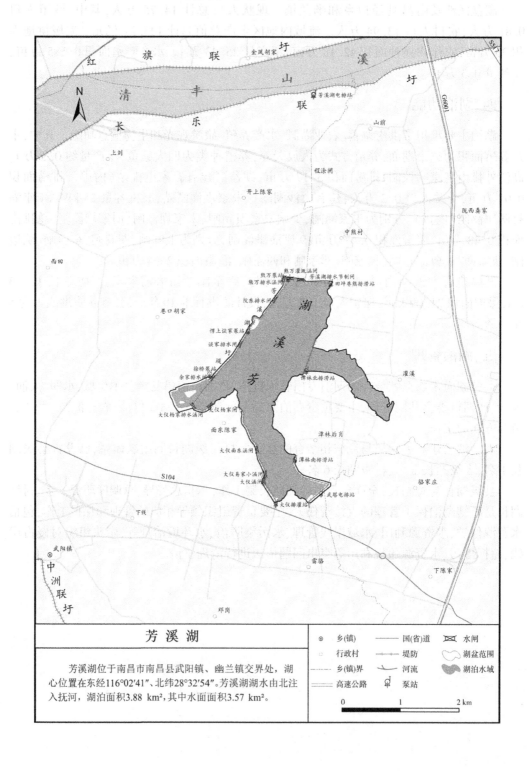

芳溪湖

　　芳溪湖位于南昌市南昌县武阳镇、幽兰镇交界处，湖心位置在东经116°02′41″、北纬28°32′54″。芳溪湖湖水由北注入抚河，湖泊面积3.88 km²，其中水面面积3.57 km²。

⊙ 乡(镇)	—— 国(省)道	⊠ 水闸
□ 行政村	—+— 堤防	湖盆范围
—·— 乡(镇)界	～ 河流	湖泊水域
—— 高速公路	⚓ 泵站	

0　　　　　1　　　　2 km

一、自然环境

(一)湖泊位置及形态

芳溪湖位于南昌市南昌县武阳镇、幽兰镇交界处,地理位置在东经116°01′~116°03′、北纬28°31′~28°33′。芳溪湖东邻南昌绕城高速、抚河,西靠、北连抚河故道,南望杭长高速,湖心位置在东经116°02′41″,北纬28°32′54″。

湖泊长度3.78 km,最大宽度3.39 km,平均宽度1.03 km。湖泊设计高水位17.47 m,常水位15.97 m。湖泊面积3.88 km²,其中水面面积3.57 km²。湖泊最大水深4.94 m,平均水深2.03 m,水体体积725万 m³。

(二)水文气象

湖区属亚热带湿润季风气候区,温暖湿润,四季分明,雨水充沛,日照充足。湖区多年平均气温17.8 ℃;多年平均湖水温度16 ℃;多年平均风速3.3 m/s;多年平均蒸发量1 568 mm;多年平均年降水量为1 662.5 mm,降水量年际变化较大;多年平均日照时数1 788 h;多年平均无霜期265 d。

(三)河流水系

芳溪湖属长江流域鄱阳湖水系。芳溪湖无较大的入湖河流,水源主要来自区域积流,湖泊集雨面积28.33 km²,承泄河流为抚河故道。

湖区地势低洼,常发生洪涝灾害,2010年7月受灾耕地0.11万亩,受灾人口0.08万人,直接经济损失300万元;2020年7月受灾耕地0.45万亩,受灾人口0.18万人,直接经济损失2 000万元。

(四)水生态环境状况

根据江西省水文监测中心和水利部中国科学院水工程生态研究所编制的《2019年度江西省1 km²以上湖泊水生态调查报告》,基于水化学水质评价方法,芳溪湖水质类别为Ⅴ类,富营养化等级为中度富营养化;基于生物学水质评价方法,芳溪湖水质等级为劣等,属严重污染,浮游植物密度偏高、底栖动物处"亚健康"状态,生物多样性和完整性较差。芳溪湖水生态综合评价等级为差等。

经调查统计,湖区周围无规模以上入湖排污口,流域范围内工矿企业较少,且规模普遍较小,经过清河行动,排污基本能达到要求,目前无工矿企业污水直排入湖。近年来,随着人工养殖业的开展,加上周边大片农田面源污染和农村生活污水污染,湖泊存在富营养化趋势加剧和水质恶化的风险。

二、历史变迁

中华人民共和国成立后,湖体部分湖汊遭到围垦,湖体水面面积有所减小。为保护武阳镇和幽兰镇部分村庄,1976年修筑芳溪湖圩堤。1974年至今,因解决沿湖内涝和农业灌溉需要,建成芳溪湖电排站(外排)、3座灌排结合泵站、4座内排泵站共8座泵站,芳溪湖排水节制闸(外排)、3座排灌两用涵闸、8座内排涵闸、2座灌溉引水闸共14座涵闸。近年来,随着湖长制的推进,湖泊资源得到更好的规划和利用。

三、湖区经济开发

湖盆区涉及南昌县武阳镇和幽兰镇。现状人口总计 17.36 万人,其中,城镇人口 1.51 万人,农村人口 15.85 万人。流域内地区生产总值总计 168.59 亿元;流域耕地面积 28.5 万亩,农作物播种面积 34.97 万亩,年产量 24.25 万 t;水产养殖面积 0.405 万亩,年产量 0.2 万 t。

四、湖泊功能

湖泊主要承担了洪涝调蓄、农业灌溉、水产养殖、旅游观光和生物栖息功能。其中,水产养殖面积 0.405 万亩,养殖方式为人放天养,养殖种类为四大家鱼,年产量约 0.2 万 t。湖泊排水由芳溪湖电排站(外排)和 7 座内排泵站(其中 3 座灌排结合泵站、4 座内排泵站)以及芳溪湖排水节制闸(外排)和 11 座内排涵闸(3 座排灌两用涵闸、8 座内排涵闸)控制,其中 8 座泵站总装机容量 1 935 kW。湖盆区周围还建有大仪杨家闸和大仪面东涵闸,用于灌溉引水。现有泵站及涵闸总排涝面积 3.16 万亩,灌溉面积 0.33 万亩,受益人口 0.76 万人。

湖岸建有芳溪湖圩堤,起自幽兰镇港下熊家,终至幽兰镇港下胡家,堤防总长 7.67 km,保护面积为 15.56 km^2,保护人口 0.83 万人,设计防洪标准 10 年一遇,现状防洪能力 5 年一遇。

五、湖泊管理

芳溪湖尚未成立综合性的湖泊专门管理机构,目前由南昌县幽兰镇谭林、田坪、亭山、芳湖村委会共同管理,主要负责湖泊泵站与涵闸管护、湖面保洁、农业灌溉、水产养殖等方面的工作。

芳溪湖已建立了区域与流域相结合的县、镇、村三级湖长制组织体系,已设置县级湖长 1 名、镇级湖长 3 名、村级湖长 10 名。

县级湖长为总湖长,全面负责芳溪湖湖长制工作,承担总督导、总调度职责。镇、村级湖长是所辖湖泊保护管理的直接责任人,主要负责组织领导相应的管理和保护工作,包括水资源保护、水资源利用、水域岸线管理、水污染防治、水环境治理等,牵头组织对侵占岸线、超标排污、水资源违规利用等突出问题依法进行清理整治。

附件十五　军山湖

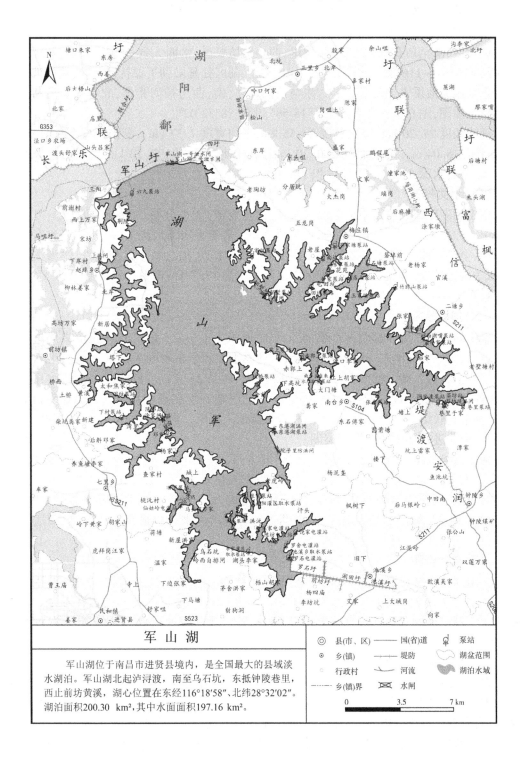

军山湖

　　军山湖位于南昌市进贤县境内，是全国最大的县域淡水湖泊。军山湖北起泸浔渡，南至乌石坑，东抵钟陵巷里，西止前坊黄溪，湖心位置在东经116°18′58″、北纬28°32′02″。湖泊面积200.30 km²，其中水面面积197.16 km²。

图例			
◎ 县(市、区)	—— 国(省)道	⬚ 泵站	
⊙ 乡(镇)	---- 堤防	湖盆范围	
⊙ 行政村	⋏ 河流	湖泊水域	
---- 乡(镇)界	⊠ 水闸		

0　　　3.5　　　7 km

一、自然环境

(一)湖泊位置及形态

军山湖位于鄱阳湖区南部,南昌市进贤县境内,是全国最大的县域淡水湖泊。军山湖北起泸浔渡,南至乌石坑,东抵钟陵巷里,西止前坊黄溪,水面大致呈"人"字形,地理位置在东经116°15′~116°28′、北纬28°23′~28°37′。湖区处鄱阳湖平原抚河尾闾,流域涉进贤县和东乡区。池溪水、三汊港汇入,东与信江毗连,南、西与抚河相邻,北为陈家湖和鄱阳湖湖汊金溪湖,湖心位置在东经116°18′58″、北纬28°32′02″。

湖泊长度27.20 km,最大宽度20.55 km,平均宽度7.37 km。湖泊设计高水位18.68 m,常水位15.04 m。湖泊面积200.30 km²,其中水面面积197.16 km²。湖泊最大水深8.58 m,平均水深5.66 m,水体体积111 589万 m³。

(二)水文气象

军山湖湖区属亚热带季风湿润气候区,雨量充沛,四季分明。秋冬冷而干燥,夏季热而潮湿,春夏之交多雷雨,伏秋之间长久晴。湖区多年平均降水量1 645 mm,降水时间分布不均,全县60%的降水主要集中在4—7月梅雨季节,加之缺乏蓄水条件,洪涝灾害频发;秋季雨水较少,常发生伏旱。湖区多年平均气温17.7 ℃;年平均湖水温度16 ℃;年日照时数在1 900~2 000 h。

(三)河流水系

军山湖属长江流域鄱阳湖水系,湖泊集雨面积为1 015.5 km²,汇入河流以周边小河居多,较大河流有池溪水、三汊港、幸福港。池溪水发源于东乡区邓家乡,由南向北在进贤县池溪乡下支村入湖。池溪水流域面积124 km²,河长25.4 km,上游的秧塘水库(中型水库)控制面积16.2 km²,总库容1 840万 m³。三汊港一支在进贤县城民和镇经幸福港入湖,幸福港是联结军山湖、三汊港下游和青岚湖的人工河。湖水通过军山圩东端的1、2号泄水闸,向北进入鄱阳湖湖汊金溪湖。

湖区地势低洼,常发生洪涝灾害,1988年6月,由于持续的降雨和受到康山湖洪影响,湖区发生洪涝灾害,受灾耕地0.5万亩,受灾人口0.18万人,直接经济损失60万元;1995年7月,受洪涝影响,受灾耕地3.2万亩,受灾人口1.5万人,直接经济损失0.97亿元。1998年发生鄱阳湖特大洪水,军山湖达到有记录以来历史最高水位,湖区周边十余个乡(镇)均发生不同程度的洪涝灾害。

(四)自然资源

军山湖动植物资源丰富多样,湖内底栖动物28种,水生管束植物33种,天然鱼种105个,特产大闸蟹、鲢鱼和鳊鱼,鲢鱼的鱼产力为62.90 kg/hm²,鳊鱼的鱼产力为143.00 kg/hm²。浮游植物有62属,隶属于6门70种,其中绿藻门种类数最多,占藻类总种数的64.50%;浮游动物有26种。

(五)水生态环境状况

根据江西省水文监测中心和水利部中国科学院水工程生态研究所编制的《2019年度江西省1 km²以上湖泊水生态调查报告》,基于水化学水质评价方法,军山湖水质类别为Ⅱ类,富营养化等级为中营养;基于生物学水质评价方法,军山湖水质等级为差等,属污染,底栖动物处"不健康"状态,生物多样性和完整性一般。军山湖水生态综合评价等级为良等。

军山湖是鄱阳湖区重要的候鸟栖息地和进贤县县城饮用水水源地。经调查统计,军山湖流域内无规模以上入河排污口,军山湖水质较好,全年一般可保证Ⅱ~Ⅲ类水,但是随着人工养殖业的开展,加上生活污水及企业排污和农业面源污染的影响,军山湖面临较大的水环境污染风险。

二、历史变迁

军山湖属新构造断陷湖泊,形成于5世纪后。宋代原有日月湖1座,为南昌市进贤县北部小湖汊。在元、明两代,随鄱阳湖地区沉降,日月湖没入鄱阳湖水道,水域扩展。元代末年,朱元璋与陈友谅两军交战,多有军船在湖区活动,由此更名军山湖。1958年前,军山湖北部与鄱阳湖湖汊金溪湖相连,湖区常受鄱阳湖洪水侵袭。据《进贤县志》记载,明弘治十四年(1501年)至1934年,湖区平均每2~3年遭受一次水旱灾害。为治理水旱灾害,1958年在军山湖北部的三阳至泸浔渡之间修筑了军山圩和水闸,军山湖从此与金溪湖分离,成为固定湖。

军山湖在历史进程中有两次大的变迁经历:

一是军山湖堵口。中华人民共和国成立前,由于鄱阳湖洪水暴涨倒灌,致使沿湖地区的农田经常被淹,农业生产损失严重,群众生活极为困难。针对上述情况,进贤县委、县政府高度重视,于1958年组织全县万余名基干民兵,奋战两个秋冬,自三阳砖瓦厂至泸浔渡,横筑军山湖堤,堤长3.5 km,堤顶高23.50 m,堤面宽6 m,内外坡比1:3。同年,在圩堤东北段兴建新、老通闸两座,老闸11孔,其中泄水闸10孔,每孔净宽3 m,船闸1孔,净宽48 m;由于进水不畅,又于1959年在距老闸60 m处建一新闸,共6孔,孔宽3 m。两闸总泄水流量可达400 m³/s。经水利部批准,1988年4月,将新闸重新改建,现称军山湖二号泄水闸(0+155.4—0+200),共5孔,每孔净高、净宽各4 m,为钢筋混凝土箱式涵洞。1994年8月,又将老闸重新改建,现称军山湖一号泄水闸,该闸为箱涵式泄水闸,共6孔,其中船闸1孔,净长46 m,净高8 m,净宽6.2 m,泄水闸5孔,每孔净高、净宽各4 m。改建后的两闸总泄水流量达到542 m³/s。

二是军山湖与内青岚湖连通。在县城东部,原有一条小港,名叫马颈港,整治后改名为进贤河,它起源于将军岭,流经衙前、下埠集、民和的云桥及五里后汇入青岚湖,全长22.4 km。由于流域面积大、港面狭小、港道弯曲,夏季连日暴雨、流水不畅,内涝严重,县城街道经常被淹。1958年,英山堤堵口后,县委、县政府决定人工开挖一条始起民和镇常湖村马颈港北岸,终至北岭乌石坑,全长7.3 km、底宽40 m的新港,名曰"幸福港"。经4次改扩建,幸福港被拓宽挖深,至1977年河长7.3 km,河底宽40 m,河底高程14~15.2 m。它不仅使马颈港的渍水和内青岚湖的内涝水由幸福港直接泄至军山湖,而且沟通了青岚湖与军山湖的水上交通。1982年又修筑了长1.9 km的沿港堤,并兴建总装机容量155 kW的东门排涝站,彻底改变了县城街道被淹的状况。

近年来,由于进贤县社会经济的不断发展,城乡居民用水需求大大提高,在2010年之后,湖区修建了多座泵站以满足城乡供水的需求。

三、湖区经济开发

军山湖湖盆区涉及三里、梅庄、二塘、钟陵、南台、池溪、前坊、三阳集、七里、民和等10

个乡(镇)。现状人口总计61.80万人,其中,城镇人口18.55万人,农村人口43.25万人。地区生产总值182.34亿元,工业增加值67.6亿元,全年财政收入累计完成6.36亿元;流域耕地面积41.35万亩,农作物播种面积46.86万亩,以水稻、芝麻、大豆、棉花和油菜种植为主,年产量30.08万t;水产养殖面积23.68万亩,年产量4.5万t,以军山湖大闸蟹最为有名,闻名国内外。

四、湖泊功能

军山湖承担了洪涝调蓄、农业灌溉、城乡供水、水产养殖、旅游观光和生物栖息等多种功能。军山湖和内青岚湖连通后,外排主要依靠军山圩上的军山湖一号泄水闸、二号泄水闸控制,孔口尺寸均为5孔4 m×4 m;此外,英山圩上建有英山泄水闸,孔口尺寸为2 m×2 m。作为洪涝调蓄区,军山湖周边建有多座排涝泵站和排水闸,规模较大的有润安渡泵站(5×155 kW)、邬堑泵站(620 kW)、东港湖泵站(2×155 kW、2×250 kW)以及岭西自排闸、院子里防洪闸等众多内排泵闸。军山湖是进贤县重要的饮用水水源地和农业灌溉取水地,城乡供水方面,年取水量423.9万 m³,供水覆盖范围涉及进贤县7个乡(镇)的75个村,供水人口16.5万人,同时军山湖也是县城应急备用水源;农业灌溉方面,军山湖周边耕地资源丰富,陈邓、马咀、宋家岗、南阳、李家等灌区在湖周边建有取水泵站或引水闸门,灌溉面积3.36万亩。军山湖水产养殖面积23.68万亩,特产大闸蟹、鲢鱼和鳊鱼。2016年,江西省旅游规划设计研究院有限公司编制了《军山湖生态旅游总体规划(2015—2030)》,规划依托南昌大都市圈做大做强乡村旅游。

军山湖岸建有多座堤防工程,保护包括县城在内的11个乡(镇)。其中,保护耕地面积5万亩以上圩堤1座,为军山湖联圩(军山圩段),堤线长3.5 km,圩堤保护面积393.0 km²,保护耕地14.39万亩,保护人口16.1万人;千亩圩堤7座,堤线总长16.717 km,保护耕地和保护人口合计分别为1.42万亩和1.8万人;百亩圩堤多座。青岚湖与军山湖连通后,军山圩和位于内青岚湖的英山圩顺利联并成军山湖联圩,军山湖联圩为鄱阳湖重点圩堤,经鄱阳湖区一期、二期除险加固后,已达到4级堤防标准,但由于英山圩西侧直接与1万~5万亩圩堤青岚联圩相接,该段现状堤顶高程低于青山湖联圩设计防洪标准。因此,军山湖联圩现状未形成封闭圈,整体防洪能力未达到防御湖洪相应湖口水位22.50 m(吴淞高程)的设计防洪标准。

五、湖泊管理

军山湖设有进贤县军山湖河道堤防管理局,主要负责湖泊堤防及穿堤水利建筑物管护、湖面保洁、农业灌溉等方面的工作。

军山湖已建立了区域与流域相结合的县、乡、村三级湖长制组织体系,已设置县级湖长1名、乡级湖长10名、村级湖长44名。

县级河长为总湖长,全面负责军山湖湖长制工作,承担总督导、总调度职责。乡级湖长对包干河道、湖区的水环境治理工作负有领导责任,具体承担包干河道治理工作的指导、协调和监督职能,推动湖泊岸线区域内的水资源、防洪排涝、水域岸线、水产养殖、水环境、水生态、旅游观光等相关工作的开展。

附件十六　内青岚湖

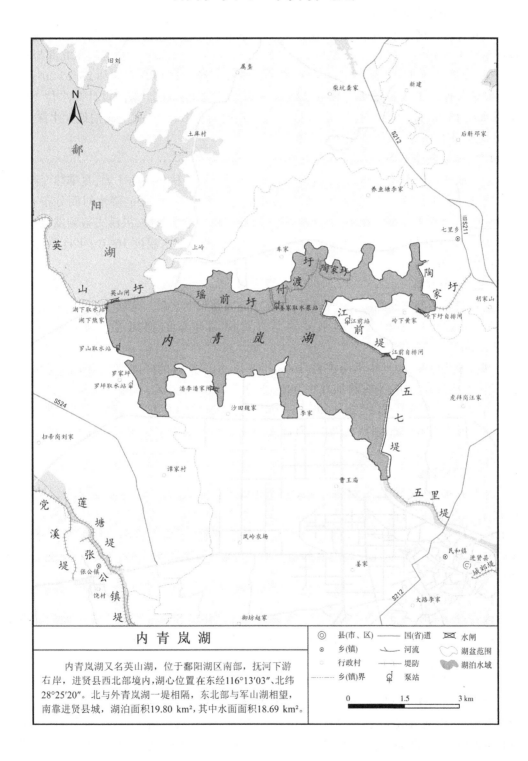

内青岚湖

内青岚湖又名英山湖，位于鄱阳湖区南部，抚河下游右岸，进贤县西北部境内，湖心位置在东经116°13′03″、北纬28°25′20″。北与外青岚湖一堤相隔，东北部与军山湖相望，南靠进贤县城，湖泊面积19.80 km²，其中水面面积18.69 km²。

图例	
◎ 县(市、区)	—— 国(省)道	⋈ 水闸
◎ 乡(镇)	〜 河流	▭ 湖盆范围
○ 行政村	—— 堤防	▨ 湖泊水域
----- 乡(镇)界	⚐ 泵站	

0　　　1.5　　　3 km

一、自然环境

(一)湖泊位置及形态

内青岚湖又名英山湖,位于鄱阳湖区南部,抚河下游右岸,进贤县西北部境内,地理位置在东经116°10′~116°15′、北纬28°23′~28°26′。北与外青岚湖一堤相隔,东北部与军山湖相望,南靠进贤县城。湖面呈靴子状,湖心位置在东经116°13′03″,北纬28°25′20″。

湖泊长度7.77 km,最大宽度6.22 km,平均宽度2.55 km。湖泊设计高水位18.68 m,常水位15.04 m。湖泊面积19.80 km²,其中水面面积18.69 km²。湖泊最大水深7.61 m,平均水深4.16 m,水体体积7 775万m³。

(二)水文气象

湖区属亚热带季风湿润气候区,雨量充沛,四季分明。秋冬冷而干燥,夏季热而潮湿,春夏之交多雷雨,伏秋之间长久晴。湖区多年平均降水量1 645 mm,降水时间分布不均,全县60%的降水主要集中在4—7月梅雨季节,加之缺乏蓄水条件,洪涝灾害频发;秋季雨水较少,常发生伏旱。湖区多年平均气温17.7 ℃;年平均湖水温度16 ℃;年日照时数在1 900~2 000 h。

(三)河流水系

内青岚湖为鄱阳湖湖汊,为河成湖,属长江流域鄱阳湖水系。来水主要为三汊港和区域积流,通过英山闸和幸福港水分别与外青岚湖和军山湖相通。湖泊集雨面积331.78 km²。

湖区地势低洼,常发生洪涝灾害,1988年6月,由于持续的降雨和受到康山湖湖洪影响,湖区发生洪涝灾害,受灾耕地0.3万亩,受灾人口0.06万人,直接经济损失27万元;1995年7月,受洪涝影响,受灾耕地1.6万亩,受灾人口0.69万人,直接经济损失3 986万元。1998年发生鄱阳湖特大洪水,内青岚湖达到有记录以来历史最高水位,湖区周边发生严重洪涝灾害。

(四)自然资源

江西省水产科学研究所对内青岚湖浮游生物的调查报告显示,内青岚湖中浮游植物有12种,其中绿藻门种类数最多,占藻类总种数的64.50%,浮游植物平均细胞数量为3 200个/L,平均生物量为4.12 mg/L;浮游动物有9种,平均数量和平均生物量分别为205.96个/L和1.13 mg/L。湖内底栖动物13种,水生管束植物5种,天然鱼种26个,特产螃蟹、虾、黄鳝、甲鱼等。

(五)水生态环境状况

内青岚湖水质为Ⅲ~Ⅳ类水,主要污染源为养殖污染和农业面源污染。湖周边有1个规模以上排污口——进贤县污水处理厂入湖排污口。

二、历史变迁

原青岚湖属新构造断陷湖泊,明末清初,原流经进贤西北部的清溪、南阳、洞阳三水的中下游地带,因河道沉降,扩展成湖。1958年兴建赣抚平原水利工程,抚河在荏港改道,自北端回流入湖,湖面大体呈“人”字形。为避免抚河、鄱阳湖水侵入进贤县县城一带,

1958 年在县城西北 10 km 处截湖筑英山圩。英山圩以南称内青岚湖,又名英山湖;以北称外青岚湖。英山圩建有 50 t 船闸 1 座,可控制内青岚湖水位;外青岚湖在枯水季节时呈滩涂草地。1958 年,英山堤堵口后,县委、县政府决定人工开挖一条始起民和镇常湖村马颈港北岸,终至北岭乌石坑,全长 7.3 km、底宽 40 m 的新港,名曰幸福港。经 4 次改扩建,幸福港被拓宽挖深,至 1977 年河长 7.3 km,河底宽 40 m,河底高程 14~15.2 m。它不仅使马颈港的溃水和内青岚湖的内涝水由幸福港直接泄至军山湖,而且沟通了青岚湖与军山湖的水上交通。

湖区地势低洼,受上游来水和长江水倒灌双重影响,历来洪涝严重。为治理水患,湖边建有五七、付渡、瑶前、陶家等众多圩堤,保护人口和耕地的同时,由于围垦造成湖面面积有所萎缩,陶家圩 1998 年后列入退田还湖圩堤。

三、湖区经济开发

内青岚湖湖盆区涉及进贤县城以及民和镇、罗溪镇、七里乡 3 个乡(镇)。现状人口总计 40.5 万人,其中,城镇人口 15.0 万人,农村人口 25.5 万人。

内青岚湖地区生产总值总计 63.2 亿元,工业增加值 19.74 亿元;全年财政收入累计完成 1.72 亿元;流域耕地面积 18.62 万亩,农作物播种面积 20.88 万亩,年产量 12.81 万 t;水产养殖面积 11.62 万亩,年产量 2.31 万 t。

四、湖泊功能

内青岚湖承担了洪涝调蓄、农业灌溉、水产养殖、旅游观光和生物栖息等功能。内青岚湖和军山湖连通后,外排主要依靠军山圩上的军山湖一号泄水闸、二号泄水闸控制,孔口尺寸均为 5 孔 4 m×4 m;此外英山圩上建有英山泄水闸,孔口尺寸为 2 m×2 m。作为洪涝调蓄区,内青岚湖周边建有陈邓站(595 kW)、江前站(55 kW)、岭下站(55 kW)等内排站和潘李潘家、江前、岭下圩等自排闸。湖周边部分耕地灌溉取水来自内青岚湖,建有姜家、罗山、湖下等灌溉取水泵站。内青岚湖位于青岚湖省级自然保护区内,靠近县城,建有湿地公园,是城乡居民重要休闲地。

湖岸建有军山湖联圩(英山圩段)、瑶前圩、付渡圩、五七堤、陶家圩、江前堤共 6 座堤防,总长 17.343 km,保护面积 408.3 km²,保护耕地合计 15.37 万亩,保护人口合计 17.99 万人。其中,保护耕地面积 5 万亩以上圩堤 1 座,为军山湖联圩英山圩段,堤线总长 2.233 km,圩堤保护耕地 14.39 万亩,保护人口 16.1 万人。青岚湖与军山湖连通后,英山圩和位于军山湖的军山圩顺利联并成军山湖联圩,军山湖联圩为鄱阳湖重点圩堤,经鄱阳湖区一期、二期除险加固后,已达到 4 级堤防标准,但由于英山圩西侧直接与 1 万~5 万亩圩堤青岚联圩相接,该段现状堤顶高程低于青山湖联圩设计防洪标准。因此,军山湖联圩现状未形成完整封闭圈,整体防洪能力未达到防御湖洪相应湖口水位 22.50 m(吴淞高程)的设计防洪标准。

五、湖泊管理

内青岚湖尚未成立综合性的湖泊专门管理机构,目前由进贤县民和镇、罗溪镇、张公镇、七里乡政府共同管理,主要负责湖泊堤防及穿堤水利建筑物管护、湖面保洁、农业灌溉、水产养殖等方面的工作。

内青岚湖已建立了区域与流域相结合的县、乡、村三级湖长制组织体系,已设置县级湖长1名、乡级湖长3名、村级湖长8名。

县级湖长为总湖长,全面负责内青岚湖湖长制工作,承担总督导、总调度职责。乡级湖长对包干湖区的水环境治理工作负有领导责任,具体承担包干湖区治理工作的指导、协调和监督职能,推动湖泊岸线区域内的水资源、防洪排涝、水域岸线、水产养殖、水环境、水生态、旅游观光等相关工作。

附件十七　东港湖

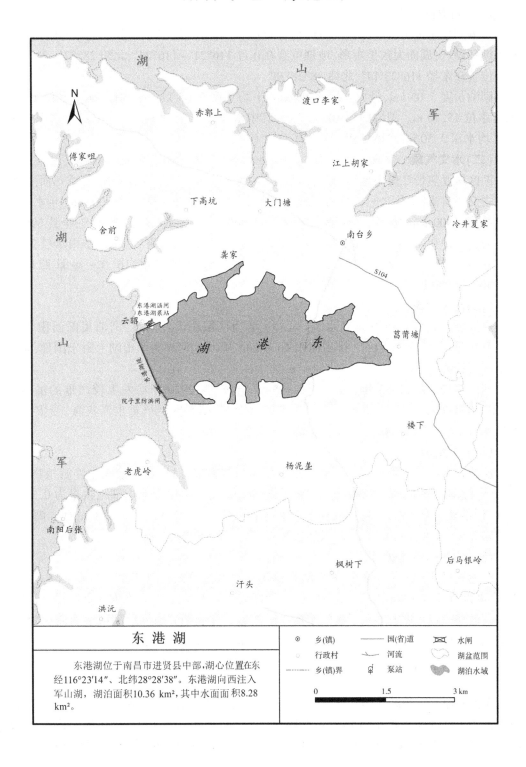

东港湖

　　东港湖位于南昌市进贤县中部,湖心位置在东经116°23′14″、北纬28°28′38″。东港湖向西注入军山湖,湖泊面积10.36 km²,其中水面面积8.28 km²。

图例		
⊙ 乡(镇)	—— 国(省)道	⊠ 水闸
○ 行政村	⼊ 河流	⬡ 湖盆范围
---- 乡(镇)界	⚓ 泵站	⬛ 湖泊水域

0　　　　　1.5　　　　　3 km

一、自然环境

(一)湖泊位置及形态

东港湖位于进贤县南台乡火石岗村,西与军山湖仅一堤之隔,属长江流域鄱阳湖水系鄱阳湖环湖区,湖面大致呈矩形,地理位置在东经 116°21′~116°24′、北纬 28°27′~28°29′,湖心位置在东经 116°23′14″、北纬 28°28′38″。

湖泊长度 5.05 km,最大宽度 3.04 km,平均宽度 2.05 km。湖泊设计高水位 18.75 m,常水位 15.70 m。湖泊面积 10.36 km²,其中水面面积 8.28 km²。湖泊最大水深 5.54 m,平均水深 3.50 m,水体体积 2 898 万 m³。

(二)水文气象

湖区属亚热带江南山地湿润区,雨量充沛,四季分明。秋冬冷而干燥,夏季热而潮湿,春夏之交多雷雨,伏秋之间长久晴。湖区多年平均降水量在 1 600~1 800 mm,年水面蒸发量约为 1 000 mm,多年平均径流深在 800~1 000 mm。降水时间分布不均,全县 60%的降水主要集中在 4—7 月梅雨季节,加之缺乏蓄水条件,洪涝灾害频发;秋季雨水较少,常发生伏旱。湖区多年平均气温 17.7 ℃;年平均湖水温度 16 ℃;年日照时数在 1 900~2 000 h。

(三)河流水系

东港湖属长江流域鄱阳湖水系,来水主要为区域积流及雨洪,湖泊集雨面积 33.2 km²,其中导托面积 22.6 km²,排涝面积 10.6 km²,其承泄河湖为军山湖。由于围垦,东港湖水域面积萎缩严重。

湖区地势低洼,1983 年、1988 年、1995 年、1998 年、2020 年均发生较严重的洪涝灾害。2020 年 7 月,由于持续的降雨和受到湖洪影响,湖区发生严重洪涝灾害,受灾耕地 0.15 万亩,受灾人口 0.09 万人,直接经济损失 35 万元。

(四)自然资源

江西省水产科学研究所对东港湖浮游生物的调查报告显示,东港湖中浮游植物有 3 种,其中绿藻门种类数最多,占藻类总种数的 64.50%,浮游植物平均细胞数量为 0.32 万个/L;浮游动物有 2 种,平均数量和平均生物量分别为 45.96 个/L 和 1.13 mg/L。湖内底栖动物 2 种;水生管束植物 1 种;天然鱼种 19 个。特产螃蟹、甲鱼等。

(五)水生态环境状况

东港湖目前被细化为多个精养鱼塘,湖泊增氧及投放饲料致使湖水水质下降。经调查,东港湖流域内无规模以上入河排污口,但湖周边有大片农田,存在农业面源污染,降雨汇入湖区在一定程度上影响了湖泊水质。围湖造田和围湖养殖导致湖区水面面积减小,水量减少,进而影响湖泊调蓄功能,造成水环境和水生态系统恶化。

二、历史变迁

东港湖原与军山湖连为一体,1978 年修建东港湖堤,自此东港湖独立成一个湖泊,同时也开始了湖区围垦种植进程。与此同时,开挖了南北 2 条主托,南托集雨面积 16.5 km²,开挖长度 6.8 km,渠道底宽 8~11 m;北托集雨面积 6.1 km²,开挖长度 6.5 km,渠道底宽 2~6 m。除 2 条主托外,尚有 5 条支托,其中南有深坑支托(长 2 500 m)、林家支托(长 500 m),北有掌树垅支托(长 800 m)、付家支托(长 1 200 m)、姜坑支托(长 600 m)。

1997 年之后,村民加速围垦种田,湖泊面积一直在减少。2013 年 1 月 31 日,南台乡政府将位于东港湖内的连片 7 768 亩土地的经营权承包给江西军山湖生态农业发展有限公司,期限 16 年。2017 年前,湖区春季湖泊水量充足、水面宽广,夏秋季干涸,用于农业种植;2018 年湖区被细化为多个精养鱼塘。2018 年 12 月,江西省水文监测中心和南京水利科学研究院联合编制了《江西省问题湖泊调查报告》,经过现状调查和测量,东港湖总面积 4.87 km²,其中耕地面积为 4.67 km²(5 000 亩耕地已列入地方高效农田项目),耕地面积占东港湖总面积的 95.9%。

为保证灌溉和排涝需求,建有东港湖泵站,装机容量为 810 kW,已建院子里防洪闸和东港湖涵闸。

三、湖区经济开发

东港湖位于进贤县南台乡境内,湖区现状人口总计 1.97 万人,其中,城镇人口 0.2 万人,农村人口 1.77 万人。地区生产总值总计 5.28 亿元,工业增加值 1.02 亿元;全年财政收入累计完成 0.15 亿元;流域耕地面积 5.36 万亩,农作物播种面积 6.5 万亩,年产量 3.29 万 t;水产养殖面积 0.57 万亩,年产量 0.29 万 t,特产河蟹、甲鱼、鳝鱼、龙虾等。

四、湖泊功能

湖泊主要承担了洪涝调蓄、水产养殖和生物栖息功能。水产养殖面积 0.57 万亩,采用湖泊增氧及投放饲料方式精养,年产量 0.29 万 t。湖泊外排主要依靠东港湖泵站、院子里防洪闸和东港湖涵闸,汛期由东港湖泵站抽排;平时则由院子里防洪闸和东港湖涵闸控制水位。

东港湖堤将东港湖与军山湖分离,使得东港湖独立成一个湖泊,堤防起点为南台乡王家岭村,终点为南台乡大头咀村,堤防总长 2.335 km,保护面积 4.74 km²,保护耕地 850 亩,保护人口 0.1 万人,现状防洪能力不足 10 年一遇。

五、湖泊管理

东港湖尚未成立综合性的湖泊专门管理机构,目前由南昌市进贤县南台乡政府管理,主要负责湖泊泵站与涵闸管护、水产养殖等方面的工作。

东港湖已建立了区域与流域相结合的乡、村二级湖长制组织体系,已设置乡级湖长 1 名、村级湖长 1 名。

各级湖长对包干湖区的水环境治理工作负有领导责任,具体承担包干湖区综合治理与日常管护工作的指导、协调和监督职能,推动湖泊岸线区域内的水资源、防洪排涝、水域岸线、水产养殖、水环境、水生态等相关工作的开展,牵头组织对侵占岸线、超标排污、电毒炸鱼、水资源违规利用等突出问题依法进行清理整治。

附件十八　苗塘池

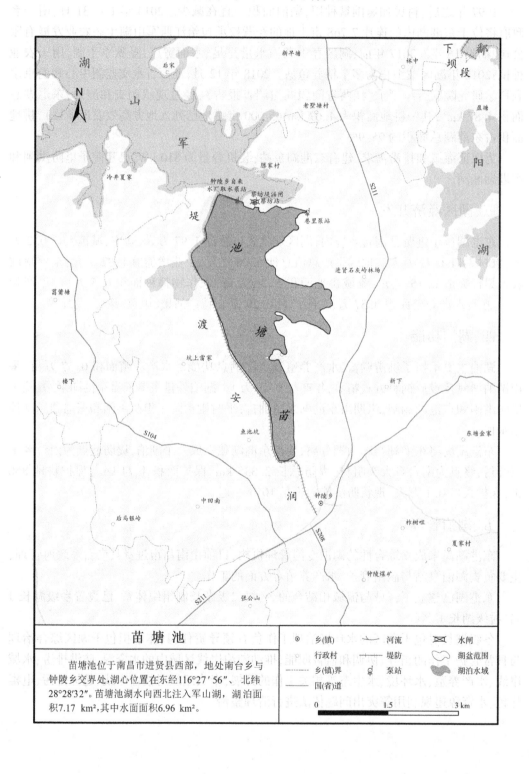

苗 塘 池

　　苗塘池位于南昌市进贤县西部，地处南台乡与钟陵乡交界处，湖心位置在东经116°27′56″、北纬28°28′32″。苗塘池湖水向西北注入军山湖，湖泊面积7.17 km²，其中水面面积6.96 km²。

一、自然环境

(一)湖泊位置及形态

苗塘池位于进贤县钟陵乡,北与军山湖仅一堤之隔,属长江流域鄱阳湖水系鄱阳湖环湖区,湖面大致呈树叶状,地理位置在东经116°26′~116°28′、北纬28°26′~28°29′,湖心位置在东经116°27′56″、北纬28°28′32″。

湖泊长度5.70 km,最大宽度2.65 km,平均宽度1.26 km。湖泊设计高水位18.75 m,常水位15.50 m。湖泊面积7.17 km²,其中水面面积6.96 km²。湖泊最大水深7.20 m,平均水深4.09 m,水体体积2 847万m³。

(二)水文气象

湖区属亚热带季风湿润气候区,雨量充沛,四季分明。秋冬冷而干燥,夏季热而潮湿,春夏之交多雷雨,伏秋之间长久晴。湖区多年平均降水量1 645 mm,降水时间分布不均,全县60%降水主要集中在4—7月梅雨季节,加之缺乏蓄水条件,洪涝灾害频发;秋季雨水较少,常发生伏旱。湖区多年平均气温17.7 ℃;年平均湖水温度16 ℃;年日照时数在1 900~2 000 h。

(三)河流水系

苗塘池属长江流域鄱阳湖水系,来水主要为区域积流及雨洪,湖泊集雨面积60.03 km²,其承泄河湖为军山湖。由于围垦,苗塘池水域面积萎缩严重。

湖区地势低洼,1983年、1988年、1995年、1998年、2020年均发生较严重的洪涝灾害。1995年7月,由于持续的降雨和受到湖洪影响,湖区发生严重洪涝灾害,受灾耕地0.87万亩,受灾人口0.4万人,直接经济损失200万元。

(四)自然资源

江西省水产科学研究所对苗塘池浮游生物的调查报告显示,苗塘池中浮游植物有5种,其中绿藻门种类数最多,占藻类总种数的64.50%,平均生物量为4.12 mg/L;浮游动物有3种,平均数量和平均生物量分别为65.96个/L和1.13 mg/L。湖内底栖动物2种,水生管束植物2种,天然鱼种5个,特产螃蟹、黄鳝等。

(五)水生态环境状况

苗塘池目前被细化为多个精养鱼塘,湖泊增氧及投放饲料致使湖水水质下降。经调查,苗塘池流域内无规模以上入河排污口,但湖区和周边有大片农田,存在农业面源污染,影响湖泊水质。围湖造田和围湖养殖导致湖区水面面积减小,水量减少,进而影响湖泊调蓄功能,造成水环境和水生态系统恶化。

二、历史变迁

苗塘池原与军山湖连为一体,20世纪70年代修建润安渡堤,自此苗塘池独立成1个湖泊,同时也开始了湖区围垦种植进程。1978年,苗塘池与军山湖堤坝处建设一排涝站,可将湖水排入军山湖以防止苗塘池受淹,保障农田灌溉。20世纪90年代之后,居民开始自发进行水产养殖,渐渐地苗塘池耕地转变为水产养殖,由于是个人进行养殖,多为投料饲养。1990年,湖泊南部约有0.4 km²的区域被围垦,1997—2005年大面积湖面被围垦。

2011年1月1日,钟陵乡政府将苗塘池约5 600亩土地面积转租给江西军山湖生态农业发展有限公司,租期40年。2018年12月,江西省水文监测中心和南京水利科学研究院联合编制了《江西省问题湖泊调查报告》,经过现状调查和测量,苗塘池常年水面面积为4.14 km²,其中耕地面积为3.74 km²,占苗塘池总面积的90.3%。

为保证防洪排涝需求,已建蔡坊站和蔡坊堤涵闸;建成润安渡堤,堤防总长8.36 km。

三、湖区经济开发

苗塘池位于进贤县钟陵乡,湖区现状人口总计2.66万人,其中,城镇人口0.3万人,农村人口2.36万人。地区生产总值总计11亿元,全年财政收入累计完成0.05亿元;耕地面积0.37万亩;农作物播种面积0.45万亩,年产量0.3万t;水产养殖面积0.5万亩,年产量0.35万t。

四、湖泊功能

湖泊主要承担了洪涝调蓄、水产养殖和生物栖息功能。湖泊外排主要依靠蔡坊站和蔡坊堤涵闸,汛期由蔡坊站抽排,蔡坊站装机容量55 kW;平时则由蔡坊堤涵闸控制水位。

润安渡堤将苗塘池与军山湖分离,使得苗塘池独立成一个湖泊,堤防起点钟陵乡巷里村,终点至钟陵乡钟陵村。润安渡堤为千亩圩堤,堤防总长8.36 km,保护面积7.2 km²,保护耕地0.28万亩,保护人口0.16万人,现状防洪能力不足10年一遇。

五、湖泊管理

苗塘池尚未成立综合性的湖泊专门管理机构,目前由南昌市进贤县钟陵乡政府管理,主要负责湖泊堤防及穿堤水利建筑物管护、水产养殖等方面的工作。

苗塘池已建立了区域与流域相结合的乡、村二级湖长制组织体系,已设置乡级湖长1名、村级湖长1名。

各级湖长对包干湖区的水环境治理工作负有领导责任,具体承担包干湖区综合治理与日常管护工作的指导、协调和监督职能,推动湖泊岸线区域内的水资源、防洪排涝、水域岸线、水产养殖、水环境、水生态等相关工作的开展,牵头组织对侵占岸线、超标排污、电毒炸鱼、水资源违规利用等突出问题依法进行清理整治。

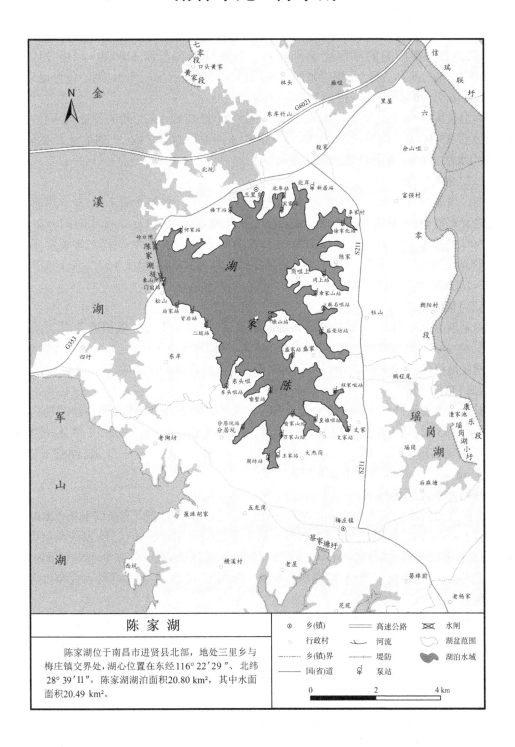

附件十九　陈家湖

陈家湖

　　陈家湖位于南昌市进贤县北部，地处三里乡与梅庄镇交界处，湖心位置在东经116°22′29″、北纬28°39′11″。陈家湖湖泊面积20.80 km²，其中水面面积20.49 km²。

乡(镇)　　高速公路　　水闸
行政村　　河流　　湖盆范围
乡(镇)界　　堤防　　湖泊水域
国(省)道　　泵站

0　　2　　4 km

一、自然环境

(一)湖泊位置及形态

陈家湖位于鄱阳湖南部、进贤县北部,地处鄱阳湖平原。东与信江相邻,西南与军山湖毗邻,西北与鄱阳湖的湖汊金溪湖相接。地理位置在东经 116°20′~116°24′、北纬 28°36′~28°40′,涉及三里乡、梅庄镇两个乡(镇)。湖面大致呈三角形,湖心位置地理坐标为东经 116°22′29″、北纬 28°39′11″。

湖泊长度 8.58 km,最大宽度 6.20 km,平均宽度 2.42 km。湖泊设计高水位 15.92 m,常水位 13.90 m。湖泊面积 20.80 km²,其中水面面积 20.49 km²。湖泊最大水深 5.12 m,平均水深 3.65m,水体体积 7 469 万 m³。

(二)水文气象

湖区属亚热带季风湿润气候区,雨量充沛,四季分明。秋冬冷而干燥,夏季热而潮湿,春夏之交多雷雨,伏秋之间长久晴。湖区多年平均降水量 1 645 mm,降水时间分布不均,全县 60% 的降水主要集中在 4—7 月梅雨季节,加之缺乏蓄水条件,洪涝灾害频发;秋季雨水较少,常发生伏旱。湖区多年平均气温 17.7 ℃;年平均湖水温度 16 ℃;年日照时数在 1 900~2000 h。

(三)河流水系

陈家湖为鄱阳湖湖汊,属长江流域鄱阳湖水系,来水主要为区域积流及雨洪,湖泊集雨面积 48 km²。其承泄河湖为抚河尾闾金溪湖(鄱阳湖子湖)。

湖区地势低洼,1988 年、1995 年、1998 年均发生较严重的洪涝灾害。

(三)自然资源

根据江西省水产科学研究所对陈家湖浮游生物的调查报告,陈家湖中浮游动物有 37 种,隶属于 25 属,其中原生动物 6 属 9 种、轮虫类 6 属 6 种、枝角类 7 属 14 种、桡足类 6 属 8 种,浮游动物量平均为 0.27 mg/L;浮游植物有 35 种,隶属于 6 门 31 属,浮游植物量平均为 4.42 mg/L。渔业资源主要为四大家鱼。

(四)水生态环境状况

根据江西省水文监测中心和水利部中国科学院水工程生态研究所编制的《2019 年度江西省 1 km² 以上湖泊水生态调查报告》,基于水化学水质评价方法,陈家湖水质类别为Ⅲ类,富营养化等级为轻度富营养化;基于生物学水质评价方法,陈家湖水质等级为劣等,属严重污染,浮游植物密度偏高、底栖动物处"不健康"状态,生物多样性和完整性差。陈家湖水生态综合评价等级为差等。

经调查统计,流域范围内工矿企业较少,且规模普遍较小,经过清河行动,排污基本能达到要求,沿河两岸没有工矿企业污水直排入河。湖泊主要污染源为养殖污染、农业面源污染和农村生活污水。

二、历史变迁

陈家湖属新构造断陷湖泊,原与鄱阳湖的湖汊金溪湖一体,为了解决湖泊洪涝和内涝问题,于 1958 年修建了陈家湖堤和岭口、象山 2 座外排涵闸,成为固定湖,湖水出陈家湖堤和水闸向西进入鄱阳湖的湖汊金溪湖。中华人民共和国成立前,湖区为血吸虫病重型疫区,所处的进贤县疫区有 3 422 人因血吸虫病死亡,11 个村庄被疫病毁灭。1956 年,环湖设血防组,三里乡是当时县血防站所在地。20 世纪 70 年代,湖区血吸虫病基本被消灭,20 世纪 90 年代疫情复发。血吸虫病防治工作仍在进行。

湖泊的最早管理是由居民或村庄负责,由于无序开发,湖区部分湖汊遭到围垦,使得湖面面积有所减小。近几年,随着政府实行河湖长制政策,由之前的居民自行管理改为政府专门管理,合理规划、使用湖泊资源。

三、湖区经济开发

陈家湖涉及三里乡、梅庄镇 2 个乡(镇),流域现状人口总计 8.86 万人,其中,城镇人口 1.7 万人,农村人口 7.16 万人。地区生产总值总计 40.02 亿元,全年财政收入累计完成 0.71 亿元;流域耕地面积 7.69 万亩,农作物播种面积 8.39 万亩,年产量 4.15 万 t,主产水稻、棉花、芝麻、大豆、油菜籽等;湖区水产养殖面积 2.7 万亩,养殖方式为人放天养,养殖种类主要为四大家鱼和黄鳝,年产量 1.05 万 t。

四、湖泊功能

陈家湖主要承担洪涝调蓄、农业灌溉、水产养殖、旅游观光和生物栖息功能。湖泊外排主要依靠陈家湖堤上的岭口闸、象山闸控制,孔口尺寸均为 5 m×5 m。湖泊沿岸建有 25 个灌溉泵站,装机容量 863 kW,灌溉面积 2.11 万亩。

陈家湖堤为江西省 1 万~5 万亩圩堤,建于 1958 年,全长 1.21 km,保护面积 17.21 km²,保护耕地 1.16 万亩,保护人口 0.85 万人。经过多次除险加固及混凝土护坡后,圩堤现状防洪标准为防御相应于湖口水位 19.79 m 的洪水。

五、湖泊管理

陈家湖尚未成立综合性的湖泊专门管理机构,目前由南昌市进贤县三里乡政府管理,主要负责湖泊堤防及穿堤水利建筑物管护、湖面保洁、农业灌溉、水产养殖等方面的工作。

陈家湖已建立了区域与流域相结合的县、乡、村三级湖长制组织体系,已设置县级湖长 1 名、乡级湖长 2 名、村级湖长 5 名。

县级湖长为总湖长,全面负责陈家湖湖长制工作,承担总督导、总调度职责。乡级湖长对包干湖区的水环境治理工作负有领导责任,具体承担包干湖区治理工作的指导、协调和监督职能,推动湖泊岸线区域内的水资源、防洪排涝、水域岸线、水产养殖、水环境、水生态等相关工作的开展。

附件二十　瑶岗湖

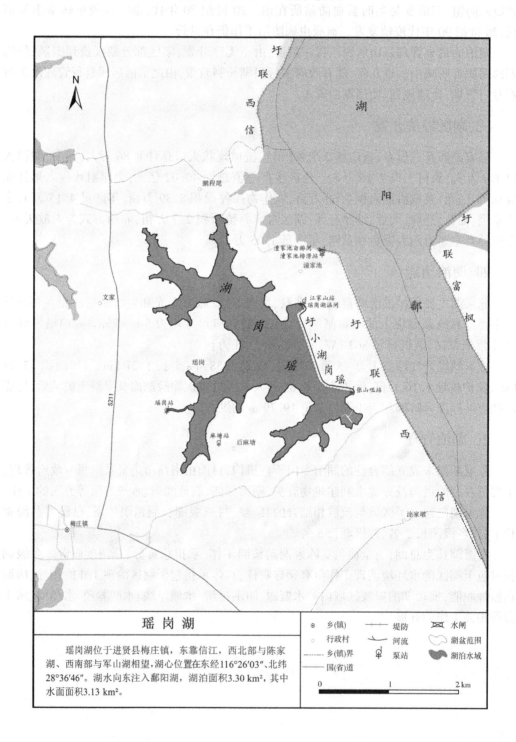

瑶岗湖

　　瑶岗湖位于进贤县梅庄镇，东靠信江，西北部与陈家湖、西南部与军山湖相望，湖心位置在东经116°26′03″、北纬28°36′46″。湖水向东注入鄱阳湖，湖泊面积3.30 km²，其中水面面积3.13 km²。

图例		
⊙ 乡(镇)	┼┼ 堤防	⋈ 水闸
○ 行政村	⋏ 河流	⚲ 泵站
---- 乡(镇)界		◠ 湖盆范围
—— 国(省)道		▨ 湖泊水域

0　　　　1　　　　2 km

一、自然环境

(一)湖泊位置及形态

瑶岗湖位于进贤县梅庄镇,东靠信江,西北部与陈家湖、西南部与军山湖相望。湖面大致呈"人"字形,地理位置在东经116°25′~116°27′、北纬28°35′~28°37′,湖心位置在东经116°26′03″、北纬28°36′46″。

湖泊长度3.64 km,最大宽度3.18 km,平均宽度0.91 km。湖泊设计高水位16.00 m,常水位15.20 m。湖泊面积3.30 km²,其中水面面积3.13 km²。湖泊最大水深3.83 m,平均水深2.40 m,水体体积750万 m³。

(二)水文气象

湖区属亚热带江南山地湿润区,雨量充沛,四季分明。秋冬冷而干燥,夏季热而潮湿,春夏之交多雷雨,伏秋之间长久晴。湖区多年平均降水量在1 600~1 800 mm,年水面蒸发量约为1 000 mm,多年平均径流深在800~1 000 mm。降水时间分布不均,全县60%的降水主要集中在4—7月梅雨季节,加之缺乏蓄水条件,洪涝灾害频发;秋季雨水较少,常发生伏旱。湖区多年平均气温17.7 ℃;年平均湖水温度16 ℃;年日照时数在1 900~2 000 h。

(三)河流水系

瑶岗湖属长江流域鄱阳湖水系,湖泊集雨面积27.56 km²。瑶岗湖无较大的入湖河流,水源主要来自区域积流及雨洪,信江为瑶岗湖的承泄河湖。

(四)自然资源

江西省水产科学研究所对瑶岗湖浮游生物的调查报告显示,瑶岗湖中,浮游植物有9种,其中绿藻门种类数最多,占藻类总种数的64.50%,浮游植物平均细胞数量为0.32万个/L;浮游动物有6种,平均数量和平均生物量分别为85.96个/L和1.13 mg/L。湖内底栖动物3种,水生管束植物7种,天然鱼种22个,特产螃蟹、虾、黄鳝、甲鱼等。

(五)水生态环境状况

根据江西省水文监测中心和水利部中国科学院水工程生态研究所编制的《2019年度江西省1 km²以上湖泊水生态调查报告》,基于水化学水质评价方法,瑶岗湖水质类别为Ⅴ类,富营养化等级为中度富营养化;基于生物学水质评价方法,瑶岗湖水质等级为劣等,属严重污染,浮游植物密度偏高,底栖动物处"亚健康"状态,生物多样性和完整性差。瑶岗湖水生态综合评价等级为差等。

经调查,瑶岗湖流域内无规模以上入河排污口,但湖周边有大片农田和众多村落,存在农业面源污染和农村生活污水,加之水产养殖污染,造成湖泊水质差。

二、历史变迁

瑶岗湖原与信江自然连通,1966年兴建信西联圩(康乐段),自此瑶岗湖与信江一堤之隔,独立成湖,湖泊水面面积大幅缩小。20世纪70年代,随着围湖造田的开展,兴建了瑶岗湖小圩,信西联圩和瑶岗湖小圩之间1.6 km²湖面用于农业生产。瑶岗湖小圩兴建以后,瑶岗湖形态上没有太大的变化,湖泊面积也没有出现明显萎缩情况,居民自行组织水产养殖,自行管理湖泊。近几年,随着政府实行湖长制政策,瑶岗湖同样加入其中,由最早的自行管理改变为政府统一管理,以便合理规划、使用湖泊资源。

为解决湖区防洪排涝问题,湖区建成信西联圩(康乐段)和瑶岗湖小圩,以及潼家池自排闸、瑶岗湖涵闸和潼家池排涝站;因灌溉需要,建成4座灌溉泵站。

三、湖区经济开发

瑶岗湖位于进贤县梅庄镇瑶岗村,湖区现状人口总计3.92万人,其中,城镇人口1.2万人,农村人口2.72万人。地区生产总值总计14亿元;全年财政收入累计完成0.3亿元;流域耕地面积0.8万亩,农作物播种面积1.5万亩,年产量0.62万t;水产养殖面积0.44万亩,年产量为0.22万t。

四、湖泊功能

湖泊主要承担了洪涝调蓄、农业灌溉、水产养殖、旅游观光和生物栖息功能。湖泊外排主要依靠潼家池排涝站、潼家池自排闸和瑶岗湖涵闸,汛期由潼家池排涝站抽排,潼家池排涝站装机容量620 kW;平时则由潼家池自排闸和瑶岗湖涵闸控制水位。沿湖建有瑶岗站、江家山站、张山咀站、麻塘站共4座灌溉泵站,灌溉面积0.64万亩。水产养殖面积0.44万亩,养殖方式为人放天养,养殖种类以四大家鱼为主,特产螃蟹、虾、黄鳝、甲鱼等。

湖岸建有信西联圩(康乐段)和瑶岗湖小圩,信西联圩属鄱阳湖区重点圩堤,信西联圩全长26.412 km,其中康乐段起点为三里乡黄家村,终点为三里乡金坑村,堤防长度9.2 km,现状防洪能力为20年一遇,保护面积为56.85 km^2,保护人口3.55万人。瑶岗湖小圩为千亩圩堤,起点为梅庄镇张山咀,终点为梅庄镇江家山,堤防长度1.76 km,保护面积为2.8 km^2,现状防洪能力不足10年一遇。

五、湖泊管理

瑶岗湖尚未成立综合性的湖泊专门管理机构,目前由南昌市进贤县梅庄镇政府管理,主要负责湖泊堤防及穿堤水利建筑物管护、湖面保洁、农业灌溉、水产养殖等方面工作。

瑶岗湖已建立了区域与流域相结合的乡、村二级湖长制组织体系,已设置乡级湖长1名、村级湖长4名。

各级湖长对包干湖区的水环境治理工作负有领导责任,具体承担包干湖区综合治理与日常管护工作的指导、协调和监督职能,推动湖泊岸线区域内的水资源、防洪排涝、水域岸线、水产养殖、水环境、水生态等相关工作的开展,牵头组织对侵占岸线、超标排污、电毒炸鱼、水资源违规利用等突出问题依法进行清理整治。

附件二十一 白水湖

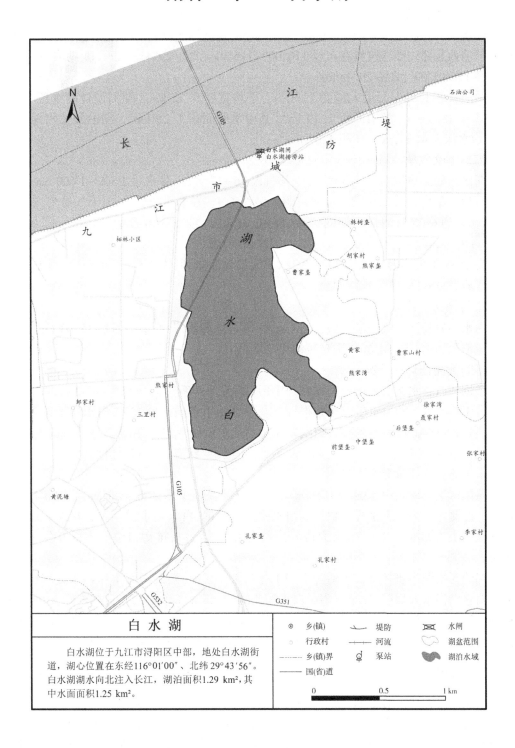

白水湖

白水湖位于九江市浔阳区中部，地处白水湖街道，湖心位置在东经116°01′00″、北纬29°43′56″。白水湖湖水向北注入长江，湖泊面积1.29 km²，其中水面面积1.25 km²。

图例			
⊙ 乡(镇)	⊼ 堤防	⊠ 水闸
◎ 行政村	┼ 河流	◠ 湖盆范围
⋯ 乡(镇)界	⚲ 泵站	⬤ 湖泊水域
━ 国(省)道		

0   0.5   1 km

一、自然环境

(一)湖泊位置及形态

白水湖属九江市城中湖,位于九江城区东部,距江岸 150~250 m,九江长江大桥引桥横穿湖泊西北部。地理位置在东经 116°00′~116°01′、北纬 29°43′~29°44′,湖泊中心位置在东经 116°01′00″、北纬 29°43′56″。

湖泊长度 1.82 km,最大宽度 1.11 km,平均宽度 0.72 km。湖泊设计高水位 16.59 m,常水位 15.59 m。湖泊面积 1.29 km²,其中水面面积 1.25 km²。湖泊最大水深 4.31 m,平均水深 3.41 m,水体体积 426 万 m³。

(二)水文气象

湖区地处亚热带季风气候区,年平均气温 16~17 ℃,年降水量 1 300~1 600 mm,降水量 40%以上集中在第二季度。年无霜期 239~266 d。春季回暖较早,但天气易变,乍暖乍寒;从初夏到 6—7 月的梅雨期间,降水集中,大暴雨频繁,5—6 月的常年平均降水量为 200 mm 左右,容易导致洪涝灾害的发生;出梅后受副热带高压控制,天气晴热干燥,不少年份高于 35 ℃ 的高温日长达 20 余天;秋季气温较为温和,雨水少;冬季阴冷,霜冻期短,不过随着温室效应,暖冬现象明显。

(三)河流水系

白水湖属长江干流中游下段(宜昌至湖口)右岸水系,湖泊集雨面积 15.63 km²,无较大河流汇入湖泊,主要汇集周围丘陵沟汊之水。

(四)水生态环境状况

根据江西省水文监测中心和水利部中国科学院水工程生态研究所编制的《2019 年度江西省 1 km² 以上湖泊水生态调查报告》,基于水化学水质评价方法,白水湖水质类别为 Ⅴ类,富营养化等级为中度富营养化;基于生物学水质评价方法,白水湖水质等级为劣等,属严重污染,浮游植物密度过高、底栖动物处"不健康"状态,生物多样性和完整性差。白水湖水生态综合评价等级为劣等。

浔阳区生态局在白水湖口和白水湖心分别设置 1 个水质监测断面,监测频次为 1次/月,监测方式为人工采样。根据湖泊水质监测数据,白水湖水质状况为Ⅳ类。白水湖有规模以上入湖排污口 1 个,为大桥五公司白水湖排污口,排污口位于大桥五公司白水湖边。

湖泊污染源主要是城市生活污水和工业污水。目前,湖区内有 1 座污水处理厂——九江白水湖污水处理厂,位于浔阳区白水湖北隅,紧邻滨江东路锦龙宾馆南侧、白水湖路东侧。该厂处理规模为 1.5 万 m³/d,远期设计处理规模为 3.5 万 m³/d,处理后出水水质达到《城镇污水处理厂污染物排放标准》(GB 18918—2002)中一级 A 标准。

二、历史变迁

白水湖属九江市城中湖,湖泊水边界历来变化不大,周边建设则日新月异。京九铁路及九江大桥公路引桥凌空掠过湖面,将白水湖一分为三,东部以铁路引桥为界,桥下建有直通湖区的南岸公路,湖东湾汊又称珠树垄;中南部水域最宽,湖面多未开发利用,其中南部湖面有两个较大湖汊,东为后堡垄,西为前堡垄;西北部湖面最小,紧邻九江市区。近年来,随着湖长制的推进,湖泊资源得到更好的规划和利用。

湖区具有一定的调蓄能力,平时湖水经白水湖闸导入长江,汛期由白水湖排涝泵站抽排入江,持续降雨使沿湖易渍涝成灾。白水湖排涝站位于长江大桥南桥头,建于 20 世纪 70 年代,原规模为 2.2 m×2.2 m 排涝闸及 3×155 kW 的泵站各 1 座,因设备老化,1998 年洪水后拆除重建,新泵站装机容量 4×280 kW,起排水位 17 m(吴淞高程),最高限制水位 19.9 m(吴淞高程)。

三、湖区经济开发

湖盆区涉及白水湖街道,现状人口总计 8.4 万人,均为城市人口。地区生产总值总计 30.28 亿元,财政收入总计 0.91 亿元;流域无耕地;水产养殖面积 2 000 亩,养殖方式为人放天养,养殖种类以四大家鱼为主,年产量 250 t。

四、湖泊功能

湖泊主要承担了洪涝调蓄、水产养殖、旅游观光和生物栖息功能,湖泊外排由白水湖排涝站和白水湖闸控制,平时湖水经闸门导入长江,汛期由排涝泵站抽排入江。白水湖排涝站装机容量 1 120 kW。

2001 年 10 月,于湖区西北角建成白水湖公园,2006 年又在公园中建起九江会展中心,中心又称"白水明珠",建筑造型犹如一颗珍珠卧于湖畔。白水湖地区已成为市民重要的休闲娱乐地。

五、湖泊管理

白水湖尚未成立综合性的湖泊专门管理机构,目前由九江市浔阳区白水湖村委会管理,主要负责湖泊水产养殖、湖面保洁、泵站与涵闸管护等方面的工作。

白水湖已建立了区域与流域相结合的区、乡、村三级湖长制组织体系,已设置区级湖长 1 名、乡级湖长 1 名、村级湖长 1 名。

区级湖长为总湖长,全面负责白水湖湖长制工作,承担总督导、总调度职责。乡级湖长对包干湖区的水环境治理工作负有领导责任,具体承担包干湖区治理工作的指导、协调和监督职能,推动湖泊岸线区域内的水资源、防洪排涝、水域岸线、水产养殖、水环境、水生态、旅游观光等相关工作的开展。

附件二十二　甘棠湖(南门湖)

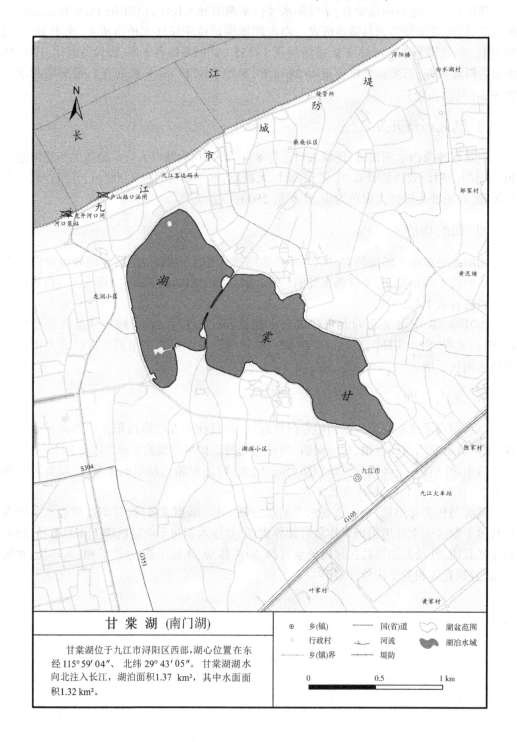

甘棠湖 (南门湖)

甘棠湖位于九江市浔阳区西部,湖心位置在东经115°59′04″、北纬29°43′05″。甘棠湖湖水向北注入长江,湖泊面积1.37 km²,其中水面面积1.32 km²。

图例			
◎ 乡(镇)	—— 国(省)道		湖盆范围
○ 行政村	河流		湖泊水域
---- 乡(镇)界	堤防		

0　　　0.5　　　1 km

一、自然环境

(一)湖泊位置及形态

甘棠湖又名南门湖,位于九江市城市中心,东有白水湖、南倚庐山、西毗八里湖、北临长江,湖形似巴掌,地理位置在东经115°58′~115°59′、北纬29°43′~29°44′,湖心位置在东经115°59′04″、北纬29°43′05″。湖堤将湖一分为二,西北侧为甘棠湖,东南部为南门湖,两湖相通,现统称甘棠湖(南门湖)。

湖泊长度2.32 km,最大宽度1.16 km,平均宽度0.60 km。湖泊设计高水位16.59 m,常水位15.59 m。湖泊面积1.37 km²,其中水面面积1.32 km²。湖泊最大水深4.11 m,平均水深3.36 m,水体体积444万 m³。

(二)水文气象

湖区地处亚热带季风气候区,年平均气温16~17 ℃,年降水量1 300~1 600 mm,降水量40%以上集中在第二季度。6—7月为梅雨季节,降水集中,大暴雨频繁;5—6月的常年平均降水量为200 mm左右,容易导致洪涝灾害。春季回暖较早,但天气易变,乍暖乍寒。出梅后受副热带高压控制,天气晴热干燥,不少年份高于35 ℃的高温日长达20余天;秋季气温较为温和,雨水少;冬季阴冷,霜冻期短,不过随着温室效应,暖冬现象明显。年无霜期239~266 d。

(三)河流水系

甘棠湖属长江宜昌至湖口干流水系,除承接湖周城区径流外,另一部分入湖水量来自城东南丘陵地区的坡面汇流,总集水面积15.35 km²。湖泊承泄河湖为长江。

(四)自然资源

甘棠湖有藻类80种,隶属于48属8个门,以硅藻门、绿藻门为主,其次为隐藻门、蓝藻门、裸藻门、金藻门、黄藻门和甲藻门等。甘棠湖浮游藻类随季节变化发生相应变化,春季以硅藻、绿藻、隐藻为主;夏季绿藻占优势,其次是硅藻,隐藻,蓝藻再次之,在烟水亭采样点出现少量的绿裸藻,夏季平均数量为518万个/L;秋季平均数量为402万个/L,以硅藻和绿藻为主,与夏季相比,绿藻数量减少,硅藻数量增加;冬季平均数量为90万个/L,以硅藻为主,绿藻次之。同时,甘棠湖浮游藻类的优势为铜绿微囊藻、鱼腥藻、衣藻、空星藻、栅列藻、鼓藻、裸藻、扁裸藻、直链藻、小环藻、针杆藻、舟形藻、大羽纹藻、桥弯藻、菱形藻、隐藻等种类。

甘棠湖以放养白鲢、花鲢为主,其他鱼类为辅。其中,白鲢占53%,花鲢占30%,草鱼占10%,鲤鱼占6%,青鱼占1%。

(五)水生态环境状况

随着城市化进程的加快,沿湖周边建设大量住宅区,湖水受到污染。1994年龙开河填平后,甘棠湖成为一潭死水,水质变成劣Ⅴ类。进入21世纪,采取多项改造措施,一方面清淤截污,另一方面引水循环,2005年末综合污染指数由2000年的18.03下降到10.67,水质有所好转但水质较差的局面尚未根本好转。2006年,甘棠湖的5个测点的高锰酸盐指数、生化需氧量、氨氮、亚硝酸盐指数、总磷、总氨指标大量超标,在各项污染指标中总磷、总氮为主要污染物。2007年,通过引来八里湖水,水质状态进一步好转。近年来,随着排污口整治、城市雨污分流、水系连通等工程的实施,甘棠湖水质得到进一步改善。根据《2019年江西省水质专报》,湖泊水质年际变化大,在Ⅱ~Ⅳ类,甘棠湖水质整体好于南门湖,4—6月水质最好,甘棠湖水质为Ⅱ类,南门湖水质为Ⅲ类;其次是1—3月,甘棠湖水质为Ⅲ类,南门湖水质为Ⅳ类;7—12月水质最差,水质为Ⅳ类。

二、历史变迁

甘棠湖古名景星湖,俗称南门湖,唐长庆二年(822年)春,江州刺史李渤为方便行人,于湖上筑堤约千米,将湖一分为二,堤上筑石拱桥(思贤桥),两湖相通。后人为纪念李渤贤德,将此堤称为"李公堤"。

甘棠湖至长江最短距离300 m,旧时湖水可由溢浦港流入长江,此港于19世纪在英租界内被填没后,改经龙开河排入长江。1994年龙开河填平后,湖水由龙开河地下管道排入长江,龙开河地下管道为箱涵,汛期关闸则由河口泵站抽排。20世纪80年代以前,湖区水质优良,湖中鱼儿欢跳,游船如织,夏天更是九江市民游泳、消暑的好地方。随着城市化进程的加快,沿湖周边建设大量住宅区,湖水受到污染。2007年又重新引来八里湖湖水,使水质状态进一步好转。

三、湖区经济开发

湖盆区涉及九江市浔阳区滨兴街道,为九江市中心城区。据统计,流域内人口总计20.22万人,基本为城市人口。地区生产总值总计51.19亿元,财政收入总计11.44亿元;水产养殖面积2 100亩,年产量250 t。

四、湖泊功能

湖泊承担了城市洪涝调蓄、水产养殖、旅游观光和生物栖息等功能。湖泊外排主要依靠河口泵站和龙开河口闸,由九江市城区泵站管理处负责管理,汛期由河口泵站抽排,平时则由龙开河口闸控制水位,河口泵站装机容量930 kW(6×155 kW),龙开河口闸孔口尺寸为3 m×3 m。水产养殖方式为人放天养,养殖种类为四大家鱼。

甘棠湖周边自然和人文景观众多,相得益彰。北岸紧邻繁华市区,湖畔有烟水亭广场,是九江市的城市商贸、休闲圈;湖东北为湖滨休闲园;湖北岸有座百年历史的同文中学,是革命先烈方志敏的母校;湖畔东南岸坐落有南湖公园;湖西南角湖湾处有九江市历史最早的甘棠湖公园;湖中有李公堤、浸月亭,位于甘棠湖和长江之间的浪井(又称灌婴井、瑞井)是九江最早的历史文物。进入21世纪,九江市结合城市美化、亮化工程建设,将甘棠、南门二湖营造得更加清新亮丽。

五、湖泊管理

甘棠湖尚未成立综合性的湖泊专门管理机构,目前设有九江市园林管理局,主要负责湖面保洁、旅游观光设施管理等方面的工作。

甘棠湖已建立了区域与流域相结合的区、乡、村三级湖长制组织体系,已设置区级湖长1名、乡级湖长1名、村级湖长7名。

　　区级湖长为总湖长,全面负责湖长制工作,承担总督导、总调度职责。各级湖长是所辖湖区保护管理的直接责任人,主要负责组织领导相应的管理和保护工作,包括水资源保护、水资源利用、水域岸线管理、水污染防治、水环境治理等,牵头组织对侵占岸线、超标排污、电毒炸鱼、水资源违规利用等突出问题依法进行清理整治。

附件二十三　八里湖

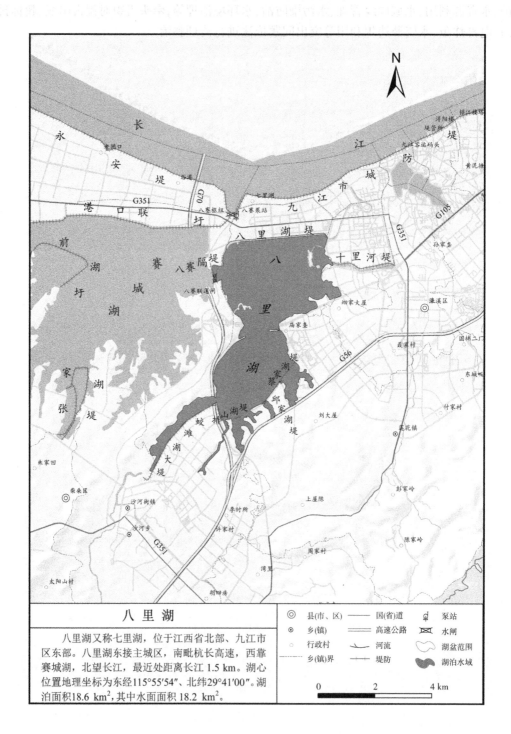

八里湖

　　八里湖又称七里湖，位于江西省北部、九江市区东部。八里湖东接主城区，南毗杭长高速，西靠赛城湖，北望长江，最近处距离长江 1.5 km。湖心位置地理坐标为东经115°55′54″、北纬29°41′00″。湖泊面积18.6 km²，其中水面面积18.2 km²。

图例		
◎ 县(市、区)	—— 国(省)道	泵站
◉ 乡(镇)	═══ 高速公路	水闸
○ 行政村	⋏ 河流	湖盆范围
------ 乡(镇)界	┼┼┼ 堤防	湖泊水域

0　　　　2　　　　4 km

一、自然环境

(一) 湖泊位置及形态

八里湖又称七里湖,位于江西省北部、九江市区东部。环湖路穿湖而过,将湖泊分为两部分。八里湖东接主城区,南毗杭长高速,西靠赛城湖,北望长江,最近处距离长江 1.5 km。地理位置在东经 115°55′~115°57′、北纬 29°38′~29°42′,湖心位置地理坐标为东经 115°55′54″、北纬 29°41′00″。

湖泊长度 9.72 km,最大宽度 4.69 km,平均宽度 1.91 km。湖泊设计高水位 18.94 m,常水位 16.47 m。湖泊面积 18.6 km²,其中水面面积 18.2 km²。湖泊最大水深 7.84 m,平均水深 5.59 m,水体体积 10 174 万 m³。

(二) 水文气象

湖区多年平均气温 16.8 ℃,最高气温 40.2 ℃,最低气温−9.7 ℃;流域内多年平均年降水量 1 669 mm,暴雨中心位于流域上游的庐山,年最大降水量 3 035 mm(1975 年),年最小降水量 868 mm(1978 年);多年平均年水面蒸发量 1 063 mm;冬季多西北风,夏季多东南风,年平均风速 2.3 m/s;水温 16.7 ℃。

(三) 河流水系

八里湖属长江干流中游下段(宜昌至湖口)右岸水系,流域东邻鄱阳湖、南毗博阳河、西靠赛城湖、北毗长江,湖泊集雨面积 273 km²,多年平均年水资源总量 2.50 亿 m³。八里湖主要接纳十里水、沙河等河流来水,十里水的集雨面积 61.7 km²;沙河是八里湖最大入湖支流,集雨面积 139 km²。承泄河流为长江。

1998 年 7 月,流域发生涝灾,湖泊最高水位达到 22.4 m,涝灾持续 20 d,受灾人口 0.5 万人,直接经济损失 300 万元。

(四) 水生态环境状况

根据江西省水文监测中心和水利部中国科学院水工程生态研究所编制的《2019 年度江西省 1 km² 以上湖泊水生态调查报告》,基于水化学水质评价方法,八里湖水质类别为Ⅳ类,富营养化等级为轻度富营养化;基于生物学水质评价方法,八里湖水质等级为劣等,属严重污染,浮游植物密度适中、底栖动物处“理想”状态,生物多样性和完整性较好。八里湖水生态综合评价等级为良等。

根据《2019 年江西省水质专报》,湖泊水质较差,水质全年保持在Ⅴ类水标准。湖区近城,水质受人类活动影响较大,主要污染来源于城市生活污水和工业污水。

二、历史变迁

八里湖的形成年代久远,最早为受长江东南向弯道与庐山西北面沟壑水流的搏击作用而形成的侵蚀沼泽地。随着历史变迁和不同时期人类对周边生存环境的改造,江湖逐渐分离,长江形成完整的堤防体系,加之沼泽围垦,最终形成湖泊。

20 世纪 70 年代,八里湖地区还是碧波浩渺的宽阔湖面,低水时湖面由 5 个小湖组成,分别是七里湖、八里湖、蛟滩湖、狮子湖、菱角湖,水面面积约 27 km²。1975 年围湖造田,使湖面面积减少近 2/5,现湖面主要是原来的七里湖,南部靠近柴桑区(原九江县)沙河镇附近则为蛟滩湖部分。20世纪90年代,越湖建设的京九铁路大桥又将七里湖分为上、下两部分。随着湖周的演变和行政归属的变更,以前的七里湖被叫成八里湖。现在所说七里湖是指街道名,八里湖则专指湖名。

历史上八里湖和赛城湖相互贯通,1970年建成八赛隔堤和赛城湖闸后,两湖分离,八里湖水经龙开河注入长江。1994年填平龙开河,在阎家渡开河建泄洪闸,湖水改道新开河经泄洪闸汇入长江。1983年、1995年、1998年和1999年大洪水期间,八里湖圩堤先后出现程度不同的险情,湖水位逼近或超过堤顶,堤内居民全部转移,经过及时抢筑子堤方未溃决。21世纪初,八里湖各重要圩堤进行加高加固整治,主堤设计防洪标准50年一遇。湖区防汛排涝主要依靠新开河泄洪闸和泵站工程,泄洪闸设3孔,每孔尺寸5 m×6.5 m,最大泄洪流量460 m³/s;泵站位于泄洪闸东侧,设计抽排流量47 m³/s。当长江水位低于湖水位时,通过泄洪闸自排;当长江水位高于湖水位时,关闭泄洪闸,以挡江洪倒灌;当湖水位高于18.5 m(吴淞高程)时,启用泵站抽取湖区洪水排入长江。

三、湖区经济开发

湖盆区涉及八里湖新区八里湖街道、赛城湖街道、赛城湖垦殖场,现状人口总计7.41万人,其中,城镇人口7.07万人,农村人口0.34万人。地区生产总值总计63.97亿元,财政收入总计6.65亿元。流域耕地面积1.59万亩,农作物播种面积1.84万亩,年产量1.02万t;水产养殖面积0.49万亩,年产量约0.09万t。

四、湖泊功能

湖泊主要承担洪涝调蓄、水产养殖、旅游观光和生物栖息功能。洪涝调蓄方面,已建排涝站1座(外排),为八里湖泵站,装机容量2 000 kW;已建新开河泄洪闸(外排),孔口尺寸为3孔5 m×6.5 m。水产养殖方式以人放天养为主,品种有草鱼、鲢鱼、鳙鱼、彭泽鲫等,以鲢鱼和鳙鱼为主。湖区建有八里湖公园,占地面积约1.0 km²,另有沿湖风景道23 km。

湖岸建有八里湖堤、八赛隔堤、蛟滩湖大堤等堤防。八里湖堤、八赛隔堤总长度分别为3.52 km、1.65 km,现状防洪能力为50年一遇;蛟滩湖圩总长度4.68 km,现状防洪能力为30年一遇。

五、湖泊管理

八里湖尚未成立综合性的湖泊专门管理机构,目前由九江市农林水利服务中心管理,主要负责湖泊堤防及穿堤水利建筑物管护、湖面保洁、水产养殖等方面的工作。

八里湖已建立了区域与流域相结合的县、乡(镇)、村三级湖长制组织体系,已设置县级湖长1名、乡(镇)级湖长3名。

县级湖长为总湖长,全面负责八里湖湖长制工作,承担总督导、总调度职责。各乡(镇)级湖长对包干湖区的水环境治理工作负有领导责任,具体承担包干湖区综合治理与日常管护工作的指导、协调和监督职能,推动湖泊岸线区域内的水资源、防洪排涝、水域岸线、水产养殖、水环境、水生态、旅游观光等相关工作的开展。

附件二十四　赛城湖

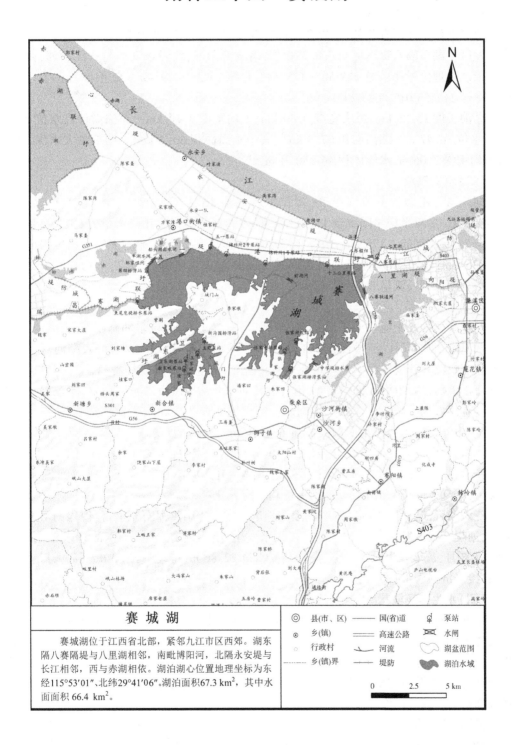

赛 城 湖

　　赛城湖位于江西省北部，紧邻九江市区西郊。湖东隔八赛隔堤与八里湖相邻，南毗博阳河，北隔永安堤与长江相邻，西与赤湖相依。湖泊湖心位置地理坐标为东经115°53′01″、北纬29°41′06″。湖泊面积67.3 km²，其中水面面积66.4 km²。

◎ 县(市、区)	—— 国(省)道	🏠 泵站
◉ 乡(镇)	=== 高速公路	⊠ 水闸
○ 行政村	〜 河流	湖盆范围
---- 乡(镇)界	— 堤防	湖泊水域

0　　　2.5　　　5 km

一、自然环境

(一)湖泊位置及形态

赛城湖位于江西省北部,紧邻九江市区西郊,涉及九江市柴桑区、瑞昌市、九江经济技术开发区。湖东隔八赛隔堤与八里湖相邻,南毗博阳河,北隔永安堤与长江相邻,西与赤湖相依。地理位置在东经115°50′~115°54′、北纬29°38′~29°42′。湖泊湖心位置地理坐标为东经115°53′01″、北纬29°41′06″。

湖泊长度15.86 km,最大宽度9.40 km,平均宽度4.24 km。湖泊设计高水位21.03 m,常水位16.47 m。湖泊面积67.3 km²,其中水面面积66.4 km²。湖泊最大水深10.80 m,平均水深7.06 m,水体体积46 850万 m³。

(二)水文气象

湖区属北亚热带季风气候区,多年平均气温16.8 ℃,最高气温41.2 ℃,最低气温-10.3 ℃;多年平均年降水量1 470 mm,4—9月降水量占全年降水量的69.2%,最大年降水量为1998年的2 176 mm,最小年降水量为1978年的974 mm;多年平均年水面蒸发量1 026 mm;以北、东风居多,年平均风速2 m/s,最大风速17.2 m/s,平均水温16.7 ℃。多年平均年入湖径流量8.01亿 m³。

(三)河流水系

赛城湖属长江干流中游下段(宜昌至湖口)右岸水系,流域东邻鄱阳湖、南毗博阳河、西靠八里湖、北毗长江,流域面积991 km²,多年平均径流量8.01亿 m³,入湖河流主要为长河和蚂蚁河。长河发源于瑞昌市花园乡茅竹村,流经石山堰于桂林桥附近右岸纳入最大支流横港河(流域面积283 km²),汇合后转向东北达瑞昌市溢城镇东郊,向东偏北流至柴桑区赛湖农场毛沟新村注入赛城湖。长河流域面积730 km²,干流河道长度73.4 km,河道平均比降1.6‰,多年平均径流量6.22亿 m³。蚂蚁河发源于柴桑区新合镇的小岷山,河道自西南向东北流经岷山、前进、爱国等村,于下游太空泉村与观音河汇流,下游河流于杨桥村熊家垄汇入小城门湖,经大城门湖,由赛城湖注入长江。蚂蚁河流域面积43 km²,干流河道长度13.47 km,河道平均比降6.9‰。

赛城湖近江、近山、近城,赛城湖上游地区经常发生山洪泥石流灾害,使入湖河道多处淤塞,河堤冲毁。赛城湖地区洪水灾害频繁发生,给当地群众生产、生活带来较大影响。1998年8月,流域发生洪涝灾害,湖泊最高水位22.86 m,持续时长20 d,受灾人口1.5万人,直接经济损失1 100万元。

(四)水生态环境状况

根据江西省水文监测中心和水利部中国科学院水工程生态研究所编制的《2019年度江西省1 km²以上湖泊水生态调查报告》,基于水化学水质评价方法,赛城湖水质类别为Ⅲ类,富营养化等级为轻度富营养化;基于生物学水质评价方法,赛城湖水质等级为中等,属轻度污染,浮游植物密度偏高,底栖动物处"亚健康"状态,生物多样性和完整性较差。赛城湖水生态综合评价等级为差等。

根据《2019年江西省水质专报》,湖泊水质年际变化大,为Ⅱ~Ⅳ类,7—9月水质最差,为Ⅳ类,主要原因是入湖河口水质较差,受网箱养殖、农业面源污染、农村生活污水影响,总磷和氨氮超标;其余月份水质为Ⅱ类。

根据《九江市水功能区划》,赛城湖共划分一级水功能区 1 个,为赛城湖开发利用区;二级水功能区 1 个,为赛城湖渔业用水区。区域内有 2 个排污口,均为农村生活污水处理厂排污口。其一为柴桑区港口污水处理厂入湖排污口,位于柴桑区港湖大道西侧,东经115°48′32″、北纬 29°42′57″处,2016 年建成,由港口街镇人民政府申请设置,柴桑区水利局和柴桑区环保局审批,进行在线监测,通过涵闸间歇性排放入赛城湖,设置排污水量 21.6万 t/a,实际排污水量 21.9 万 t/a。其二为九江矿冶有限公司入河排污口,位于柴桑区港口街镇生机林村委会,东经 115°44′25″、北纬 29°42′57″,2008 年建成,由九江矿冶有限公司申请设置,柴桑区环保局审批,无在线监测,通过明渠间歇性排放入赛城湖,设置排污水量 7.3 万 t/a,实际排污水量 3.6 万 t/a。

二、历史变迁

赛城湖区域最初为受长江弯道冲积与其南岸沟壑水流搏击作用而形成的侵蚀沼泽地,之后随着历史变迁和人类对周边生存环境的改造,江湖逐渐分离,沼泽变成湖泊。赛城湖原名赛湖,古称"鹤问湖",其源自清同治《德化县志》载:"九江城西十五里有鹤问湖,世传陶侃择地葬母,至此遇异人,云前有牛眠处可葬,已而化鹤飞去。"南朝宋刘义庆(403—444 年)撰《幽明录》云:陶士年少时在西南一塞取鱼自问"其地曰鹤问",因而得名。

赛城湖原包括大城门湖、小城门湖、牧湖、长港湖、雪湖、船头湖等 16 个湖泊,1958 年将赛湖与大、小城门湖合称赛城湖,城市防洪堤五一堤建成后,船头湖独立成一个湖泊。各子湖间多有低矮堤坝相隔,冬季枯水期各子湖形成独立水域,水深 0.5~1.0 m;夏季丰水期各子湖彼此连通,形成统一大湖。1953 年以前湖区面积达 127 km²,为长江蓄洪区之一。20 世纪 50 年代和 70 年代曾两次筑堤围垦,修建大小圩堤 25 座,使湖水面积大幅减少。历史上赛城湖与八里湖两湖相通,湖水经南浔铁路桥入八里湖,再通过九江市区内龙开河注入长江。1970 年赛城湖、八里湖分治,在南浔铁路桥西附近筑起八赛隔堤,并在赛城湖距长江最近地段阎家渡开河兴建 5 孔大闸,湖水通过该闸直入长江。1998 年大洪水后,拆除老闸重建,2001 年底 5 孔 5 m×7 m 新闸竣工,设计最大泄洪流量 1 060 m³/s,减轻了内涝威胁。港口镇杨家洲附近的西部湖面目前已发展有光伏发电场地。

三、湖区经济开发

湖盆区涉及九江市八里湖新区赛城湖街道、赛城湖垦殖场、柴桑区沙河街道、城门街道、新塘乡、港口街镇、瑞昌市赛城农场,现状人口总计 18.64 万人,其中,城镇人口 7.02万人,农村人口 11.62 万人。地区生产总值总计 21.34 亿元,财政收入总计 2.06 亿元;流域耕地面积 4.42 万亩,农作物播种面积 4.79 万亩,年产量 2.03 万 t;水产养殖面积 5.63万亩,年产量 0.39 万 t。

1950 年,将西部船头湖及北岸沼泽地围垦开发,于湖西北岸创办赛湖农场,农场与北岸相邻的江西省棉花研究所等单位,利用湖面和土地资源进行综合开发利用,湖中现有淡水鱼类 44 种,蚌类蕴藏量 500 t 以上。沿湖土地肥沃,主要种植蔬菜、棉花、油菜等经济作物,还是棉花新品种的实验研究基地。港口镇杨家洲附近的西部湖面发展有 0.12 万亩光伏发电场地,设计规模 70 MW。

四、湖泊功能

湖泊承担了洪涝调蓄、水产养殖、农业灌溉、旅游观光、生物栖息和光伏发电等功能。湖泊外排主要依靠八赛枢纽赛城湖泵站和赛城湖大闸,由九江市城区泵站管理处负责管理,汛期由八赛枢纽赛城湖泵站抽排,平时则由赛城湖大闸控制水位,泵站装机容量 8 000 kW(4×2 000 kW)。此外,还有五一、丰湖、前湖、中字堤、张家湖等内排泵闸。湖面水产养殖以人放天养为主,品种有鳙鱼、草鱼、鲢鱼、彭泽鲫等,以鳙鱼为主,特色水产品有河蟹、珍珠等。赛城湖无生活供水任务,承担了湖区部分农业灌溉任务,如赛湖农场棉花基地灌溉用水即通过棉科所 1 号、2 号泵站提湖水灌溉。湖区有 0.12 万亩湖面现用于光伏发电,设计规模 70 MW。

湖岸建有赛城湖港口联圩、八赛隔堤、张家湖堤等 12 座圩堤,总长 53.13 km,保护面积 135.75 km²,保护耕地 7.98 万亩,保护人口 23.76 万人。其中,赛城湖港口联圩、八赛隔堤、五一堤、丰湖堤、蛟滩湖大堤属九江市城防堤,城防堤防洪标准为 30~50 年一遇。

为美化城区环境,方便市民休闲娱乐,环湖区已建有环湖绿道和多个公园。八里湖新区赛城湖绿道总长 50 km、宽 6 m,其中,主线 32 km,支线 18 km,樱花道 2.5 km,沿线设置有 18 个景观节点、17 座服务驿站。九江市按照"生态新城、文化新城、智慧新城、品质新城"的建设理念,把岸线功能划分为湖光山色、乡村田野、岸芷汀兰、浔阳记忆、渔苑荷风五大区段,每段岸线根据不同主题设计景观,打造各具特色的节点公园。

五、湖泊管理

赛城湖尚未成立综合性的湖泊专门管理机构,目前由九江市八里湖新区农林水利服务中心管理,主要负责湖泊堤防及穿堤水利建筑物管护、湖面保洁、农业灌溉、水产养殖等方面的工作。

赛城湖已基本建立了区域与流域相结合的市、县、乡、村四级湖长制组织体系,已设置市级湖长 1 名、县级(瑞昌市、八里湖新区、柴桑区、经开区)湖长 4 名、乡级湖长 9 名、村级湖长多名。

市级湖长负责组织领导赛城湖的管理和保护工作,协调解决有关重大问题,对本级相关部门和下级湖长履职情况进行督导,对目标任务完成情况进行考核。县级湖长负责指导下级湖长和相关部门履行职责,协调湖泊保护与经济社会发展的矛盾、纠纷,组织整改湖泊突出问题,开展水环境应急事件处理,协调处理流域保护管理、水环境综合整治的重大问题,开展日常工作督查、河湖巡查、部署推进工作。乡级湖长负责指导村级湖长和街道部门履行职责,落实管理措施,开展对沿湖违章建筑、湖泊违法设障、乱堆垃圾、违规排污等问题的整治工作;开展日常巡查,做好巡查记录,并及时向上级湖长上报。

附件二十五　船头湖

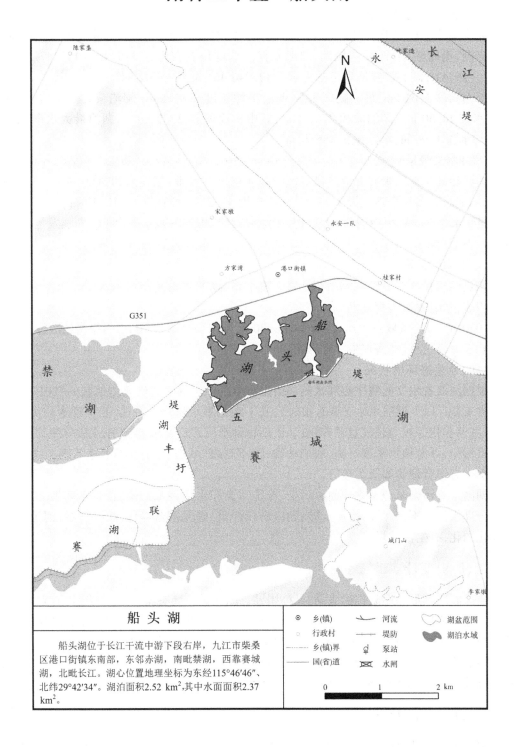

船 头 湖

　　船头湖位于长江干流中游下段右岸，九江市柴桑区港口街镇东南部，东邻赤湖，南毗禁湖，西靠赛城湖，北毗长江。湖心位置地理坐标为东经115°46′46″、北纬29°42′34″。湖泊面积2.52 km²,其中水面面积2.37 km²。

◉ 乡(镇)	〜 河流	〰 湖盆范围
○ 行政村	‖ 堤防	⬛ 湖泊水域
⋯ 乡(镇)界	泵站	
— 国(省)道	水闸	

0　　　　1　　　　2 km

一、自然环境

(一)湖泊位置及形态

船头湖位于长江干流中游下段(宜昌至湖口)右岸,九江市柴桑区港口街镇东南部,东邻赤湖,南毗禁湖,西靠赛城湖,北毗长江。地理位置在东经 115°46′~115°47′、北纬 29°42′~29°43′,湖心位置地理坐标为东经 115°46′46″、北纬 29°42′34″。

湖泊长度 2.61 km,最大宽度 1.64 km,平均宽度 0.97 km。湖泊设计高水位 15.30 m,常水位 14.50 m。湖泊面积 2.52 km²,其中水面面积 2.37 km²。湖泊最大水深 4.20 m,平均水深 1.96 m,水体体积 465 万 m³。

(二)水文气象

湖区地处中亚热带向北亚热带过渡的湿润季风气候带,气候温和,日照充足,雨量充沛,无霜期长。多年平均气温 16.8 ℃,最高气温 41.2 ℃,最低气温-10.3 ℃;多年平均年降水量 1 420.4 mm,4~9 月降水量占全年降水量的 69.2%;多年平均年水面蒸发量 1 026 mm;无霜期 266 d;多年平均日照时数 1 892 h;以北、东风居多,年平均风速 2 m/s。

(三)河流水系

船头湖属长江流域长江宜昌至湖口干流水系,湖泊集雨面积 6.34 km²。水源主要为区域积流,承泄水域为赛城湖。

2020 年 7 月,流域发生涝灾,持续时长 30 d,湖泊最高水位 20 m,因排涝站故障,受灾耕地 0.3 万亩,直接经济损失 300 万元。

(四)水生态环境状况

根据江西省水文监测中心和水利部中国科学院水工程生态研究所编制的《2019 年度江西省 1 km² 以上湖泊水生态调查报告》,基于水化学水质评价方法,船头湖水质类别为Ⅳ类,富营养化等级为轻度富营养化;基于生物学水质评价方法,船头湖水质等级为劣等,属严重污染,浮游植物密度过高,底栖动物处"不健康"状态,生物多样性和完整性差。船头湖水生态综合评价等级为差等。

湖区主要污染来源于农业面源污染、养殖污染和生活污水污染,且枯水期生态流量、湖区合理水位得不到保证,水质变差;湖区淤积严重,底泥富营养化,需要清淤;河道堤岸坡硬化白化,有生活垃圾堆放。

二、历史变迁

船头湖因其形似船故称船头湖,又称团湖。船头湖原属赛城湖子湖,九江市城市防洪堤五一堤建成后,独立成一个湖泊。湖泊面积则因多年来围湖造地筑路、泥沙淤积等,有所减小。近年来,随着湖长制的推进,湖泊资源得到更好的规划和利用。

湖泊建有船头湖出水闸,为外排涵闸,孔口尺寸为 2.5 m×2.5 m。湖岸建有五一堤,堤线总长度为 4.81 km,现状防洪能力已达 50 年一遇。

三、湖区经济开发

湖盆区涉及港口街镇,现状人口总计 3.33 万人,其中,城镇人口 0.4 万人,农村人口

2.93万人。流域内地区生产总值总计13.6亿元,财政收入总计0.61亿元;流域耕地面积0.12万亩,农作物播种面积0.18万亩,年产量0.09万t;水产养殖面积0.255万亩,年产量0.06万t。

四、湖泊功能

湖泊主要承担了洪涝调蓄、水产养殖、旅游观光和生物栖息功能,各项功能发挥正常。水产养殖方式为人放天养,养殖种类为四大家鱼。湖泊排水由船头湖出水闸控制。

五、湖泊管理

船头湖尚未成立综合性的湖泊专门管理机构,目前由九江市柴桑区港口街镇人民政府团湖渔场管理,主要负责湖泊堤防及穿堤水利建筑物管护、水产养殖等方面的工作。

船头湖已建立了区域与流域相结合的区、镇、村三级湖长制组织体系,已设置区级湖长1名、镇级湖长1名、村级湖长2名。

区级湖长为总湖长,全面负责船头湖湖长制工作,承担总督导、总调度职责。各级湖长对包干湖区的水环境治理工作负有领导责任,具体承担包干湖区综合治理与日常管护工作的指导、协调和监督职能,推动湖泊岸线区域内的水资源、防洪排涝、水域岸线、水产养殖、水环境、水生态等相关工作的开展,牵头组织对侵占岸线、超标排污、垃圾堆放、水资源违规利用等突出问题依法进行清理整治。

附件二十六　禁湖（东湖）

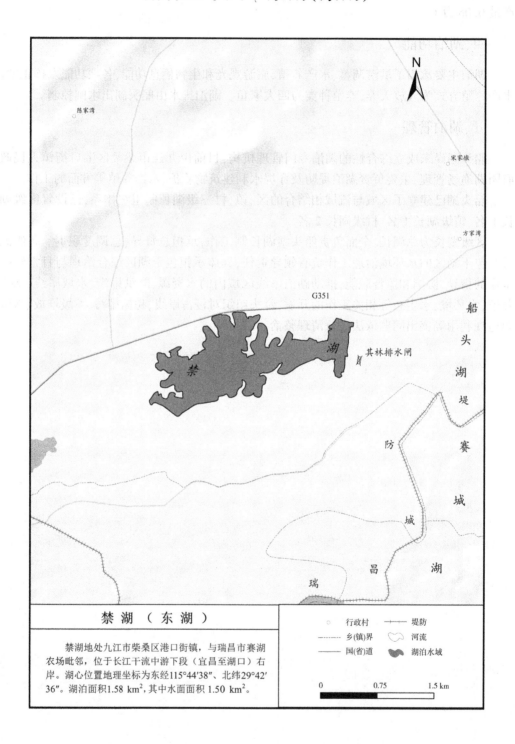

禁　湖　（东　湖）

　　禁湖地处九江市柴桑区港口街镇，与瑞昌市赛湖农场毗邻，位于长江干流中游下段（宜昌至湖口）右岸。湖心位置地理坐标为东经115°44′38″、北纬29°42′36″。湖泊面积1.58 km²，其中水面面积1.50 km²。

图例	
○ 行政村	┼┼ 堤防
⋯⋯ 乡(镇)界	▭ 河流
── 国(省)道	▰ 湖泊水域

0　　　　　　0.75　　　　　　1.5 km

一、自然环境

(一)湖泊位置及形态

禁湖又名东湖,地处九江市柴桑区港口街镇,与瑞昌市赛湖农场毗邻,位于长江干流中游下段(宜昌至湖口)右岸。地理位置在东经 115°44′~115°46′、北纬 29°42′~29°43′,湖心位置地理坐标为东经 115°44′38″、北纬 29°42′36″。

湖泊长度 2.85 km,最大宽度 1.15 km,平均宽度 0.56 km。湖泊设计高水位 15.20 m,常水位 14.30 m。湖泊面积 1.58 km²,其中水面面积 1.50 km²。湖泊最大水深 3.50 m,平均水深 1.27 m,水体体积 191 万 m³。

(二)水文气象

湖区地处中亚热带向北亚热带过渡的湿润季风气候带,气候温和,日照充足,雨量充沛,无霜期长。多年平均气温 16.8 ℃,最高气温 41.2 ℃,最低气温 -10.3 ℃;多年平均年降水量 1 420.4 mm,4—9 月降水量占全年降水量的 69.2%;多年平均年水面蒸发量 1 026 mm;无霜期 266 d;多年平均日照时数 1 892 h;以北、东风居多,年平均风速 2 m/s,最大风速 17.2 m/s。

(三)河流水系

禁湖属长江流域长江宜昌至湖口干流水系,湖泊集雨面积 4.37 km²。水源主要为区域积流,承泄河湖为赛城湖。

(四)水生态环境状况

禁湖水质状况较差,主要污染来源于城镇污水污染和周边农业面源污染及人工养殖业造成的水质污染。目前,水质大概为Ⅳ类水,主要污染物为化学需氧量、氨氮。全湖区淤积严重,底泥富营养化,需要清除。

二、历史变迁

禁湖由东湖和小禁湖共同组成。东湖和小禁湖因围湖造地筑路、泥沙淤积等,水面略有缩小,但总体变化不大。最近几年,东湖和小禁湖则作为渔场被承包。

三、湖区经济开发

湖盆区涉及柴桑区港口街镇,现状人口总计 3.33 万人,其中,城镇人口 0.40 万人,农村人口 2.93 万人。流域内地区生产总值总计 13.6 亿元,财政收入总计 0.61 亿元;流域耕地面积 0.12 万亩,农作物播种面积 0.18 万亩,年产量 0.09 万 t;水产养殖面积 0.135 万亩,年产量 0.05 万 t。

四、湖泊功能

湖泊主要承担了洪涝调蓄、水产养殖、旅游观光和生物栖息功能。水产养殖方式为精养,养殖种类为四大家鱼、鲫鱼、鲤鱼。湖泊排水由其林排水闸控制。

五、湖泊管理

禁湖尚未成立综合性的湖泊专门管理机构,目前由九江市柴桑区茶岭村、生机林村、富塘村、其林村4个村集体共同管理,主要负责湖泊涵闸管护、湖面保洁、水产养殖等方面的工作。

禁湖已建立了区域与流域相结合的市、区、镇、村四级湖长制组织体系,已设置市级湖长1名、区级湖长1名、镇级湖长1名、村级湖长2名。

市级湖长为总湖长,全面负责禁湖湖长制工作,承担总督导、总调度职责。各级湖长对包干湖区的水环境治理工作负有领导责任,具体承担包干湖区综合治理与日常管护工作的指导、协调和监督职能,推动湖泊岸线区域内的水资源、防洪排涝、水域岸线、水产养殖、水环境、水生态等相关工作的开展,牵头组织对侵占岸线、超标排污、电毒炸鱼、倾倒垃圾、水资源违规利用等突出问题依法进行清理整治。

附件二十七　杨柳湖(安定湖)

杨 柳 湖 (安定湖)

杨柳湖又称安定湖,位于长江干流中游下段右岸,湖面涉及九江市柴桑区港口街镇、瑞昌市赛湖农场和桂林街道,瑞昌市城市防洪堤将杨柳湖一分为二,湖心位置地理坐标为东经115°42′09″、北纬29°41′49″。湖泊面积1.88 km²,其中水面面积1.72 km²。

◎ 乡(镇)	—— 国(省)道	⊠ 水闸
○ 行政村	⋏ 河流	湖盆范围
乡(镇)界	堤防	湖泊水域

0　　　　　1　　　　　2 km

一、自然环境

(一)湖泊位置及形态

杨柳湖又称安定湖,位于长江干流中游下段(宜昌至湖口)右岸,湖面涉及九江市柴桑区港口街镇、瑞昌市赛湖农场和桂林街道,瑞昌市城市防洪堤将杨柳湖一分为二,地理位置在东经115°41′~115°44′、北纬29°41′~29°43′,湖心位置地理坐标为东经115°42′09″、北纬29°41′49″。

湖泊长度3.16 km,最大宽度2.07 km,平均宽度0.60 km。湖泊设计高水位16.90 m,常水位15.97 m。湖泊面积1.88 km²,其中水面面积1.72 km²。湖泊最大水深3.90 m,平均水深2.09 m,水体体积359万m³。

(二)水文气象

湖区地处中亚热带向北亚热带过渡的湿润季风气候带,气候温和,日照充足,雨量充沛,无霜期长。多年平均气温16.8 ℃,最高气温41.2 ℃,最低气温-10.3 ℃;多年平均年降水量1 420.4 mm,4—9月降水量占全年降水量的69.2%;多年平均年水面蒸发量1 026 mm;无霜期266 d;多年平均日照时数1 892 h;以北、东风居多,年平均风速2 m/s,最大风速17.2 m/s。

(三)河流水系

杨柳湖属长江流域长江宜昌至湖口干流水系,属城郊湖泊,集雨面积15.98 km²。水源主要为区域积流,承泄河湖为长河。

(四)水生态环境状况

根据江西省水文监测中心和水利部中国科学院水工程生态研究所编制的《2019年度江西省1 km²以上湖泊水生态调查报告》,基于水化学水质评价方法,杨柳湖水质类别为Ⅴ类,富营养化等级为中度富营养化;基于生物学水质评价方法,杨柳湖水质等级为差等,属污染,浮游植物密度过高,底栖动物处"不健康"状态,生物多样性和完整性差。杨柳湖水生态综合评价等级为劣等。

目前杨柳湖水质状况较差,主要污染来源于生活污水、养殖污染和周边农业面源污染。

二、历史变迁

1952年,瑞昌市赛湖农场三分场的创办将长河下游与九江县交界处的安定桥附近辟为渍水区,控制径流,调节水量,定名安定湖,又名杨柳湖。目前,杨柳湖下半湖区已发展成为光伏发电场地,部分湖汊已围垦用于农业种植和渔业养殖。

因排水需要,2018年建成安定湖水闸(外排)。为保护瑞昌市城区,防御杨柳湖洪水,湖岸建有瑞昌市城市防洪堤,堤防总长23.2 km,设计防洪标准50年一遇,保护人口26.3万人。

三、湖区经济开发

湖盆区涉及柴桑区港口街镇、瑞昌市赛湖农场和桂林街道,现状人口总计4.66万人,其中,城镇人口1万人,农村人口3.66万人。截至2018年年底,杨柳湖流域内地区生产总值总计16.37亿元,工业增加值1.3亿元,财政收入总计1.06亿元;流域耕地面积1.38万亩,农作物播种面积1.65万亩,年产量0.66万t;水产养殖面积500亩,年产量200t。瑞昌防洪堤以下湖面发展有680亩光伏发电场地,设计规模30MW。

四、湖泊功能

湖泊主要承担了洪涝调蓄、水产养殖、旅游观光、生物栖息和光伏发电功能。水产养殖方式为人放天养,养殖种类为四大家鱼。湖泊排水由安定湖水闸控制,排涝面积0.1万亩,受益人口5.6万人,受益耕地0.9万亩。湖区周边有安定湖公园、天嗣山公园、万寿古寺、七烈士纪念碑等旅游休闲景点。

五、湖泊管理

杨柳湖尚未成立综合性的湖泊专门管理机构,目前由九江市瑞昌市赛湖物业服务有限公司管理,主要负责安定湖公园建设和维护、湖面保洁、堤防及穿堤水利建筑物管护等方面的工作。

杨柳湖已建立了区域与流域相结合的县、乡、村三级湖长制组织体系,已设置县级湖长2名、乡级湖长3名、村级湖长3名。

县级湖长为总湖长,全面负责杨柳湖湖长制工作,承担总督导、总调度职责。各级湖长对包干湖区的水环境治理工作负有领导责任,具体承担包干湖区综合治理与日常管护工作的指导、协调和监督职能,推动湖泊岸线区域内的水资源、水环境、水生态、防洪排涝、水域岸线、水产养殖、光伏发电等相关工作的开展,牵头组织对侵占岸线、超标排污、电毒炸鱼、倾倒垃圾、水资源违规利用等突出问题依法进行清理整治。

附件二十八　赤　湖

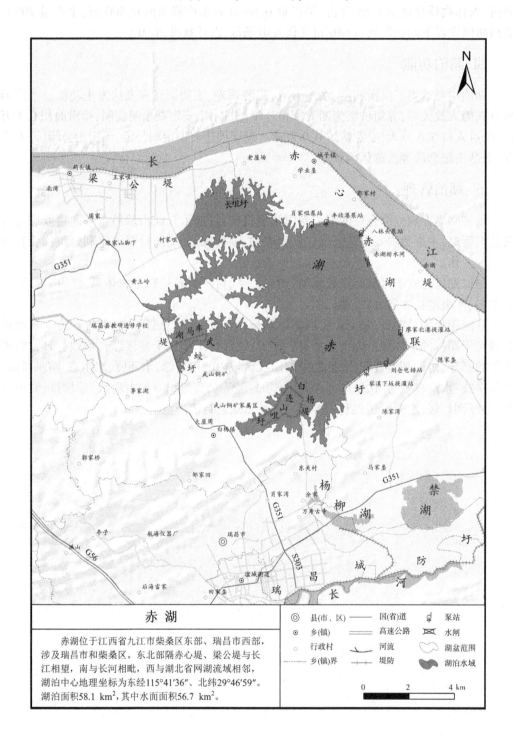

赤　湖

　　赤湖位于江西省九江市柴桑区东部、瑞昌市西部，涉及瑞昌市和柴桑区。东北部隔赤心堤、梁公堤与长江相望，南与长河相毗，西与湖北省网湖流域相邻，湖泊中心地理坐标为东经115°41′36″、北纬29°46′59″。湖泊面积58.1 km²，其中水面面积56.7 km²。

图例		
◎ 县(市、区)	—— 国(省)道	泵站
◉ 乡(镇)	══ 高速公路	水闸
○ 行政村	⋀ 河流	湖盆范围
---- 乡(镇)界	⊥⊥ 堤防	湖泊水域

0　　　2　　　4 km

一、自然环境

(一)湖泊位置及形态

赤湖位于江西省九江市柴桑区东部、瑞昌市西部,涉及瑞昌市和柴桑区。东北部隔赤心堤、梁公堤与长江相望,南与长河相毗,西与湖北省网湖流域相邻,地理位置在东经 115°37′~115°43′、北纬 29°44′~29°49′,湖泊中心地理坐标为东经 115°41′36″、北纬 29°46′59″。

赤湖是九江市水面面积最大的天然湖泊,调蓄能力较强,水位变幅相对较小。湖泊长度 11.56 km,最大宽度 9.87 km,平均宽度 5.03 km。湖泊设计高水位 17.78 m,常水位 13.59 m。湖泊面积 58.1 km²,其中水面面积 56.7 km²。湖泊最大水深 9.10 m,平均水深 5.53 m,水体体积 31 383 万 m³。

(二)水文气象

湖区多年平均气温 16.5 ℃,极端最低气温−13.4 ℃(1969 年),极端最高气温 41.2 ℃(1966 年),年平均湖水温度 16.6 ℃。多年平均年降水量 1 448 mm,4—9 月降水量约占全年降水量的 70%,最大年降水量为 2 064 mm(1998 年),最小年降水量为 961 mm(1968 年)。多年平均年水面蒸发量 1 013 mm,最大年蒸发量为 1 104 mm(1966 年),最小年蒸发量为 879 mm(1973 年)。

(三)河流水系

赤湖属长江干流中游下段(宜昌至湖口)右岸水系,湖泊集雨面积 355 km²,多年平均年入湖径流量为 2.58 亿 m³,主要接纳南阳河、白杨水、黄桥水及 20 余条小溪、泉水,南阳河是赤湖主要的入湖支流,集雨面积 197 km²,主河道长 32 km。

湖区地势低洼,常发生洪涝灾害,2020 年 6 月,受长江水位顶托影响,湖区发生洪涝灾害,受灾耕地 0.3 万亩,受灾人口 0.5 万人,直接经济损失 280 万元。

(四)自然资源

赤湖属省级重要湿地,动植物资源丰富多样,现野生脊椎动物共计 201 种,隶属于 26 目 63 科,国家二级保护动物有大壁虎、虎纹蛙、小天鹅、凤头蜂鹰、凤头鹰、赤腹鹰、松雀鹰、白腿小隼、红隼、黑鸢等。鱼类有 5 目 14 科 49 种;两栖动物有 2 目 7 科 19 种;爬行动物有 3 目 9 科 32 种;湿地鸟类有 11 目 22 科 69 种;哺乳动物有 5 目 11 科 32 种。植物共 90 科 244 属 371 种,其中蕨类植物 10 科 13 属 16 种;种子植物 80 科 231 属 355 种。种子植物中,裸子植物 1 科 2 属 2 种,被子植物 79 科 229 属 353 种。

(五)水生态环境状况

根据江西省水文监测中心和水利部中国科学院水工程生态研究所编制的《2019 年度江西省 1 km² 以上湖泊水生态调查报告》,基于水化学水质评价方法,赤湖水质类别为Ⅲ类,富营养化等级为轻度富营养化;基于生物学水质评价方法,赤湖水质等级为良等,浮游植物密度偏高,底栖动物处"不健康"状态,生物多样性和完整性差。赤湖水生态综合评价等级为差等。

2020 年检测的赤湖水质为Ⅲ类,优良比例 78%(按点次计算),同比提高 20 个百分点,主要污染物为化学需氧量、总磷,其中化学需氧量平均浓度为 17.3 mg/L,同比下降

5.2%。

湖区内设置了两个排污口,分别是武山铜矿南桥入河排污口和武山铜矿黄桥入河排污口,湖泊限制排污总量 693.5 万 m^3/a,2020 年排污总量 547.5 万 m^3。赤湖流域内工业污水处理厂 1 家,为赤湖工业园污水处理厂,投资 7 000 万元,于 2018 年底投入运行,日处理废水能力达到 4 万 t,污水经处理后排入长江;农村污水处理设施 151 处,覆盖人口 5 万人,处理后排入赤湖、赛城湖。

二、历史变迁

赤湖中有青竹墩,相传为赤松子羽化登仙之地,故而得名赤湖。赤湖原为江河冲积后的沼泽区,后经筑堤围垦形成河迹洼地型淡水湖泊。湖周湖汊众多,湖中有许家洲、陈家洲、汤家洲等大小岛屿,如指形探出,形成里湖(朱湖)、灌湖、雷家湖、上菊湖、黄泥旦、李家汊、外塞、蓼湖、龙江湖等诸多湖汊,因此有"庐山九十九个洼,赤湖九十九个汊"之说。

赤湖早前依靠涵洞通江排涝和泄流,因其断面小、质量差而废弃,后在东岸港口横堤处开决口,沿永安堤和堤外港(古称"小江"),流经十余千米,于九江市城区西郊阎家渡注入长江。因洪水期水流冲刷,横堤缺口扩大,人为造成险情,费时费财费力,并易造成内涝灾害,故于 1956 年冬在长江边彭湾村开挖 550 m 引水渠,新建 2 孔 3.5 m×3.5 m 赤湖排水闸,使湖水直入长江,解除沿湖内涝问题。1996 年于老闸下游 480 m 处易址重建新闸,设计排水流量 120 m^3/s,2001 年 1 月竣工。

20 世纪 70 年代后期,沿湖陆续新建圩堤 9 座,围垦耕地 600 hm^2,2003 年又筑堤围蓼湖 200 hm^2 作为水产养殖基地。进入 21 世纪,随着城市化和产业化快速发展,赤湖西北角(属瑞昌市)和东部(属柴桑区)部分水面被园区侵占。为保护城港区、赤湖工业园等重要地区,从 2010 年开始兴建赤湖联圩,2011 年基本建成,赤湖联圩分为东、中、西三段,其中中段横跨赤湖,将赤湖分为"一大一小"两部分,通过赤湖排水闸连通。南阳河入赤湖处,武蛟乡车马咀上游的湖面有光伏发电场地。

三、湖区经济开发

湖盆区涉及瑞昌市武蛟乡、白杨镇、夏畈镇、码头镇,九江市柴桑区港口街道、永安乡、城子镇共 7 个乡(镇、街道),现状人口总计 13.12 万人,其中,城镇人口 5.07 万人,农村人口 8.05 万人。地区生产总值总计 32.80 亿元,财政收入总计 4.48 亿元;流域耕地面积 5.98 万亩,农作物播种面积 8.75 万亩,年产量 4.29 万 t;水产养殖面积 0.7 万亩,年产量 0.2 万 t。南阳河入赤湖附近的湖面有 0.15 万亩光伏发电场地,设计规模 50 MW。

赤湖流域柴桑区境内建有赤湖工业园,园区共落户企业 66 家,其中投产亿元以上的企业 34 家,规模以上企业 15 家;瑞昌市境内工矿企业共有 128 家,其中化工企业主要有 3 家;冶炼企业以江西铜业为主;采矿企业 25 家。

四、湖泊功能

湖泊主要承担了洪涝调蓄、水产养殖、农业灌溉、旅游观光、生物栖息和光伏发电功能。湖泊外排由位于赤湖联圩上的赤湖排水闸控制;湖盆区周围建有 4 座电排站(内排），分别为肖家咀、丰收港、八林头、刘仓泵站，总装机容量 465 kW。湖边建有察溪下坂、廖家北港 2 座提灌站，灌溉面积 0.07 万亩。水产养殖方式为人放天养，养殖种类为四大家鱼。湖区有 0.15 亩湖面现用于光伏发电，设计规模 50 MW。

湖岸建有赤湖联圩、白杨堤、武蛟堤、车马湖堤、长咀圩共 5 座堤防，赤湖联圩为沿江区 1 万~5 万亩圩堤，由东段、中段及西段组成，总长度 12.738 km，其中东段、中段起点港口街镇朱家咀村，终点至长江赤心堤，长 10.373 km，与长江大堤赤心堤段共同组成防洪保护圈，直接保护赤湖工业园面积 26.68 km²，间接保护城西港区面积 51 km²；西段起点为赤湖联圩中段与西段交接处，至城子镇肖家咀村，长 2.365 km，与长江大堤赤心堤段共同组成防洪保护圈，保护城子镇面积 7.95 km²。赤湖联圩东段、中段设计防洪标准为 50年一遇，西段为 20 年一遇，现状防洪能力全段 20 年一遇。

五、湖泊管理

赤湖尚未成立综合性的湖泊专门管理机构，目前由九江市河湖生态环境管理中心管理，主要负责湖泊堤防及穿堤水利建筑物管护、湖面保洁、农业灌溉等方面的工作。

赤湖已建立了区域与流域相结合的市、县、乡、村四级湖长制组织体系，已设置市级湖长 1 名、县级湖长 2 名、乡级湖长 7 名、村级湖长多名。

市级湖长为总湖长，全面负责赤湖湖长制工作，承担总督导、总调度职责。各级湖长是所辖湖泊保护管理的直接责任人，主要负责组织领导相应的管理和保护工作，包括水资源保护、水资源利用、水域岸线管理、水污染防治、水环境治理等，牵头组织对侵占岸线、超标排污、电毒炸鱼、水资源违规利用等突出问题依法进行清理整治。

附件二十九　下巢湖

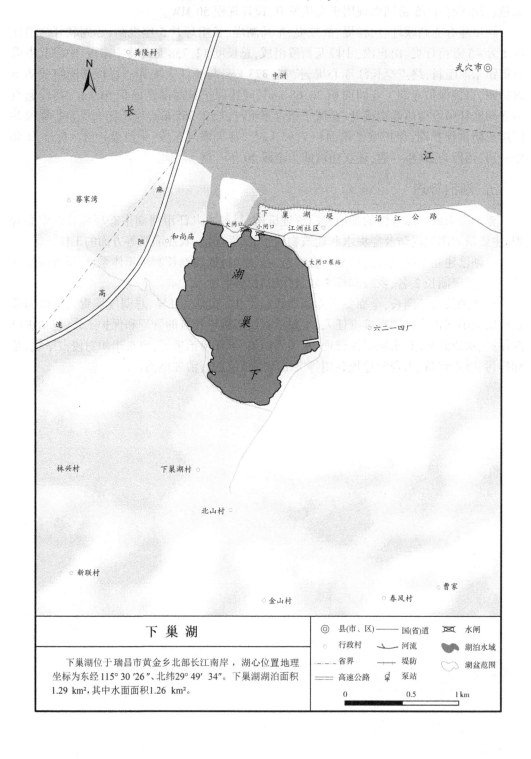

下巢湖

　　下巢湖位于瑞昌市黄金乡北部长江南岸，湖心位置地理坐标为东经115°30′26″、北纬29°49′34″。下巢湖湖泊面积1.29 km²，其中水面面积1.26 km²。

图例				
◎ 县(市、区)	—— 国(省)道	⬨ 水闸		
○ 行政村	⎍ 河流	湖泊水域		
--- 省界	┼┼┼ 堤防	湖盆范围		
═══ 高速公路	⚒ 泵站			

0　　　　0.5　　　　1 km

一、自然环境

(一)湖泊位置及形态

下巢湖位于瑞昌市黄金乡北部长江南岸,北面与长江连接,随江水涨落,湖西山背面是湖北阳新县境。地理位置在东经 115°30′~115°31′、北纬 29°49′~29°50′,湖心位置地理坐标为东经 115°30′26″、北纬 29°49′34″。

湖泊长度 1.64 km,最大宽度 1.20 km,平均宽度 0.79 km。湖泊设计高水位 18.10 m,常水位 17.10 m。湖泊面积 1.29 km²,其中水面面积 1.26 km²。湖泊最大水深 13.10 m,平均水深 4.67 m,水体体积 588 万 m³。

(二)水文气象

湖区地处亚热带湿润性季风气候区,其特点是气候温和、雨量充沛、日照充足、热量丰富、结冰期短、无霜期长,春秋季短、夏冬季长。多年平均气温 17.1 ℃;多年平均降水量为 1 490 mm;多年平均蒸发量 980 mm;历年平均日照时数为 1 628.2 h;年无霜期 240~260 d。由于季风气候影响,南北冷暖气流经常对峙停留,造成水热时空分布不均,常有灾害性天气出现。

(三)河流水系

下巢湖属长江流域,长江宜昌至湖口干流水系。水源主要为黄甲泉港和区域积流,湖泊集雨面积 24.91 km²。

2020 年 7 月,由于持续的降雨影响,湖区发生洪涝灾害,持续时长 30 d,湖泊最高水位 24 m(吴淞高程),受灾人口 0.4 万人,直接经济损失 6 万元。

(四)水生态环境状况

根据江西省水文监测中心和水利部中国科学院水工程生态研究所编制的《2019 年度江西省 1 km² 以上湖泊水生态调查报告》,基于水化学水质评价方法,下巢湖水质类别为Ⅲ类,营养化等级为中度富营养化;基于生物学水质评价方法,下巢湖水质等级为优等,属清洁,浮游植物密度偏高、底栖动物处"病态"状态,生物多样性和完整性极差。下巢湖水生态综合评价等级为差等。

下巢湖沿湖存在畜禽养殖污染及生活污水入湖情况;沿岸乡镇主要以种植为主,耕种期间难免使用农药化肥,对流域内的水质造成一定的污染。

二、历史变迁

下巢湖的湖泊面积历来变化不大。近年来随着湖长制的推进,湖泊资源得到更好的规划和利用。因排水需要,1976 年至今建成大闸口电排站、下巢湖大闸和下巢湖小闸;因防洪需要建有下巢湖堤。

三、湖区经济开发

湖盆区涉及瑞昌市黄金乡。流域人口总计 1.13 万人,均为农村人口。流域内地区生产总值总计 2.85 亿元,财政收入总计 0.98 亿元;流域耕地面积 0.86 万亩,农作物播种面积 0.98 万亩,年产量 0.45 万 t。

四、湖泊功能

湖泊主要承担了洪涝调蓄和生物栖息功能。湖泊排水由 2 座涵闸控制,分别为下巢湖大闸和下巢湖小闸,其中下巢湖大闸为外排涵闸,下巢湖小闸为内排涵闸。湖盆区周围建有大闸口电排站,总装机容量 1 500 kW,排涝面积 0.3 万亩,受益人口 0.4 万人,受益耕地 0.04 万亩。湖岸建有下巢湖堤,总长 1.45 km,保护农田面积为 0.3 万亩,保护人口为 0.6 万人。

五、湖泊管理

下巢湖尚未成立综合性的湖泊专门管理机构,目前由瑞昌市黄金乡人民政府管理,主要负责湖泊堤防及穿堤水利建筑物管护等方面的工作。

下巢湖已建立了区域与流域相结合的县、乡、村三级湖长制组织体系,已设置县级湖长 1 名、乡级湖长 1 名、村级湖长 1 名。

县级湖长为总湖长,全面负责下巢湖湖长制工作,承担总督导、总调度职责。各级湖长对包干湖区的水环境治理工作负有领导责任,具体承担包干湖区综合治理与日常管护工作的指导、协调和监督职能,推动湖泊岸线区域内的水资源、水域岸线、水环境、水生态等相关工作的开展,牵头组织对侵占岸线、超标排污、水资源违规利用等突出问题依法进行清理整治。

附件三十　蓼花池

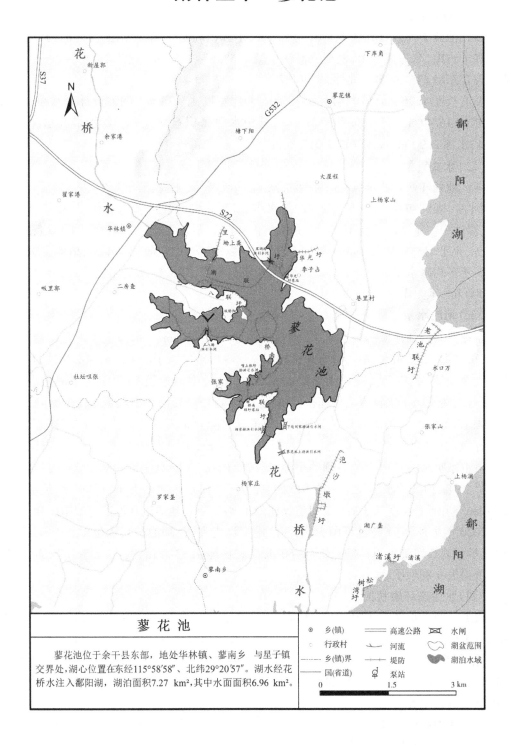

蓼花池

　　蓼花池位于余干县东部，地处华林镇、蓼南乡 与星子镇交界处，湖心位置在东经115°58′58″、北纬29°20′57″。湖水经花桥水注入鄱阳湖，湖泊面积7.27 km²,其中水面面积6.96 km²。

⊙	乡(镇)		高速公路	⊠	水闸
○	行政村	∨	河流		湖盆范围
	乡(镇)界	—+—	堤防		湖泊水域
	国(省)道	⊕	泵站		

0　　　　　1.5　　　　3 km

一、自然环境

(一)湖泊位置及形态

蓼花池位于江西省九江市庐山市蓼南乡、华林镇和星子镇交界处,西北面为庐山、华林山和丫吉山,东为横沙山,地理位置在东经115°58′~116°00′、北纬29°19′~29°22′。湖心位置在东经115°58′58″,北纬29°20′57″。

湖泊长度4.96 km,最大宽度3.13 km,平均宽度1.46 km。湖泊设计高水位18.80 m,常水位16.47 m。湖泊面积7.27 km²,其中水面面积6.96 km²。湖泊最大水深6.60 m,平均水深2.90 m,水体体积2 017万m³。

(二)水文气象

湖区地处江西省北部,属亚热带湿润季风气候区,其主要特征是冬季盛偏北风,气温低,雨水少,春到初夏,天气反复无常,雨水多,盛夏多晴,温度高,时有伏旱,秋季秋高气爽,气温适中。年平均气温17.5 ℃,最高气温40 ℃,最低气温-13.4 ℃。年平均相对湿度80%,年平均蒸发量为146 mm。最大风力9级,最大风速为22.6 m/s,风向多为东北风。多年平均降水量为1 901 mm,降水年内分配不均,降水年际变化也较大。年日照时数2 000 h。年无霜期240~260 d。

(三)河流水系

蓼花池属长江流域鄱阳湖水系,湖泊集雨面积87.9 km²。水源主要为花桥港、三八港、三房万港、重家咀水、泊仙岭水和区域积流。花桥港发源于庐山市南侧温泉镇附近,河水由北至南流向蓼花池,花桥港集雨面积25.7 km²,主河道长12.2 km,主河道纵比降13‰;三八港发源于华林吉山村和横塘镇交界处的鸦吉村,河水由西至东流向蓼花池,流域面积13.5 km²,主河道长度7.0 km,主河道纵比降6‰;三房万港发源于华林镇北侧华龙山,河水由北至南流向蓼花池,集雨面积11.8 km²,主河道长6.3 km,主河道纵比降4.8‰;重家咀水为三房万港西侧的小港,集雨面积0.68 km²,主河道长1.53 km,主河道纵比降25‰;泊仙岭水为三房万港末端西侧的小港,河水由北至南流向蓼花池,流域面积1.19 km²,主河道长度2.3 km,主河道纵比降15‰。蓼花池通过新池港与鄱阳湖相连。

2020年7月,由于持续降雨影响,湖区发生洪涝灾害,湖泊最高水位22.63 m,蓼南、华林、星子镇3镇受灾,持续时长30~60 d,受灾耕地1.39万亩,受灾人口1.71万人,直接经济损失9 886万元。

(四)水生态环境状况

根据江西省水文监测中心和水利部中国科学院水工程生态研究所编制的《2019年度江西省1 km²以上湖泊水生态调查报告》,基于水化学水质评价方法,蓼花池水质类别为Ⅳ类,富营养化等级为轻度富营养化;基于生物学水质评价方法,蓼花池水质等级为良,浮游植物密度偏高、底栖动物处"健康"状态,生物多样性和完整性较好。蓼花池水生态综合评价等级为中等。

蓼花池周边村落林立,耕地连片,主要污染来自生活污水、农业面源和养殖污染。经调查统计,蓼花池沿岸无规模以上入湖排污口。

二、历史变迁

蓼花池旧名草堂湖,因沙山隔断与鄱阳湖的联系而成为内湖,因地势低洼且多生蓼花而得名。历史上,蓼花池因浮沙填塞,积水弥漫而不能出,农田每被淹没。早在清康熙五十八年(1719年),星子知县毛德琪征用劳力首次开池,清雍正八年(1730年)池内有村庄87座,住户2 100家,农田1.2万余亩。南康知府董文伟又先后两次组织开池,池口较原有的宽数倍,取名永利渠,但不久仍被流沙淤塞。后历经清嘉庆、道光、同治,民国多次组织劳力开池,终因流沙之患,水患一直未被彻底根除。

中华人民共和国成立后,蓼花池北部、西部湖面遭到大面积围垦。1964—1966年,通过人工开挖5.8 km长排水河道(新池港)与鄱阳湖相连,并新建了蓼花池上闸(节制闸)和下闸(防洪闸)。因灌溉和排水需要,目前已建有5座泵站、7座涵闸。因防洪需要,20世纪六七十年代,建成5座堤防。

三、湖区经济开发

湖盆区涉及庐山市蓼南乡、华林镇和星子镇共3个乡(镇)。流域人口总计9.53万人,其中,城镇人口0.55万人,农村人口8.98万人。流域内地区生产总值总计11.69亿元,财政收入总计4.32亿元;流域耕地面积5.95万亩,农作物播种面积6.08万亩,年产量2.90万t;水产养殖面积0.02万亩,年产量0.01万t。

四、湖泊功能

湖泊主要承担了洪涝调蓄、水产养殖、农业灌溉、旅游观光和生物栖息功能。蓼花池通过人工开挖的排水河道(新池港)与鄱阳湖相连,湖泊防洪压力有所缓解。湖泊排水由7座涵闸控制,分别为蓼花池上排洪引水闸、嘴上张圩排洪引水闸、桥南联圩颜家排洪引水闸、里湖联圩里湖排洪引水闸、下边刘家排洪引水闸和曹家圩灌排闸,其中蓼花池上排洪引水闸为外排涵闸,曹家圩灌排闸为灌排一体涵闸,其他为内排涵闸。因灌溉和排水需要,湖盆区周围建有桥南联圩泵站、华光圩泵站、里湖排涝站共3座排涝站,刘家咀站、桥头圩泵站共2座提灌站,5座泵站总装机容量为200 kW。

湖岸建有桥南联圩、三八联圩、里湖联圩、咀上张圩、华光圩共5座堤防,总长13.82 km,保护农田面积合计为0.61万亩,保护人口合计为0.9万人。

五、湖泊管理

蓼花池尚未成立综合性的湖泊专门管理机构,目前由九江市庐山市蓼南乡水管站管理,主要负责湖泊堤防及穿堤水利建筑物管护、湖面保洁、农业灌溉、水产养殖等方面的工作。

蓼花池已建立了区域与流域相结合的县、乡、村三级湖长制组织体系,已设置县级湖长1名、乡级湖长3名、村级湖长8名。

县级湖长为总湖长,全面负责蓼花池湖长制工作,承担总督导、总调度职责。各级湖长对包干湖区的水环境治理工作负有领导责任,具体承担包干湖区综合治理与日常管护工作的指导、协调和监督职能,推动湖泊岸线区域内的水资源、防洪排涝、水域岸线、水产养殖、水环境、水生态等相关工作的开展,牵头组织对侵占岸线、超标排污、水资源违规利用等突出问题依法进行清理整治。

附件三十一　矶山湖

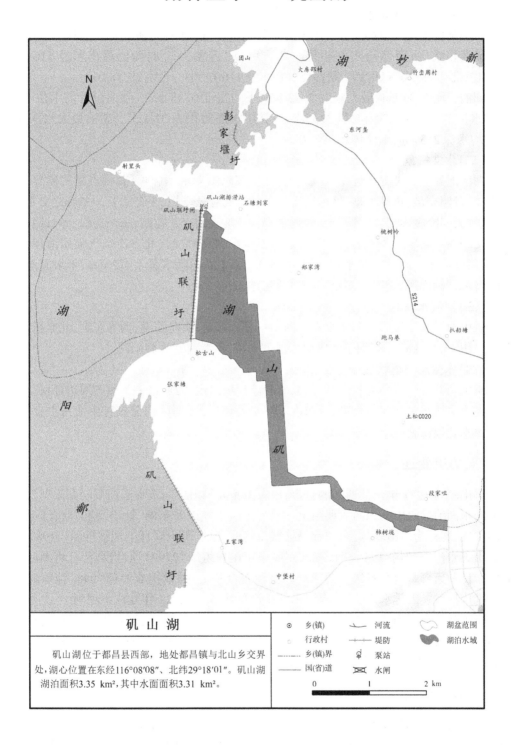

矶山湖

　　矶山湖位于都昌县西部,地处都昌镇与北山乡交界处,湖心位置在东经116°08′08″、北纬29°18′01″。矶山湖湖泊面积3.35 km²,其中水面面积3.31 km²。

图例		
⊙ 乡(镇)	⌐ 河流	湖盆范围
⊙ 行政村	⊢⊢⊢ 堤防	湖泊水域
···· 乡(镇)界	泵站	
—— 国(省)道	⊠ 水闸	

0　　　　1　　　　2 km

一、自然环境

(一)湖泊位置及形态

矾山湖位于九江市都昌县北山乡与都昌镇交界处,鄱阳湖湖区北部,湖口下游右岸,南与输湖相毗,西南部与东湖相望。湖区形似"莲蓬头",地理位置在东经 116°07′~116°10′、北纬 29°16′~29°19′,湖心位置在东经 116°08′08″、北纬 29°18′01″。

湖泊长度 7.04 km,最大宽度 2.12 km,平均宽度 0.48 km。湖泊设计高水位 13.20 m,常水位 12.20 m。湖泊面积 3.35 km²,其中水面面积 3.31 km²。湖泊最大水深 5.10 m,平均水深 2.39 m,水体体积 792 万 m³。

(二)水文气象

湖区地处亚热带湿润性季风气候区,且受鄱阳湖大水体影响,其特点是气候温和、雨量充沛、日照充足、热量丰富、结冰期短、无霜期长,春秋季短、夏冬季长。冬春之交常遭寒潮侵袭,天气冷暖多变、阴晴不定;春夏之交受冷暖气团交替控制,梅雨连绵,冬日阴霾;夏秋之交副热带高压居久不退,天气晴热,干旱少雨;秋冬之时,北方冷空气强烈南侵,气温骤降、霜冻地寒。湖区多年平均气温 16.8 ℃,多年平均降水量 1 427 mm、年水面蒸发量 1 110 mm。湖面风力较大,多年平均风速超过 3.5 m/s。

(三)河流水系

矾山湖属长江流域鄱阳湖水系。湖泊东邻鄱阳湖,南毗输湖,西靠东湖,北毗新妙湖,集雨面积 44.12 km²。湖泊来水主要为区域积流,承泄河湖为鄱阳湖。

(四)水生态环境状况

矾山湖部分岸线环境较杂乱,河面时有漂浮物出现,需要进一步改善周边环境。主要污染物为生活污水和养殖污染,区域内无污水处理厂,环湖区部分农村生活污水直排,无农村污水处理设施。

二、历史变迁

矾山湖为 1977 年在其西部的射山、松古山和大矾山之间筑堤围湖截断鄱阳湖汊而形成的淡水湖泊。矾山湖当时主要由上、中、下 3 座主坝以及东湖、社山、艄公塘、红卫 4 座副坝围成,统称为矾山联圩,后因都昌县城市建设,原有矾山联圩上坝被拆除。1982 年成立矾山湖水产养殖场,1986 年以来利用联合国粮农组织"2799"项目投资,已将湖区建成青虾原良种繁育基地和省级三角帆蚌原良种繁育基地,并承担农业部"948"池蝶蚌良种繁育推广项目。因排水需要,建有矾山湖排涝泵站,并于 2011 年建成下坝闸。

矾山联圩为鄱阳湖区重点圩区之一。圩堤总长 5.31 km,堤顶高程 22.64 m,抗御湖洪 20 年一遇,湖洪相应湖口水位 22.5 m(吴淞高程)的设计洪水标准,保护耕地 1.65 万亩,保护人口逾 14.05 万人。

三、湖区经济开发

湖盆区涉及都昌县北山乡和都昌镇。流域人口总计 16.07 万人,其中,城镇人口 10.52 万人,农村人口 5.55 万人。现状流域内地区生产总值总计 35.93 亿元,财政收入总计 3.09 亿元;流域耕地面积 1.4 万亩,农作物播种面积 3.28 万亩,年产量 1.36 万 t;水产养殖面积 0.39 万亩,年产量 0.2 万 t。

四、湖泊功能

湖泊承担了洪涝调蓄、水产养殖、旅游观光和生物栖息等功能。水产养殖方式为人放天养,养殖种类为四大家鱼。湖泊排水由下坝闸和矶山湖排涝站控制,高水位时由泵站抽水至鄱阳湖。矶山湖排涝站装机容量为 3 200 kW,排涝面积 2 万亩,受益人口 16 万人;下坝闸孔口尺寸为 4 孔 2.4 m×2.4 m。

五、湖泊管理

矶山湖尚未成立综合性的湖泊专门管理机构,目前由九江市都昌县矶山湖排涝站管理,主要负责湖泊堤防及穿堤水利建筑物管护、县城及湖区安全度汛保护等方面的工作。

矶山湖已建立了区域与流域相结合的县、乡、村三级湖长制组织体系,已设置县级湖长 1 名、乡级湖长 2 名、村级湖长 6 名。

县级湖长为总湖长,全面负责矶山湖湖长制工作,承担总督导、总调度职责。各级湖长对包干湖区的水环境治理工作负有领导责任,具体承担包干湖区综合治理与日常管护工作的指导、协调和监督职能,推动湖泊岸线区域内的水资源、防洪排涝、水域岸线、水产养殖、水环境、水生态等相关工作的开展,牵头组织对侵占岸线、超标排污、电毒炸鱼、水资源违规利用等突出问题依法进行清理整治。

附件三十二　东湖(都昌县)

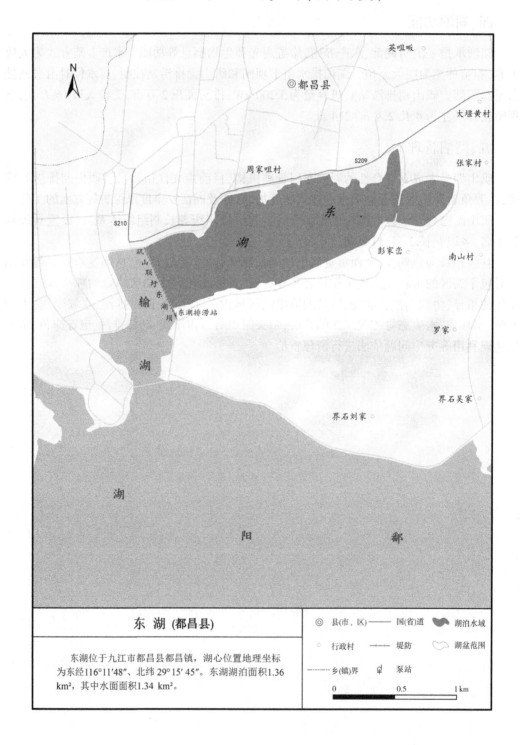

东 湖 (都昌县)

　　东湖位于九江市都昌县都昌镇，湖心位置地理坐标为东经116°11′48″、北纬29°15′45″。东湖湖泊面积1.36 km²，其中水面面积1.34 km²。

图例		
◎ 县(市、区)	—— 国(省)道	湖泊水域
◦ 行政村	╫╫ 堤防	湖盆范围
------ 乡(镇)界	⊠ 泵站	

0　　　　　0.5　　　　1 km

一、自然环境

(一) 湖泊位置及形态

东湖位于江西省九江市都昌县都昌镇,是因修建东湖坝截断鄱阳湖汊而形成的淡水湖泊,北靠都昌县城,南依南山。地理位置在东经116°11′~116°13′、北纬29°15′~29°17′,湖心位置地理坐标为东经116°11′48″、北纬29°15′45″。

湖泊长度 2.57 km,最大宽度 0.79 km,平均宽度 0.53 km。湖泊设计高水位 16.47 m,常水位 14.97 m。湖泊面积 1.36 km²,其中水面面积 1.34 km²。湖泊最大水深 5.85 m,平均水深 4.21 m,水体体积 564 万 m³。

(二) 水文气象

湖区地处亚热带湿润性季风气候区,其特点是气候温和、雨量充沛、日照充足、热量丰富、结冰期短、无霜期长,春秋季短、夏冬季长。冬春之交常遭寒潮侵袭,天气冷暖多变、阴晴不定;春夏之交受冷暖气团交替控制,梅雨连绵,冬日阴霾;夏秋之交副热带高压居久不退,天气晴热,干旱少雨;秋冬之时,北方冷空气强烈南侵,气温骤降、霜冻地寒。多年平均气温 17.1 ℃;多年平均降水量 1 484.7 mm;多年平均蒸发量 1 572.5 mm;多年平均无霜期 261 d;多年平均日照时数 2 076.3 h,日照率 47%。

(三) 河流水系

东湖属长江流域鄱阳湖水系。东湖东邻鄱阳湖,北毗长江,集雨面积 8.37 km²。水源主要为区域积流,承泄水域为鄱阳湖子湖输湖。

(四) 水生态环境状况

根据江西省水文监测中心和水利部中国科学院水工程生态研究所编制的《2019 年度江西省 1 km² 以上湖泊水生态调查报告》,基于水化学水质评价方法,东湖水质类别为Ⅳ类,富营养化等级为轻度富营养化;基于生物学水质评价方法,东湖水质等级为优等,水质清洁,浮游植物密度适中,底栖动物处"亚健康"状态,生物多样性和完整性一般。东湖水生态综合评价等级为中等。

东湖为都昌县城市湖泊,由于雨污分流不彻底,城市生活污水和工业污水影响湖泊水质。同时,水产养殖也对东湖水质造成一定的影响。

二、历史变迁

东湖是因 1966 年修建东湖坝截断鄱阳湖汊而形成的淡水湖泊,东湖坝段于 1998 年进行了加高加固,已满足防御湖洪相应湖口水位 22.50 m(吴淞高程)的设计洪水标准。东湖的主要承担功能没有明显变化,湖泊面积则因多年来围湖造地筑路、泥沙淤积等,有一定减小。近年来,随着湖长制的推进,湖泊资源得到更好的规划和利用。因排水需要,2011 年建成东湖排涝泵站和东湖闸。

三、湖区经济开发

湖盆区涉及都昌镇。流域人口总计 13.27 万人,其中,城镇人口 10.42 万人,农村人口 2.85 万人。流域内地区生产总值总计 34.64 亿元,财政收入总计 2.68 亿元;流域耕地面积 0.4 万亩,农作物播种面积 0.55 万亩,年产量 0.28 万 t;水产养殖面积 0.09 万亩,年产量 0.05 万 t。

四、湖泊功能

湖泊主要承担了洪涝调蓄、水产养殖、旅游观光和生物栖息功能。湖泊排水主要依靠东湖排涝站和东湖闸,高水位时利用泵站抽排。东湖排涝站装机容量为 1 120 kW(4×280 kW),排涝面积为 0.58 万亩,受益人口 14 万人;东湖闸尺寸为 1.2 m×1.2 m。湖岸建有矾山联圩东湖坝,总长度为 0.655 km。矾山联圩保护面积 27.5 km²,保护耕地 1.65 万亩,保护人口逾 14.05 万人。东湖沿岸有南山公园和滨水公园,是市民观光休闲之地。

五、湖泊管理

东湖尚未成立综合性的湖泊专门管理机构,目前设有九江市都昌县东湖管理所,主要负责湖泊水环境保护、堤防及穿堤水利建筑物管护等方面的工作。

东湖已建立了区域与流域相结合的县、镇、村三级湖长制组织体系,已设置县级湖长1 名、镇级湖长 1 名、村级湖长 2 名。

县级湖长为总湖长,全面负责东湖湖长制工作,承担总督导、总调度职责。各级湖长对包干湖区的水环境治理工作负有领导责任,具体承担包干湖区综合治理与日常管护工作的指导、协调和监督职能,推动湖泊岸线区域内的水资源、防洪排涝、水域岸线、水产养殖、水环境、水生态等相关工作的开展,牵头组织对侵占岸线、超标排污、倾倒垃圾、水资源违规利用等突出问题依法进行清理整治。

附件三十三　黄茅潭

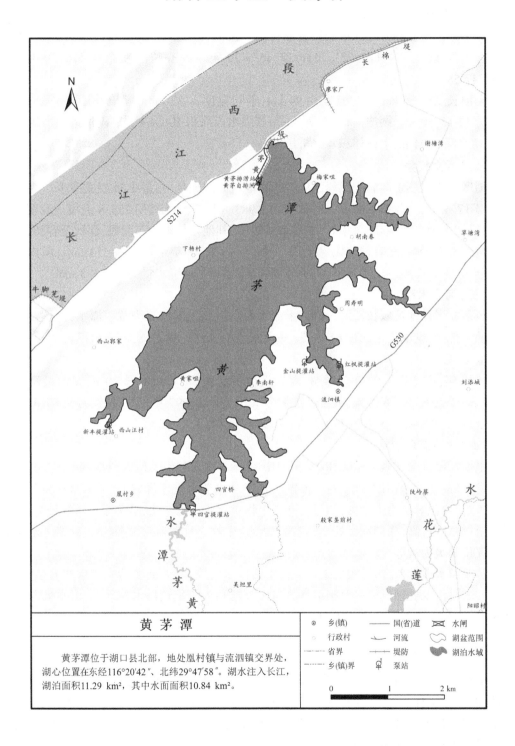

黄茅潭

　　黄茅潭位于湖口县北部，地处凰村镇与流泗镇交界处，湖心位置在东经116°20′42″、北纬29°47′58″。湖水注入长江，湖泊面积11.29 km²，其中水面面积10.84 km²。

图例		
◎ 乡(镇)	—— 国(省)道	⋈ 水闸
○ 行政村	⋏ 河流	⬡ 湖盆范围
— — 省界	—— 堤防	▰ 湖泊水域
—·—·— 乡(镇)界	⚐ 泵站	

0　　　　　1　　　　　2 km

一、自然环境

(一)湖泊位置及形态

黄茅潭位于江西省九江市湖口县凰村镇与流泗镇交界处,北距长江仅 400 m。地理位置在东经 116°19′~116°22′、北纬 29°46′~29°49′,湖心位置在东经 116°20′42″、北纬 29°47′58″。

湖泊长度 6.56 km,最大宽度 3.94 km,平均宽度 1.72 km。湖泊设计高水位 16.40 m,常水位 15.50 m。湖泊面积 11.29 km²,其中水面面积 10.84 km²。湖泊最大水深 5.49 m,平均水深 3.94 m,水体体积 4 266 万 m³。

(二)水文气象

湖区属北亚热带湿润季风气候区,四季分明,光照充足,雨量丰沛,无霜期长。多年平均气温 17.4 ℃;全年实际日照总时数平均 1 983.8 h;常年无霜期 258.8 d;境内有明显的季风,风向多为夏南冬北,每年 6—7 月南风较多,其他月份多为东北风;深秋至春初,受北方冷空气南下影响,常有偏北大风出现,一般 4—6 级,多年平均风速 2.3 m/s;境内四季雨量分布不均,春雨、夏涝、秋旱、冬干分界明显,多年平均降水量为 1 435.3 mm。

(三)河流水系

黄茅潭属长江流域长江湖口以下干流水系。主要入湖河流为黄茅潭水,湖体是黄茅潭水的一部分,湖泊集雨面积 61 km²。黄茅潭水为长江一级支流,流域面积 65 km²,主河道长度 14 km。

1998 年,由于持续的降雨影响,湖区发生洪涝灾害,持续时长 49 d,湖泊最高水位 22.59 m,受灾人口 1.6 万人,直接经济损失 1.61 亿元;1999 年,受灾持续时长 67 d,湖泊最高水位 21.93 m,受灾人口 1.4 万人,直接经济损失 1.25 亿元。

(四)水生态环境状况

根据江西省水文监测中心和水利部中国科学院水工程生态研究所编制的《2019 年度江西省 1 km² 以上湖泊水生态调查报告》,基于水化学水质评价方法,黄茅潭水质类别为 V 类,富营养化等级为中度富营养化;基于生物学水质评价方法,黄茅潭水质等级为差等,浮游植物密度过高,底栖动物处"不健康"状态,生物多样性和完整性差。黄茅潭水生态综合评价等级为劣等。

黄茅潭水质较差,污染主要来自农村生活污水污染、农业面源污染和水产养殖污染。流域内农村污水处理设施主要是沼气池与化粪池和 1 个集镇污水处理厂,污水处理率为 80%,覆盖人口 4.2 万人,处理后排向黄茅潭。

二、历史变迁

中华人民共和国成立后,黄茅潭湖汊屡遭围垦,湖泊面积有所减小。为保护湖口县流泗镇,湖岸兴建有黄茅堤。因排水需要,1957 年建成黄茅 1 号自排闸,2008 年建成黄茅排涝站。因灌溉需要,1962—1973 年,建成 4 座提灌站。近年来,随着湖长制的推进,湖泊资源得到更好的规划和利用。

三、湖区经济开发

湖盆区涉及湖口县流泗镇和凰村镇。流域人口总计 1.68 万人,其中,城镇人口 0.23 万人,农村人口 1.45 万人。截至 2018 年底,流域内地区生产总值总计 5.5 亿元,财政收入总计 2.1 亿元;工业增加值 0.67 亿元;流域耕地面积 1.65 万亩,农作物播种面积 1.9 万亩,年产量 0.95 万 t;水产养殖面积 0.09 万亩,年产量 0.04 万 t。

四、湖泊功能

湖泊主要承担了洪涝调蓄、水产养殖、农业灌溉和生物栖息功能。水产养殖方式为人放天养,养殖种类为四大家鱼。湖泊排水由黄茅排涝站和黄茅 1 号自排闸控制,黄茅排涝站总装机容量 1 260 kW,排涝面积 3.45 万亩,受益人口 2 万人;黄茅 1 号自排闸孔口尺寸为 3 m×3 m。因灌溉需要,湖盆区周围建有新丰、四官、红枫、金山共 4 座提灌站,总装机容量为 260 kW,灌溉面积 0.31 万亩。

湖岸建有黄茅堤,总长 1.156 km,保护农田面积 1.64 万亩,保护人口 1.68 万人。

五、湖泊管理

黄茅潭尚未成立综合性的湖泊专门管理机构,目前由九江市湖口县流泗镇、凰村镇政府共同管理,主要负责湖泊堤防及穿堤水利建筑物管护、水产养殖、农业灌溉等方面的工作。

黄茅潭已建立了区域与流域相结合的县、乡、村三级湖长制组织体系,已设置县级湖长 1 名、乡级湖长 2 名、村级湖长 7 名。

县级湖长为总湖长,全面负责黄茅潭湖长制工作,承担总督导、总调度职责。各级湖长对包干湖区的水环境治理工作负有领导责任,具体承担包干湖区综合治理与日常管护工作的指导、协调和监督职能,推动湖泊岸线区域内的水资源、防洪排涝、水域岸线、水产养殖、水环境、水生态等相关工作的开展,牵头组织对侵占岸线、超标排污、电毒炸鱼、水资源违规利用等突出问题依法进行清理整治。

附件三十四　芳　湖

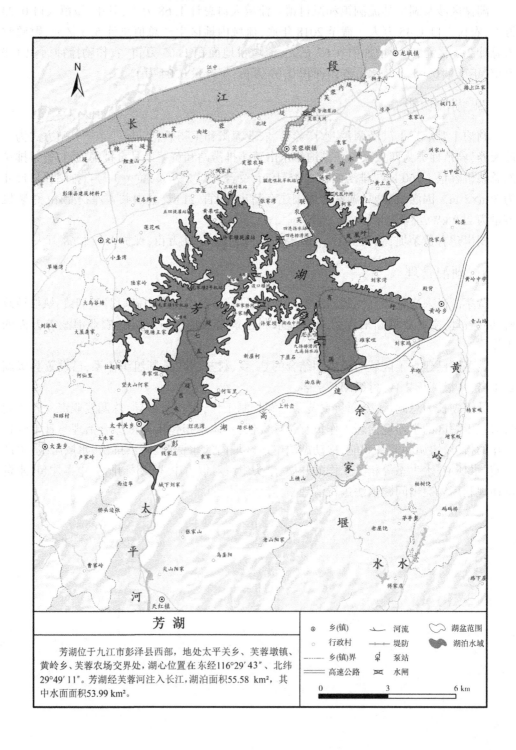

芳　湖

　　芳湖位于九江市彭泽县西部，地处太平关乡、芙蓉墩镇、黄岭乡、芙蓉农场交界处，湖心位置在东经116°29′43″、北纬29°49′11″。芳湖经芙蓉河注入长江，湖泊面积55.58 km²，其中水面面积53.99 km²。

图例		
⊚ 乡(镇)	河流	湖盆范围
○ 行政村	堤防	湖泊水域
乡(镇)界	泵站	
高速公路	水闸	

0　　　3　　　6 km

一、自然环境

(一)湖泊位置及形态

芳湖位于江西省东北部,彭泽县西部,由上芳湖、下芳湖和刘芝湖共同组成,为河迹洼地型淡水湖泊,湖泊通过芙蓉河与长江相通。流域上游局部低山,湖周以低丘、湖沼地为主。湖面状似展翅的天鹅,地理位置在东经 116°24′ ~ 116°33′、北纬 29°44′ ~ 29°51′,湖心位置在东经 116°29′43″、北纬 29°49′11″。

湖泊长度 16.95 km,最大宽度 10.38 km,平均宽度 3.28 km。湖泊设计高水位 18.12 m,常水位 15.07 m。湖泊面积 55.58 km²,其中水面面积 53.99 km²。湖泊最大水深 10.21 m,平均水深 4.25 m,水体体积 22 945 万 m³。

(二)水文气象

湖区地处中亚热带过渡带湿润季风气候区,气候温和,雨量充沛。多年平均气温 16.5 ℃,降水量 1 470 mm、蒸发量 1 005 mm,年平均风速 3.1 m/s。春末初夏,天气反复无常,雨水多;盛夏多晴,温度高,时有伏旱;秋季秋高气爽,气温适中;冬季盛行偏北风,气温低,雨水少。受季风影响,每年 4—6 月,冷暖气流持续交汇于长江中下游一带,形成大范围的降水,该时期是区内降水最多的季节,往往产生较大暴雨;7—9 月受台风影响,亦有较大暴雨发生;11 月至次年 3 月受西伯利亚冷高压控制,雨量很少。

(三)河流水系

芳湖属长江湖口以下干流右岸水系,总集水面积 516 km²,涉及彭泽县芙蓉农场和芙蓉墩、黄岭、太平关、定山等乡(镇)。经人工改造后的芳湖共分 3 部分,东北部称下芳湖,汇集湖泊上游来水导入长江,湖区东岸有 3 处较大湖汊,自北向南依次为观音沟、杨家塘和江家套,杨家塘有黄花坂水(流域面积 39.9 km²)汇入;南部称上芳湖,湖区围垦开发程度较高,南岸有黄岭水(流域面积 160 km²)、余家堰水(流域面积 65.7 km²)汇入,上、下芳湖间以堤坝为界,两湖通过桐子山下公路桥涵相通;西部湖面又称刘芝湖,上游主要承接西南部太平河(流域面积 541 km²)来水,湖水通过渠道直接汇入下芳湖。

湖区雨季易涝,并经常发生江水倒灌。2020 年 7 月,流域发生涝灾,湖泊最高水位出现 21.14 m,小圩堤决堤,受灾人口 0.1 万人,受灾耕地 0.3 万亩,直接经济损失 2 000 万元。

(四)水生态环境状况

根据江西省水文监测中心和水利部中国科学院水工程生态研究所编制的《2019 年度江西省 1 km² 以上湖泊水生态调查报告》,基于水化学水质评价方法,芳湖水质类别为 V 类,富营养化等级为轻度富营养化;基于生物学水质评价方法,芳湖水质等级为中等,属轻度污染,浮游植物密度过高,底栖动物处"不健康"状态,生物多样性和完整性差。芳湖水生态综合评价等级为劣等。

芳湖一级水功能区为芳湖开发旅游区,二级水功能区为芳湖渔业用水区,水质保护目标为Ⅲ类水,由于农村生活污水、农业种植和水产养殖污染,现状水质远达不到目标水质要求。芳湖流域内无规模以上入河排污口,滨湖区域缺少农村生活污水处理设施,农村生活污水主要通过雨水自然排放沟渠分散排放进入芳湖。

二、历史变迁

历史上芳湖水域杂草丛生,钉螺密布,沿湖居民血吸虫患病率高达21%~50%。20世纪70年代开展大规模综合治理,治理后钉螺数量有所降低,但血吸虫害至今未能彻底根除。芳湖四周湾、湖汊围堰养鱼情况比较普遍,根据滨湖5个乡(镇、场)统计,共有围堰25座,总面积达4 100亩,最大的石涧联圩面积达500亩。面积较大的围堰都是过去的老低矮圩,1998年后列入退田还湖圩堤;部分面积较小的围堰有近年来私自围成的,目前正在着力清理。

湖区地势低洼,受上游来水和长江水倒灌双重影响,历来洪涝严重。为治理水患,1962年开始先后在入湖河流上兴建余家堰、白沙等中、小型水库30余座,湖周修筑芙蓉联圩、五七堤等5座圩堤,保护耕地面积2.41万亩。1968年,在芙蓉河与长江连接处修建芙蓉联圩闸,以阻江水倒灌,1980年又建排涝泵站。1998年大洪水后重建芙蓉闸,新闸孔口尺寸6孔3.5 m×4 m,过水流量460 m³/s。

三、湖区经济开发

湖盆区涉及彭泽县芙蓉墩镇、芙蓉农场、黄岭乡、太平关乡和定山镇5个乡(镇、场),人口总计10.26万人,其中,城镇人口4.64万人,农村人口5.62万人。湖盆区地区生产总值总计80亿元,其中工业增加值61亿元,财政收入总计18.3亿元;流域耕地面积11.66万亩,农作物播种面积16.5万亩,年产量8.2万t。水产养殖面积0.3万亩,年产量0.12万t。

为开发利用湖区资源,1953年12月湖畔创建芙蓉农场,为水面养殖和粮棉优质生产基地、藜蒿花卉药材基地、猪牛羊养殖基地。该场现已成为江西省绿色食品及农业高新技术推广基地。

四、湖泊功能

芳湖承担了洪涝调蓄、农业灌溉、水产养殖、旅游观光和生物栖息等功能。湖泊外排由芳湖泵站控制,泵站位于长江大堤芙蓉堤南侧,装机容量4 800 kW(6×800 kW);作为区域重要洪涝调蓄湖泊,湖盆区建有九连扬水站、四连扬水站等内排泵站及众多水闸。为满足农业灌溉需求,湖盆区建有猛虎咀抗旱机站、三联村泵站、五四提灌站和许家堰提灌站等多座提灌站,农业灌溉年取水量约485万 m³,灌溉面积约1.11万亩。

湖盆区建有芙农联圩、国有圩、五七堤、永乐堤和凤凰圩堤共5座千亩以上堤防,总长34.21 km。其中,芙农联圩为江西省1万~5万亩圩堤,堤防长10.322 km,现状防洪能力10年一遇,保护面积14.8 km²,保护耕地1.9亩,保护人口1.2万人,保护范围内主要为芙蓉农场。

芳湖东南岸有4 000 hm²的桃红岭梅花鹿国家级自然保护区,流域上游有龙宫洞省级森林公园和龙宫天然溶洞景区,每年众多游客慕名而来。近年来,彭泽县以"特色农业""乡村旅游"为着力点,努力打造环芳湖旅游带。

五、湖泊管理

芳湖尚未成立综合性的湖泊专门管理机构,目前由九江市彭泽农垦集团有限公司管理,主要负责湖泊水产养殖、湖面保洁、农业灌溉等方面的工作。

芳湖已建立了区域与流域相结合的县、乡、村三级湖长制组织体系,已设置县级湖长3名(总湖长、副总湖长、湖长)、乡级湖长5名、村级湖长多名。

县级湖长全面负责芳湖湖长制工作,承担总督导、总调度职责。乡级湖长对包干湖区的水环境治理工作负有领导责任,具体承担包干河道治理工作的指导、协调和监督职能,推动湖泊岸线区域内的水资源、防洪排涝、水域岸线、水产养殖、水环境、水生态等相关工作的开展。

附件三十五　太泊湖

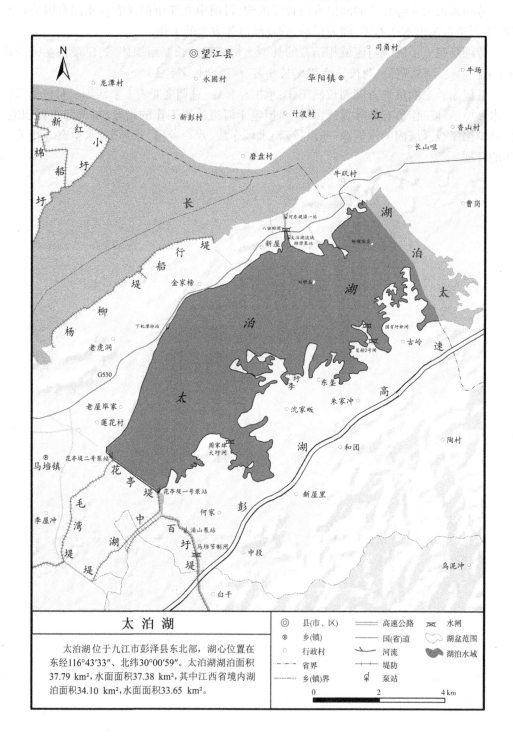

太泊湖

　　太泊湖位于九江市彭泽县东北部,湖心位置在东经116°43′33″、北纬30°00′59″。太泊湖湖泊面积37.79 km²,水面面积37.38 km²,其中江西省境内湖泊面积34.10 km²,水面面积33.65 km²。

图例		
◎ 县(市、区)	═══ 高速公路	⋈ 水闸
◉ 乡、镇	── 国(省)道	湖盆范围
○ 行政村	⊣⊢ 河流	湖泊水域
─·─ 省界	⊢⊢ 堤防	
─··─ 乡(镇)界	泵站	

0　　　　2　　　　4 km

一、自然环境

(一)湖泊位置及形态

太泊湖位于江西省东北部、安徽省西南部两省交界处,为河迹洼地型淡水湖泊,主要以丘陵为主,上游地势较高,水流湍急,中下游地势平缓,水面开阔。湖中有岳山,湖面有船山,山如船形,湖东有白石山,山皆白石。北靠长江、西接丘陵、南接山地,东与安徽省东至县相邻。地理位置在东经 116°40′~116°46′、北纬 29°58′~30°02′,湖心位置在东经 116°43′33″,北纬 30°00′59″。

湖泊总面积 37.79 km²,其中水面面积 37.38 km²。江西省内部分湖泊面积 34.10 km²,其中水面面积 33.65 km²。江西省内部分湖泊长 10.85 km,最大宽度 5.72 km,平均宽度 3.14 km。湖泊设计高水位 15.97 m,常水位 13.55 m。湖泊最大水深 8.85 m,平均水深 5.77 m,水体体积 19 424 万 m³。

(二)水文气象

湖区属于亚热带季风湿润气候区,气候温和,雨量充沛。盛夏季节多为副热带高压控制,天气晴热少雨;冬季受西伯利亚冷高压控制,天气寒冷少雨;春夏交替之时,冷暖气团常交绥于境内,梅雨连绵;秋季常受双重高压控制,形成秋高气爽的晴朗天气。区域多年平均年降水量为 1 354.2 mm,降水年内分配不均,4—7 月雨水集中,占全年降水的 55%。多年平均气温为 16.8 ℃;年平均相对湿度 77%;多年平均无霜期为 245 d;全年日照时数 1 927 h;多年平均年蒸发量为 1 563.3 mm;多年平均风速为 3.1 m/s。

(三)河流水系

太泊湖属长江湖口以下干流右岸水系,湖泊集雨面积 379 km²,全湖被内湖堤分割为东、西、中、下 4 个湖区,东、西、中湖区以种植为主,属彭泽县产粮基地,下湖区为水产养殖区,湖水经跃进村、八亩田、香口 3 处涵闸自排入长江。流入湖内溪河甚多,主要河流为浪溪水,其上有浪溪中型水库。浪溪水系直入长江下游一级支流,发源于彭泽县海形乡堰上施家戴家岭,主河道长度 45.5 km,主河道纵比降 3.50‰,流域面积 241 km²。

太泊湖地势低洼,易受江水倒灌。1999 年由于持续的降雨影响,湖区发生洪涝灾害,持续时长 25 d,湖泊最高水位 16.15 m(吴淞高程),受灾人口 0.44 万人,直接经济损失 10 300 万元。

(四)水生态环境状况

根据江西省水文监测中心和水利部中国科学院水工程生态研究所编制的《2019 年度江西省 1 km² 以上湖泊水生态调查报告》,基于水化学水质评价方法,太泊湖水质类别为 V 类,富营养化等级为中度富营养化;基于生物学水质评价方法,太泊湖水质等级为劣等,属严重污染,浮游植物密度过高、底栖动物处"亚健康"状态,生物多样性和完整性差。太泊湖水生态综合评价等级为差等。

湖区渔业养殖由第三方承包,受鱼类饲料、化肥等氮磷元素污染的影响,加之农业面源污染,水质较差,呈现富营养化状态。太泊湖周边农村环境治理体系尚未完善,其污水管网延伸、集中处理和分散处理等处理方式尚未完全落实。

太泊湖湖区存在候鸟栖息地,但无候鸟保护区,目前正处于申请候鸟保护区阶段。太泊湖历史上是血吸虫病重灾区,现设有江西省血吸虫重点防疫区。

二、历史变迁

太泊湖原流域集水面积 685 km²,地势低洼,易受江水倒灌,仅靠涵闸控制,无排涝泵站,且为血吸虫病重灾区。为防止长江水倒灌、灭螺扩耕,1966—1975 年、1992—1995 年进行两次综合治理,新桥河在黄花镇王家湾改道后汇合潭桥河,并于菩萨头村再次改道入跃进渠,过跃进闸,注入长江。经治理和开垦后,湖泊集水面积减少 278 km²。1966—1971 年完成了控制太泊湖的主体工程,建成了防止江水倒灌的香口大堤和排泄内涝水入江的八亩田闸、蓄纳上游来水的浪溪水库(中型水库)、导托山洪的麻山河道、跃进渠等工程。

三、湖区经济开发

湖盆区涉及彭泽县马当镇和浪溪镇,人口总计 10.92 万人,其中,城镇人口 5.56 万人,农村人口 5.36 万人。湖盆区地区生产总值总计 42.6 亿元,其中工业增加值 23.6 亿元,财政收入总计 7.5 亿元。湖区设有太泊湖农业综合开发区,总面积 41.43 km²,耕地6 900 亩。水产养殖面积 3 580 亩(其中彭泽鲫精养池 2 200 亩),年产量 0.15 万 t。

四、湖泊功能

湖泊主要承担洪涝调蓄、农业灌溉、水产养殖、旅游观光和生物栖息功能。湖泊排水主要依靠太泊湖流域排涝泵站和八亩田闸,汛期主要利用泵站抽排,太泊湖流域排涝泵站装机容量 3 300 kW(3×1 100 kW)。太泊湖东、西、中湖区以种植为主,属彭泽县产粮基地,下湖区为水产养殖区,特色水产有彭泽鲫、螃蟹、黄鳝等。为满足农业灌溉需求,湖盆区建有提灌站,如河东提灌一站和下机灌排站等。

湖岸建有太泊湖圩花亭堤,总长 1.95 km,保护农田面积为 5.3 万亩,保护人口为3 万人。花亭堤介于下太泊湖与中太泊湖之间,主要防御下太泊湖洪水。

五、湖泊管理

太泊湖尚未成立综合性的湖泊专门管理机构,目前由九江市彭泽农垦集团有限公司管理,主要负责湖泊湖面保洁、水产养殖、农业灌溉等方面的工作。

太泊湖已建立了区域与流域相结合的市、县、乡、村四级湖长制组织体系,已设置市级湖长 1 名,彭泽县、太泊湖水产局各设县级湖长 1 名、乡级湖长 1 名、村级湖长多名。

市级湖长全面负责太泊湖湖长制工作,承担总督导、总调度职责。各级湖长是所辖湖区保护管理的直接责任人,主要负责组织领导相应的管理和保护工作,包括水资源保护、水资源利用、水域岸线管理、水污染防治、水环境治理等,牵头组织对侵占岸线、超标排污、电毒炸鱼、水资源违规利用等突出问题依法进行清理整治。

附件三十六　白莲湖

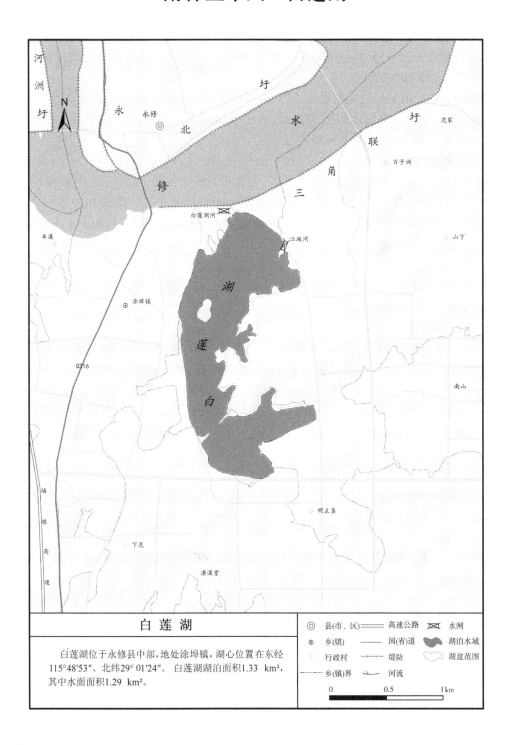

白莲湖

　　白莲湖位于永修县中部,地处涂埠镇,湖心位置在东经115°48′53″、北纬29°01′24″。白莲湖湖泊面积1.33 km²,其中水面面积1.29 km²。

图例			
◎	县(市、区)	══	高速公路	⊠ 水闸
◉	乡(镇)	──	国(省)道	湖泊水域
○	行政村	┼┼	堤防	湖盆范围
┄	乡(镇)界	╲	河流	

0　　　　0.5　　　　1km

一、自然环境

(一)湖泊位置及形态

白莲湖位于江西省九江市永修县城湖东新区,属城市湖泊,北部隔三角联圩与修河相望,地理位置在东经 115°48′~116°49′、北纬 29°00′~29°01′,湖泊中心地理坐标为东经 115°48′53″、北纬 29°01′24″。

湖泊长度 2.30 km,最大宽度 1.13 km,平均宽度 0.58 km。湖泊设计高水位 21.00 m,常水位 19.00 m。湖泊面积 1.33 km²,其中水面面积 1.29 km²。湖泊最大水深 9.98 m,平均水深 4.85 m,水体体积 626 万 m³。

(二)水文气象

湖区处于中亚热带与北亚热带过渡区,为湿润季风性气候,光热丰富,气候温暖,四季分明。日照时数历年平均为 1 937.7 h,日照率为 44%;历年平均气温为 16.9 ℃,1 月平均气温 3.3 ℃,7 月平均气温 29 ℃;年平均降水量为 1 485.3 mm,雨量较集中于 4—6 月;全年无霜日平均为 246 d。

(三)河流水系

白莲湖属长江流域鄱阳湖水系,湖泊集雨面积 6.5 km²,无较大入湖河流,水源来自区域积流及雨洪,承泄河流为修河。

(四)水生态环境状况

白莲湖水环境治理一直是相关部门的工作重点,原白莲湖部分路段被倾倒、堆放大量生活和建筑垃圾,导致白莲湖水域水质受到污染,后通过开展建筑垃圾规范化管理以及生态环境综合治理后,白莲湖水质得到显著改善,目前水质部分时段可达到Ⅲ类标准。

经调查统计,湖区周围无规模以上入湖排污口,流域范围内工矿企业较少,且规模普遍较小,经过清河行动,排污基本能达到要求,目前无工矿企业污水直排入湖。

二、历史变迁

白莲湖属永修县城内湖,湖区与修河相邻,地势较低,易发生洪涝灾害,故于 1970 年在修河和白莲湖之间修建了三角联圩。后于 2006 年修建了白莲湖闸和江玻闸,解决了沿湖内涝问题。

2017 年 9 月,永修县斥资 2.4 亿元启动白莲湖景观提升改造工程,对白莲湖景观进行提升改造,以度假休闲为景观设计理念,打造滨水人文休闲主题景观,重点对水、路、广场、景观、建筑等进行改造;为改善湖水水质,增强白莲湖区的景观效果,该县还采用水生态修复方案,配置合理比例的挺水、沉水植物,以恢复水生态系统、提高水体自净能力。该工程于 2020 年 1 月竣工。

三、湖区经济开发

白莲湖位于永修县城湖东新区,涉及涂埠镇。白莲湖流域人口总计 7.80 万人,其中,城镇人口 5.64 万人,农村人口 2.16 万人。白莲湖流域内地区生产总值总计 59.83 亿元;流域耕地面积 2 万亩,农作物播种面积 2.4 万亩,年产量 1.35 万 t;水产养殖面积 0.05 万亩,年产量 0.02 万 t。

四、湖泊功能

白莲湖主要承担了洪涝调蓄、水产养殖、旅游观光和生物栖息功能。湖泊外排由白莲湖闸控制。湖岸建有三角联圩,三角联圩也是永吴公路,属于路堤接合,同时承担防洪任务和城市交通功能。圩堤全长 33.57 km,保护面积 56.28 km²,保护耕地 5.03 万亩,保护人口 6.38 万人,现状防洪能力 20 年一遇。

湖岸建有白莲湖湿地公园,陆域、水域面积共 20.73 km²,是一座集生态、休闲、娱乐于一体的开放性景观公园,每年吸引了大量游客游玩参观。此外,湖区周边还有修河国家湿地公园(43.42 km²)、永修工人体育公园、湖东市民公园等众多景观公园。

五、湖泊管理

白莲湖尚未成立综合性的湖泊专门管理机构,目前由九江市永修县城管局管理,主要负责湖泊湖面保洁、环湖公园管理等方面的工作。

白莲湖已建立了区域与流域相结合的县、镇、村三级湖长制组织体系,已设置县级湖长 1 名、镇级湖长 1 名、村级湖长 2 名。

县级湖长全面负责白莲湖湖长制工作,承担总督导、总调度职责。各级湖长是所辖湖泊保护管理的直接责任人,主要负责组织领导相应的管理和保护工作,包括水资源保护、水资源利用、水域岸线管理、水污染防治、水环境治理等,牵头组织对侵占岸线、超标排污、电毒炸鱼、水资源违规利用等突出问题依法进行清理整治。

附件三十七　康山湖

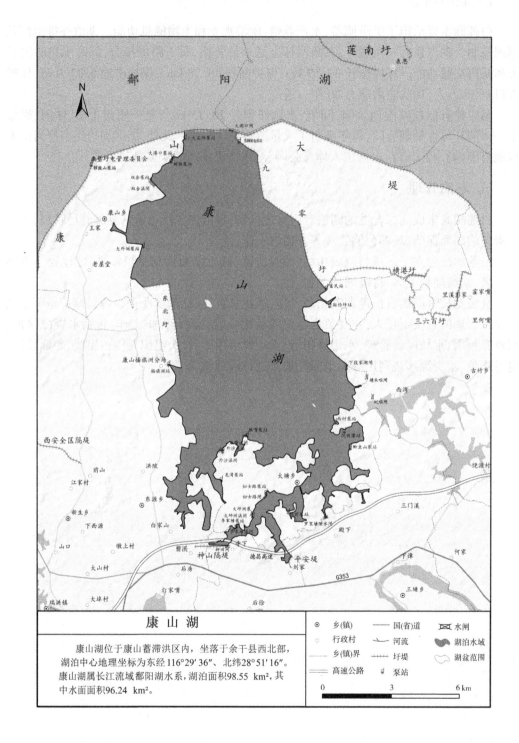

康 山 湖

　　康山湖位于康山蓄滞洪区内，坐落于余干县西北部，湖泊中心地理坐标为东经116°29′36″、北纬28°51′16″。康山湖属长江流域鄱阳湖水系，湖泊面积98.55 km²，其中水面面积96.24 km²。

	图例		
⊚	乡(镇)	—— 国(省)道	水闸
○	行政村	—— 河流	湖泊水域
---	乡(镇)界	┼┼┼ 圩堤	湖盆范围
═══	高速公路	泵站	

0　　　　　3　　　　　6 km

一、自然环境

(一) 湖泊位置及形态

康山湖位于康山蓄滞洪区内,坐落于余干县西北部,蓄滞洪区内涉及瑞洪镇、石口镇、大塘乡、康山乡、康山垦殖场、大湖管理局、三塘乡等7个乡、镇、场、局。东南部与泊头湖和北湖相邻,南与三塘河毗连,西与康山河相邻,北与鄱阳湖相接,地理位置在东经116°26′~116°33′、北纬28°45′~28°55′,湖泊中心地理坐标为东经116°29′36″、北纬28°51′16″。

湖泊长度18.57 km,最大宽度11.40 km,平均宽度5.18 km。湖泊设计高水位14.60 m,常水位13.60 m。湖泊面积98.55 km²,其中水面面积96.24 km²。湖泊最大水深4.25 m,平均水深2.70 m,水体体积26 010万 m³。

(二) 水文气象

湖区属亚热带季风湿润气候区,温热湿润,四季分明,水量充沛,光照充足。年平均气温16~20 ℃。无霜期240~300 d。据康山站降雨资料统计,多年平均降水量为1 567.8 mm。降水主要集中在主汛期4—6月,占全年降水量的47.6%左右。依据湖区康山站蒸发资料统计,多年平均蒸发量为1 153.9 mm。

(三) 河流水系

康山湖属长江流域鄱阳湖水系,东纳石口以东之水,南收大塘以南之水,汇水面积113.4 km²(不包括信瑞联圩汇入面积)。康山湖北起康山大堤,经大湖口闸起,向东南经石口镇鞋子坪,在大塘乡西村向西南经大塘乡、大鱼山,在大源垄村附近自南向西北经插旗洲、康山乡梨头洲,止于康山大堤,属于相对封闭独立湖泊,西北面以康山大堤与鄱阳湖相隔。其承泄河湖为鄱阳湖。

(四) 自然资源

康山湖是生态之湖。水生生物资源丰富,天然放养着虾、蚌、白鱼、鳜鱼、青鱼等各种鱼类,有丰富的生物物种多样性;湿地生态环境良好,广阔无垠的水面、洲滩,丰足适宜的鱼虾资源使这里成为候鸟栖息越冬的天然王国,每年冬天来临之前,数以万计的白鹤、天鹅、大雁等珍禽聚集此地栖息、越冬。

(五) 水生态环境状况

根据江西省水文监测中心和水利部中国科学院水工程生态研究所编制的《2019年度江西省1 km²以上湖泊水生态调查报告》,基于水化学水质评价方法,康山湖水质类别为Ⅲ类,富营养化等级为轻度富营养化;基于生物学水质评价方法,康山湖水质等级为差等,属污染,浮游植物密度偏高,底栖动物处"健康"状态,生物多样性和完整性一般。康山湖水生态综合评价等级为中等。

湖区污染源主要是农业面源污染和农村生活污水污染。湖区石口镇建有农村污水处理设施1处,处理规模为300 t/d,可覆盖人口3 000人,污水处理方式采用FMBR生物膜一体化污水处理技术,处理率可达90%以上;其余地区基本直排。

二、历史变迁

康山湖又名大明湖、大湖,曾是明初朱元璋与陈友谅大战时的古战场,西北部康山乡有明太祖朱元璋为纪念与陈友谅大战鄱阳湖阵亡武臣所建的忠臣庙。至今,康郎山还留有锣鼓山、麦黄洲、神仙墩、香炉墩等战争遗址。

中华人民共和国成立后,康山湖东部、西部区域遭到围垦,湖水面积、体积急剧减少。为了解决当时湖区的洪涝问题,于 1966 年开始修建康山大堤,1967 年 3 月竣工,后经数次加高加固。康山大堤为鄱阳湖区重点圩堤之一,堤线全长 36.25 km,现状堤防堤顶高程 22.30~25.12 m。20 世纪 70 年代后,沿湖陆续新建了东北圩和九零圩 2 座千亩圩堤。近几十年来,为了进一步解决湖区洪涝、内涝问题和更好地发挥湖泊的农业灌溉功能,康山湖岸线新建了数座泵站和涵闸。其中,规模较大的有 1981 年建成的梅溪咀闸(外排)、1995 年建成的大湖口闸(外排)以及 2014 年新建的排涝泵站锣鼓山电排站(外排),设计排涝流量分别为 103 m³/s、160.5 m³/s、73.8 m³/s。1998 年特大洪灾过后,江西省实施"平垸行洪、退田还湖、移民建镇"的治水方略,设置康山蓄滞洪区,为国家重点蓄滞洪区,总集雨面积 450.3 km²(含信瑞联圩 106.9 km²),蓄洪面积 280.84 km²,有效蓄洪容积 15.8 亿 m³。

三、湖区经济开发

湖盆区涉及余干县瑞洪镇、石口镇、大塘乡、康山乡、康山垦殖场、大湖管理局、三塘乡等 7 个乡、镇、场、局,共 54 个行政村。康山湖流域人口总计 9.83 万人,其中,城镇人口 1.29 万人,农村人口 8.54 万人。地区生产总值 9.3 亿元,其中工业增加值 2.6 亿元。流域耕地面积 10.83 万亩;农作物播种面积 17.58 万亩,年产量 14.06 万 t。水产养殖面积 13.37 万亩,年产量 2.2 万 t。

四、湖泊功能

康山湖主要承担了洪涝调蓄、农业灌溉、水产养殖、旅游观光和生物栖息功能。湖泊外排主要靠落脚湖电排站、锣鼓山泵站及大湖口闸等工程,将洪水外排入鄱阳湖。湖泊岸线已建 13 座排涝泵站(含内排)和 9 座排涝涵闸(含内排),其中,有 2 座外排泵站,分别为锣鼓山泵站和落脚湖电排站,装机容量分别为 7 500 kW 和 2 130 kW;另有 3 座外排涵闸,分别为大湖口闸、神田闸、罗里塘泄水闸。农业灌溉方面已建 8 座灌溉泵站(含灌排结合泵站 1 座)和 3 座引水涵闸。

湖岸已建堤防 3 条,分别为康山大堤、东北圩和九零圩,堤防总长度 52.12 km,保护面积 381.7 km²,保护耕地 15.5 万亩,保护人口 105.19 万人。其中,康山大堤为鄱阳湖重点圩堤,南部以低丘及小隔堤与信瑞联圩相邻。堤体源起康山垦殖场糯米咀,向东北经梅溪咀、沙夹里、锣鼓山、火石洲向东过大湖口、寿港、甘泉洲至大堤东端院前闸,与信瑞联圩隔堤相靠,堤线总长 36.25 km,保护面积 343.4 km²,保护耕地 14.43 万亩,保护人口 105 万人。康山大堤内的康山分蓄洪区为鄱阳湖区 4 座分蓄洪区之一,承担长江超额洪水 15.66 亿 m³ 的分洪任务,设计防洪标准为相应湖口水位 20.61 m。东北圩和九零圩的设计防洪标准为 10 年一遇,但经过多年运行,局部堤身存在冲刷破坏、基础破损、自然老化破损严重、泄洪能力降低等现象,目前只是不定期进行常规维养,尚未采取过系统性的除险加固等治理措施,现状防洪能力不足 10 年一遇。

湖泊水产养殖方式为人放天养,养殖种类为四大家鱼。

五、湖泊管理

康山湖尚未成立综合性的湖泊专门管理机构,目前由上饶市余干县康山乡和大塘乡政府共同管理,主要负责湖泊堤防及穿堤水利建筑物管护、湖面保洁、水产养殖、农业灌溉等方面的工作。

康山湖已建立了区域与流域相结合的县、乡、村三级湖长制组织体系,已设置县级湖长1名、乡级湖长2名、村级湖长6名。

县级湖长全面负责康山湖湖长制工作,承担总督导、总调度职责。各级湖长是所辖湖区保护管理的直接责任人,主要负责组织领导相应的管理和保护工作,包括水资源保护、水资源利用、水域岸线管理、水污染防治、水环境治理等,组织对侵占岸线、超标排污、电毒炸鱼、水资源违规利用等突出问题依法进行清理整治。

附件三十八　沙　湖

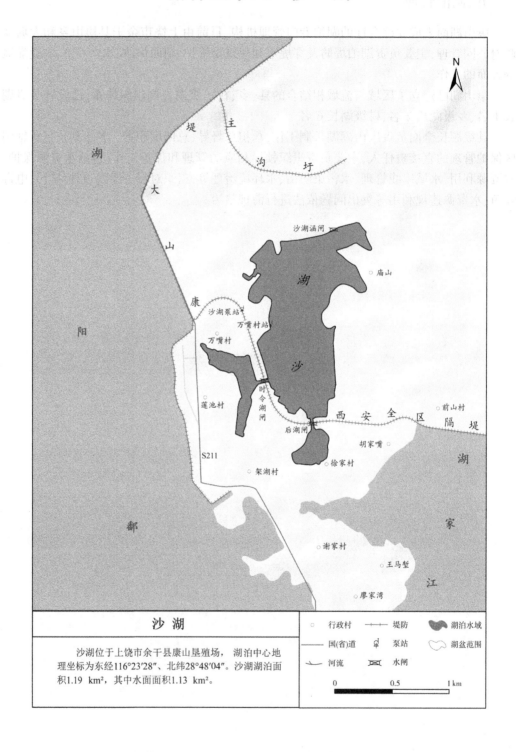

沙　湖

　　沙湖位于上饶市余干县康山垦殖场，湖泊中心地理坐标为东经116°23′28″、北纬28°48′04″。沙湖湖泊面积1.19 km²，其中水面面积1.13 km²。

图例		
○　行政村	┼┼┼　堤防	湖泊水域
──　国(省)道	泵站	湖盆范围
⟋　河流	水闸	

0　　　　　0.5　　　　　1 km

一、自然环境

(一)湖泊位置及形态

沙湖位于上饶市余干县西北部,湖区地处康山垦殖场,东南部与江家湖相邻,西隔康山大堤与抚河相望,北与康山增补干渠相毗,地理位置在东经 116°23′ ~ 116°24′、北纬 28°47 ~ 28°49′,湖泊中心地理坐标为东经 116°23′28″、北纬 28°48′04″。

湖泊长度 2.14 km,最大宽度 1.31 km,平均宽度 0.56 km。湖泊设计高水位 14.50 m,常水位 13.50 m。湖泊面积 1.19 km²,其中水面面积 1.13 km²。湖泊最大水深 2.50 m,平均水深 1.26 m,水体体积 142 万 m³。

(二)水文气象

湖区属亚热带湿润季风气候区,温热湿润,四季分明,水量充沛,光照充足。多年平均气温为 17.8 ℃,1 月平均气温 5.2 ℃,极端最低气温−14.3 ℃(1991 年 12 月 29 日),7 月平均气温 29.5 ℃,极端最高气温 40.0 ℃(1971 年 7 月 31 日)。无霜期年平均 256 d。年降水量 1 757.9 mm。

(三)河流水系

沙湖属长江流域鄱阳湖水系,湖泊集雨面积 8.98 km²。沙湖无较大的入湖河流,湖泊来水主要为区域积流及雨洪。其承泄河流为康山增补干渠。

(四)自然资源

根据《上饶市首次湖泊水生态调查报告(2018 年)》,沙湖湖水中,浮游植物中共检测出藻类 6 门 13 种,优势种为硅藻门 – 星杆藻,Shannon-Wiener 藻类多样性指数为重污染,水华风险评估为初具条件。浮游动物主要包含轮虫、枝角类、桡足类,密度为 260 个/L,优势种为枝角类。底栖动物种类较少,共检测出底栖动物 2 种,均属寡毛纲。渔业资源主要为四大家鱼。

(五)水生态环境状况

根据江西省水文监测中心和水利部中国科学院水工程生态研究所编制的《2019 年度江西省 1 km² 以上湖泊水生态调查报告》,基于水化学水质评价方法,沙湖水质类别为 V 类,富营养化等级为轻度富营养化;基于生物学水质评价方法,沙湖水质等级为差等,属污染,浮游植物密度偏高、底栖动物处"亚健康"状态,生物多样性和完整性一般。沙湖水生态综合评价等级为中等。

经调查,现状沙湖流域内无规模以上入河排污口。区域内无污水处理厂及农村污水处理设施,环湖区部分农村生活污水直排向湖体,农业面源污染较为严重。

二、历史变迁

沙湖周围存在围垦湖泊、侵占湖泊的现象,其中围湖造田现象严重,导致湖泊面积萎缩严重。沙湖在每年的 7 月之前有水,此时湖区会进行渔业养殖,7 月后湖区水干涸,湖区被用来种植作物,成为"湖田"。湖区地势低洼,易造成内涝灾害。因排水和灌溉需要,陆续建成了 3 座排涝涵闸、1 座灌排结合泵站及 1 座灌溉泵站。

三、湖区经济开发

湖盆区地处余干县康山垦殖场。湖区人口总计 0.83 万人,其中,城镇人口 0.36 万人,农村人口 0.47 万人。地区生产总值总计 2.15 亿元,全年财政收入累计完成 0.21 亿元;流域耕地面积 0.40 万亩,农作物播种面积 0.85 万亩,年产量 0.65 万 t;水产养殖面积 0.11 万亩,年产量 200 t。

四、湖泊功能

湖泊主要承担洪涝调蓄、农业灌溉、水产养殖和生物栖息功能。其中,水产养殖方式为人放天养,养殖种类为四大家鱼。湖泊外排由沙湖涵闸控制,另建有时令湖闸和后湖闸 2 座内排闸。湖盆区周围建有 2 座泵站,其中沙湖泵站为灌排结合泵站(内排),万嘴村站为灌溉泵站。

湖岸现状已建康山大堤—西安全区隔堤,堤防长度 4.89 km,保护耕地 14.43 万亩,保护人口 10.5 万人。

五、湖泊管理

沙湖尚未成立综合性的湖泊专门管理机构,目前由上饶市余干县康山垦殖场管理,主要负责湖泊水产养殖、农业灌溉等方面的工作。

沙湖已建立了区域与流域相结合的乡、村二级湖长制组织体系,已设置乡级湖长 1 名、村级湖长 1 名。各级湖长是所辖湖区保护管理的直接责任人,主要负责组织领导相应的管理和保护工作,包括水资源保护、水资源利用、水域岸线管理、水污染防治、水环境治理等,牵头组织对侵占岸线、超标排污、电毒炸鱼、水资源违规利用等突出问题依法进行清理整治。

附件三十九　江家湖

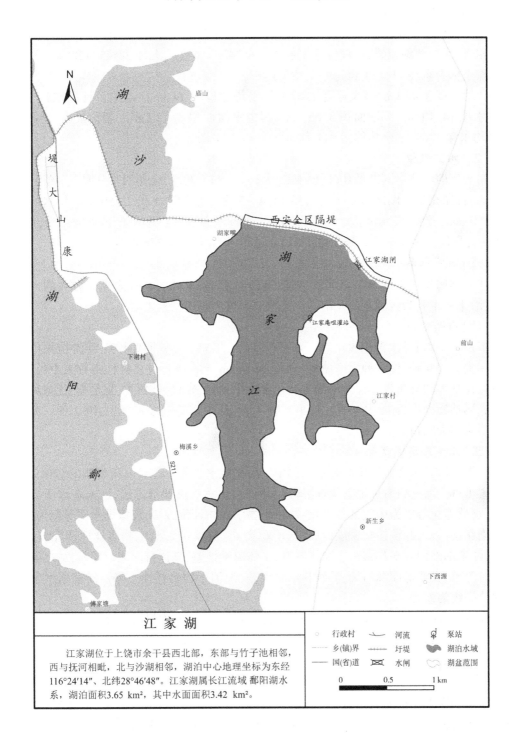

江家湖

　　江家湖位于上饶市余干县西北部，东部与竹子池相邻，西与抚河相毗，北与沙湖相邻，湖泊中心地理坐标为东经116°24′14″、北纬28°46′48″。江家湖属长江流域鄱阳湖水系，湖泊面积3.65 km²，其中水面面积3.42 km²。

行政村	河流	泵站
乡(镇)界	圩堤	湖泊水域
国(省)道	水闸	湖盆范围

0　　　　　　0.5　　　　　　1 km

一、自然环境

(一) 湖泊位置及形态

江家湖位于上饶市余干县西北部,湖泊地处余干县瑞洪镇。东部与竹子池相邻,西与抚河相毗,北与沙湖相邻,地理位置在东经 116°24′~116°25′,北纬 28°45′~28°47′,湖泊中心地理坐标为东经 116°24′14″、北纬 28°46′48″。

湖泊长度 3.44 km,最大宽度 2.62 km,平均宽度 1.14 km。湖泊设计高水位 15.97 m,常水位 14.40 m。湖泊面积 3.65 km²,其中水面面积 3.42 km²。湖泊最大水深 4.97 m,平均水深 2.66 m,水体体积 911 万 m³。

(二) 水文气象

湖区为信江北岸滨湖低丘区,属亚热带季风湿润气候区,全年四季分明,气候温和,雨量充沛,日光充足。湖区多年平均气温 17.4 ℃,多年平均降水量 1 580 mm,年水面蒸发量 1 000 mm。湖区多北风,平均风速 3.5 m/s。湖水温度以 8 月的 29.8 ℃ 为最高,1 月的 5.9 ℃ 为最低。多年平均日照时数 1 872 h,多年平均无霜期 256 d。

(三) 河流水系

江家湖属长江流域鄱阳湖水系,湖泊集雨面积 18.40 km²。江家湖无较大的入湖河流,湖泊来水主要为区域积流及雨洪。其承泄河流为康山增补干渠。

(四) 自然资源

根据《上饶市首次湖泊水生态调查报告(2018 年)》,江家湖湖水中,浮游植物中共检测出藻类 4 门 9 种,优势种为隐藻门-隐藻,Shannon-Wiener 藻类多样性指数为中污染,水华风险评估为初具条件。浮游动物主要包含原生动物、轮虫、枝角类、桡足类,优势种为轮虫。底栖动物种类较少,共检测出底栖动物 4 种,其中寡毛纲 2 种,昆虫纲 2 种。渔业资源主要为四大家鱼。

(五) 水生态环境状况

根据江西省水文监测中心和水利部中国科学院水工程生态研究所编制的《2019 年度江西省 1 km² 以上湖泊水生态调查报告》,基于水化学水质评价方法,江家湖水质类别为 Ⅴ 类,富营养化等级为中度富营养化;基于生物学水质评价方法,江家湖水质等级为良等,水污染状态一般,浮游植物密度偏高、底栖动物处"健康"状态,生物多样性和完整性差。目前,江家湖湖面几乎都被用作光伏发电,水体流动性差,湖体自净能力较差,加之湖内和附近有养殖、农业等面源污染,导致其水质很差,湖泊生物多样性下降。江家湖水生态综合评价等级为差等。

经调查,江家湖流域内无规模以上入河排污口。已建有农村污水处理设施 1 处,处理率 90%,日处理规模为 500 t/d,可覆盖人口 5 000 人;湖区农村生活污水大多直排入湖。

二、历史变迁

江家湖周围存在围垦湖泊、侵占湖泊的现象,湖泊面积萎缩严重。湖区地势低洼,易发生内涝灾害,故于 2006 年新建江家湖闸(外排),缓解沿湖内涝问题。目前,江家湖湖面多用作光伏发电。

三、湖区经济开发

湖盆区位于余干县瑞洪镇。湖区人口总计 8.0 万人,其中,城镇人口 1.1 万人,农村人口 6.9 万人。地区生产总值总计 11.5 亿元,其中全年财政收入累计完成 0.62 亿元;流域耕地面积 14.78 万亩,农作物播种面积 16.10 万亩,年产量 12.27 万 t;水产养殖面积 0.135 亩,年产量 200 t。江家湖湖面发展有 0.2 万亩光伏发电场地,设计规模 180 MW。

瑞洪镇有畜禽养殖企业 1 家,位于西岗村,养殖规模 200 头;水产养殖企业 2 家,一家位于西岗村,养殖方式为饲料养殖;另一家位于江家村江家湖内,养殖方式为人放天养。

四、湖泊功能

江家湖目前主要承担洪涝调蓄、水产养殖、生物栖息和光伏发电功能。湖泊外排由江家湖闸控制,孔口尺寸单孔 3.8 m×4.1 m。湖岸建有康山大堤—西安全区隔堤,堤防总长度 4.89 km,保护耕地 14.43 万亩,保护人口 10.5 万人。

五、湖泊管理

江家湖尚未成立综合性的湖泊专门管理机构,目前由上饶市余干县瑞洪镇政府管理,主要负责湖泊堤防及穿堤水利建筑物管护、水产养殖、光伏发电等方面的工作。

江家湖已建立了区域与流域相结合的县、乡、村三级湖长制组织体系,已设置县级湖长 1 名、乡级湖长 1 名、村级湖长 1 名。

县级湖长全面负责江家湖湖长制工作,承担总督导、总调度职责。各级湖长是所辖湖区保护管理的直接责任人,主要负责组织领导相应的管理和保护工作,包括水资源保护、水资源利用、水域岸线管理、水污染防治、水环境治理等,牵头组织对侵占岸线、超标排污、电毒炸鱼、水资源违规利用等突出问题依法进行清理整治。

附件四十　竹子池

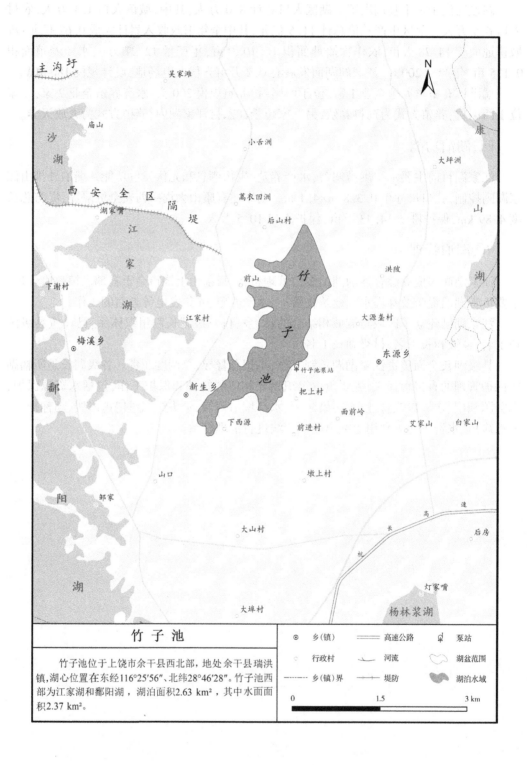

竹子池

　　竹子池位于上饶市余干县西北部,地处余干县瑞洪镇,湖心位置在东经116°25′56″、北纬28°46′28″。竹子池西部为江家湖和鄱阳湖，湖泊面积2.63 km²，其中水面面积2.37 km²。

图例		
⊙ 乡(镇)	═══ 高速公路	泵站
○ 行政村	⌇ 河流	湖盆范围
----- 乡(镇)界	┼┼┼ 堤防	湖泊水域

0　　　　1.5　　　　3 km

一、自然环境

(一)湖泊位置及形态

竹子池位于上饶市余干县西北部,地处余干县瑞洪镇,东部与康山湖相望,南与信江相邻,西与江家湖相毗。地理位置在东经116°25′~116°26′、北纬28°45′~28°47′。湖心位置在东经116°25′56″、北纬28°46′28″。

湖泊长度3.90 km,最大宽度1.40 km,平均宽度0.67 km。湖泊设计高水位14.50 m,常水位13.50 m。湖泊面积2.63 km²,其中水面面积2.37 km²。湖泊最大水深4.19 m,平均水深1.83 m,水体体积433万m³。

(二)水文气象

湖区属亚热带季风湿润气候区,全年四季分明,气候温和,雨量充沛,日光充足。湖区多年平均气温17.4 ℃,多年平均降水量1 580 mm,年水面蒸发量1 000 mm。湖区多北风,平均风速3.5 m/s。湖水温度以8月的29.8 ℃为最高、1月的5.9 ℃为最低。多年平均日照时数1 872 h,多年平均无霜期256 d。

(三)河流水系

竹子池属长江流域鄱阳湖水系,湖泊集雨面积16.2 km²。竹子湖无较大的入湖河流,水源主要来自区域积流及雨洪。其承泄河湖为鄱阳湖。

(四)自然资源

竹子池浮游植物中共检测出藻类4门10种,优势种为隐藻门-隐藻,Shannon-Wiener藻类多样性指数为中污染,水华风险评估为初具条件。浮游动物主要包含原生动物、轮虫、枝角类、桡足类,优势种为轮虫。底栖动物种类较少,共检测出底栖动物4种,其中寡毛纲2种,昆虫纲2种。渔业资源主要为四大家鱼。

(五)水生态环境状况

竹子池水质类别为Ⅳ类水,富营养化程度为中营养。经调查,现状竹子池流域内无规模以上入河排污口。区域内无污水处理厂及农村污水处理设施,环湖区部分农村生活污水直排入湖,农业面源污染也是湖泊主要污染源。

二、历史变迁

中华人民共和国成立后,竹子池南部湖汊遭到围垦。1965年,在湖泊岸线上建成竹子池泵站。近些年,竹子池被公司承包做生态养殖。由于湖长制的推行,竹子池由之前附近村委会管理变为由政府统一管理,湖泊资源得到更好的利用。

三、湖区经济开发

湖盆区位于余干县瑞洪镇。湖区现状人口总计8.0万人,其中,城镇人口1.1万人,农村人口6.9万人。地区生产总值总计11.5亿元,其中全年财政收入累计完成0.62亿元;流域耕地面积14.78万亩,农作物播种面积16.10万亩,年产量12.27万t;水产养殖面积0.14万亩,年产量0.11万t。

四、湖泊功能

竹子池主要承担洪涝调蓄、水产养殖、农业灌溉和生物栖息功能。其中,水产养殖种类为四大家鱼,养殖方式为人放天养和投料养殖。湖盆区周围建有竹子池泵站(灌排结合,内排),装机容量为 30 kW。

五、湖泊管理

竹子池尚未成立综合性的湖泊专门管理机构,目前由上饶市余干县瑞洪镇政府管理,主要负责湖泊泵站管护、农业灌溉、水产养殖等方面的工作。

竹子池已基本建立了区域与流域相结合的县、乡、村三级湖长制组织体系,已设置县级湖长 1 名、乡级湖长 1 名、村级湖长 2 名。

县级湖长全面负责竹子池湖长制工作,承担总督导、总调度职责。各级湖长是所辖湖区保护管理的直接责任人,主要负责组织领导相应的管理和保护工作,包括水资源保护、水资源利用、水域岸线管理、水污染防治、水环境治理等,牵头组织对侵占岸线、超标排污、电毒炸鱼、水资源违规利用等突出问题依法进行清理整治。

附件四十一　杨林浆湖

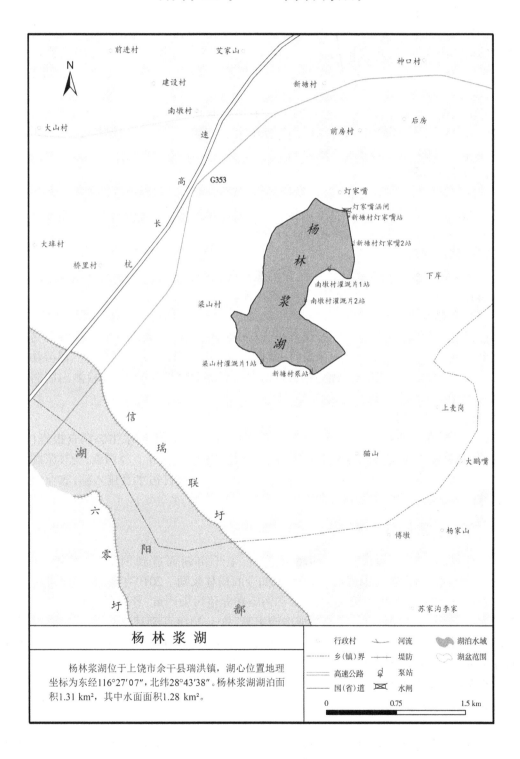

杨林浆湖

杨林浆湖位于上饶市余干县瑞洪镇，湖心位置地理坐标为东经116°27′07″，北纬28°43′38″。杨林浆湖湖泊面积1.31 km²，其中水面面积1.28 km²。

图例		
行政村	河流	湖泊水域
乡(镇)界	堤防	湖盆范围
高速公路	泵站	
国(省)道	水闸	

0　　　　　　0.75　　　　　　1.5 km

一、自然环境

(一)湖泊位置及形态

杨林浆湖位于上饶市余干县西北部,坐落在瑞洪镇梁山村、丁家咀、西枥、王家岭等村附近的信江西大河畔,东北部与康山湖相邻。杨林浆湖大体呈 L 形,地理位置在东经116°27′~116°28′、北纬 28°43′~28°45′,湖心位置地理坐标为东经 116°27′07″,北纬 28°43′38″。

湖泊长度 1.84 km,最大宽度 1.27 km,平均宽度 0.71 km。湖泊设计高水位 14.60 m,常水位 13.60 m。湖泊面积 1.31 km²,其中水面面积 1.28 km²。湖泊最大水深 2.48 m,平均水深 1.99 m,水体体积 255 万 m³。

(二)水文气象

湖区属亚热带江南山地湿润区,温热湿润,四季分明,水量充沛,光照充足。多年平均气温为 17.8 ℃;无霜期年平均 256 d;多年平均降水量约为 1 600 mm;年平均水面蒸发量约为 1 000 mm;多年平均径流深在 800~1 000 mm。

(三)河流水系

杨林浆湖属长江流域鄱阳湖水系,湖泊集雨面积 8.31 km²。杨林浆湖无较大的入湖河流,湖泊来水主要为区域积流及雨洪。其承泄河湖为信江。

(四)自然资源

根据《上饶市首次湖泊水生态调查报告(2018 年)》,杨林浆湖湖水中浮游动物中共检测出藻类 4 门 11 种,优势种为蓝藻门-微囊藻,水华风险评估为初具条件。浮游动物主要包含轮虫、枝角类和桡足类,优势种为枝角类。底栖动物种类较少,仅检测出底栖动物1 种,为寡毛类。渔业资源主要为四大家鱼。

(五)水生态环境状况

该湖泊存在围湖养殖现象,水质较差,根据《上饶市首次湖泊水生态调查报告(2018年)》,杨林浆湖水质类别为劣 Ⅴ 类,富营养化等级为中度富营养。经调查,杨林浆湖流域内无规模以上入河排污口,区域内无农村污水处理设施,农村污水直排入湖,农业面源污染和养殖污染也是湖区主要污染源。

二、历史变迁

杨林浆湖经历了两次围垦,1976 年前后,上千亩湖面遭到围垦,湖面萎缩严重;2010—2015 年,湖区进一步遭到围垦,形成如今的杨林浆湖。2010 年前,杨林浆湖主要用途为养鱼,近些年主要种植芡实,农业面源污染和养殖污染严重,导致湖泊水质变差,水质类别为劣 Ⅴ 类。湖区地势低洼,易造成内涝灾害,故于 2018 年新建 2 m×2 m 灯家嘴涵闸,沿湖内涝问题得到一定缓解。近几年推行生态环保政策,湖泊水质有所好转,但还未达到目标标准。由于湖长制的推行,杨林浆湖由之前附近村委会管理现变为由政府统一管理,湖泊资源得到更好的利用。

三、湖区经济开发

湖盆区地处余干县瑞洪镇。现状人口总计 8.0 万人,其中,城镇人口 1.1 万人,农村人口 6.9 万人。地区生产总值总计 11.59 亿元,其中全年财政收入累计完成 0.62 亿元;流域耕地面积 14.78 万亩,农作物播种面积 16.10 万亩,年产量 12.27 万 t;水产养殖面积 0.183 万亩,年产量 0.05 万 t。

四、湖泊功能

杨林浆湖主要承担洪涝调蓄、水产养殖、农业灌溉和生物栖息功能。水产养殖方式为人放天养,养殖种类为四大家鱼。湖泊外排由杨林浆湖圩堤上的灯家嘴涵闸控制。湖盆区周围建有 6 座提灌站,分别为新塘村泵站、梁山村灌溉片 1 站、南墩村灌溉片 2 站、南墩村灌溉片 1 站、新塘村灯家嘴 2 站、新塘村灯家嘴站,总灌溉面积 0.2 万亩。

五、湖泊管理

杨林浆湖尚未成立综合性的湖泊专门管理机构,目前由上饶市余干县瑞洪镇政府管理,主要负责湖泊水产养殖、农业灌溉等方面的工作。

杨林浆湖已建立了区域与流域相结合的县、乡、村三级湖长制组织体系,已设置县级湖长、乡级湖长、村级湖长各 1 名。

县级湖长全面负责杨林浆湖湖长制工作,承担总督导、总调度职责。各级湖长是所辖湖区保护管理的直接责任人,主要负责组织领导相应的管理和保护工作,包括水资源保护、水资源利用、水域岸线管理、水污染防治、水环境治理等,牵头组织对侵占岸线、超标排污、电毒炸鱼、水资源违规利用等突出问题依法进行清理整治。

附件四十二　小口湖

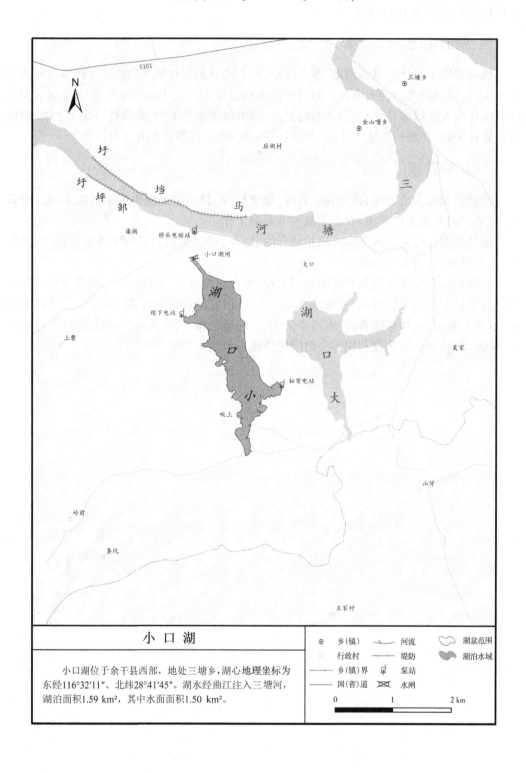

小口湖

　　小口湖位于余干县西部,地处三塘乡,湖心地理坐标为东经116°32′11″、北纬28°41′45″。湖水经曲江注入三塘河,湖泊面积1.59 km²,其中水面面积1.50 km²。

图例			
⊙ 乡(镇)	河流		湖盆范围
○ 行政村	堤防		湖泊水域
乡(镇)界	泵站		
国(省)道	水闸		

0　　　　1　　　　2 km

一、自然环境

(一)湖泊位置及形态

小口湖位于上饶市余干县西部,地处三塘乡,东部与大口湖相邻,北部隔小口湖堤与三塘河相望,地理位置在东经116°31′~115°33′、北纬28°41′~28°43′,湖心地理坐标为东经116°32′11″、北纬28°41′45″。

湖泊长度3.41 km,最大宽度1.05 km,平均宽度0.47 km。湖泊设计高水位16.50 m,常水位15.50 m。湖泊面积1.59 km²,其中水面面积1.50 km²。湖泊最大水深4.18 m,平均水深2.00 m,水体体积300万m³。

(二)水文气象

湖区属亚热带湿润季风气候区,温热湿润,四季分明,水量充沛,光照充足。多年平均气温17.8 ℃,1月平均气温5.4 ℃,极端最低气温-14.3 ℃(1991年12月29日),7月平均气温29.7 ℃,极端最高气温40.0 ℃(1971年7月31日);无霜期年平均272 d;多年平均降水量1 757.9 mm。

(三)河流水系

小口湖属长江流域鄱阳湖水系,湖泊集雨面积12.76 km²。小口湖无较大的入湖河流,湖泊来水主要为区域积流及雨洪。其承泄河流为三塘河。

(四)自然资源

小口湖湖水中浮游植物中共检测出藻类5门11种,优势种为隐藻门-隐藻,Shannon-Wiener藻类多样性指数为中污染,水华风险评估为初具条件。浮游动物主要包含原生动物、轮虫、桡足类,优势种为轮虫。底栖动物种类较少,共检测出底栖动物3种,其中寡毛纲1种,昆虫纲1种,腹足纲1种。渔业资源主要为四大家鱼。

(五)水生态环境状况

小口湖水质较差,水质类别为Ⅴ类水,富营养化程度为中度富营养。经调查,现状小口湖流域内无规模以上入河排污口。区域内无污水处理设施,环湖区部分农村生活污水直排向湖体,农业面源污染、养殖污染也是湖泊主要污染源。

二、历史变迁

小口湖湖区地势低洼,易造成内涝灾害,于1991年建成桥头电排站,2002年建成小口湖闸,将湖水排入三塘河,沿湖内涝问题得到缓解。小口湖在2012年被江西煌上煌集团有限公司下属公司煌盛农业开发有限公司承包,用于养殖鸭子,导致湖泊水污染较严重,与近年来推行的生态环保理念相违背,因此在2017年合同终止。目前,小口湖北部湖区正作为光伏发电场地。

三、湖区经济开发

湖盆区涉及余干县三塘乡,三塘乡有29个村委会和1个居委会及社区。三塘乡人口总计8.56万人,其中,城镇人口0.24万人,农村人口8.32万人。地区生产总值总计0.8亿元,全年财政收入累计完成0.12亿元;流域耕地面积8.05万亩,农作物播种面积16.4

万亩,年产量 6.68 万 t;水产养殖面积 0.168 万亩,年产量 0.05 万 t。小口湖北部湖区有
0.15 万亩光伏发电场地,设计规模 50 MW。

四、湖泊功能

小口湖主要承担洪涝调蓄、水产养殖、生物栖息和光伏发电功能。湖岸已建成小口湖
堤,堤防长度 1.5 km,起点为三塘乡小口村,终点至三塘乡桥头村,保护面积 0.47 km²,保
护耕地 750 亩,现状防洪能力为 10 年一遇。湖泊外排由位于小口湖堤上的桥头电排站和
小口湖闸控制,桥头电排站装机容量 310 kW,小口湖闸孔口尺寸为 2.5 m×4 m。

五、湖泊管理

小口湖尚未成立综合性的湖泊专门管理机构,目前由上饶市余干县三塘乡政府管理,
主要负责湖泊泵站及涵闸管护、水产养殖、光伏发电等方面的工作。

小口湖已建立了区域与流域相结合的县、乡、村三级湖长制组织体系,已设置县级湖
长 1 名、乡级湖长 1 名、村级湖长若干名。

县级湖长全面负责小口湖湖长制工作,承担总督导、总调度职责。各级湖长是所辖湖
区保护管理的直接责任人,主要负责组织领导相应的管理和保护工作,包括水资源保护、
水资源利用、水域岸线管理、水污染防治、水环境治理等,牵头组织对侵占岸线、超标排污、
电毒炸鱼、水资源违规利用等突出问题依法进行清理整治。

附件四十三　大口湖

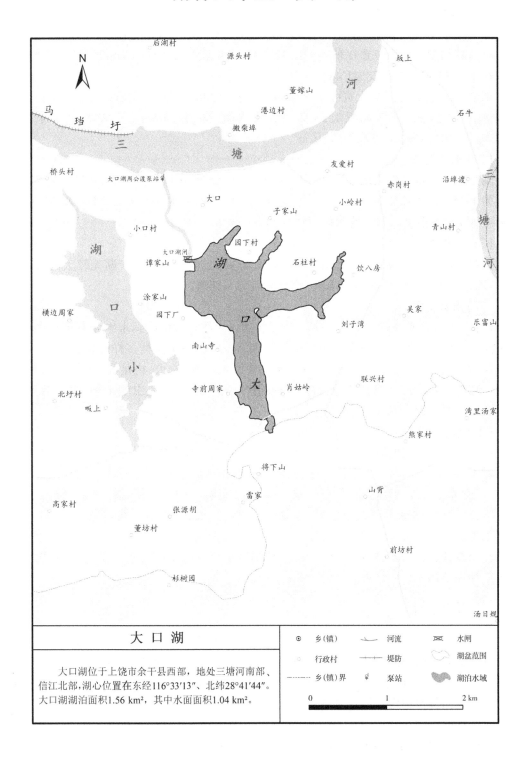

大口湖

　　大口湖位于上饶市余干县西部，地处三塘河南部、信江北部，湖心位置在东经116°33′13″、北纬28°41′44″。大口湖湖泊面积1.56 km²，其中水面面积1.04 km²。

图例		
⊙ 乡(镇)	⌒ 河流	⊠ 水闸
○ 行政村	┼┼┼ 堤防	⬭ 湖盆范围
------ 乡(镇)界	🏭 泵站	⬬ 湖泊水域

0　　　　　　1　　　　　　2 km

一、自然环境

(一)湖泊位置及形态

大口湖位于上饶市余干县西部,湖区地处余干县三塘乡,东部和北部与三塘河相邻,西与小口湖相望。地理位置在东经 116°32′~116°34′、北纬 28°41′~28°42′,湖泊中心位置在东经 116°33′13″、北纬 28°41′44″。

湖泊长度 2.47 km,最大宽度 1.87 km,平均宽度 0.63 km。湖泊设计高水位 14.07 m,常水位 13.57 m。湖泊面积 1.56 km²,其中水面面积 1.04 km²。湖泊最大水深 0.96 m,平均水深 0.59 m,水体体积 61 万 m³。

(二)水文气象

湖区属亚热带江南山地湿润区,温热湿润,四季分明,水量充沛,光照充足。多年平均气温为 17.8 ℃;无霜期年平均 272 d;多年平均降水量约为 1 600 mm;年平均水面蒸发量约为 1 000 mm;多年平均径流深在 800~1 000 mm。

(三)河流水系

大口湖属长江流域鄱阳湖水系,湖泊集雨面积 21.94 km²。大口湖无较大的入湖河流,湖泊来水主要为区域积流及雨洪,承泄河流为三塘河。

(四)自然资源

根据《上饶市首次湖泊水生态调查报告(2018 年)》,大口湖湖水中浮游植物中共检测出藻类 5 门 11 种,优势种为隐藻门-隐藻,Shannon-Wiener 藻类多样性指数为中污染,水华风险评估为初具条件。浮游动物主要包含原生动物、轮虫、桡足类,优势种为轮虫。底栖动物种类较少,共检测出底栖动物 3 种,其中寡毛纲 1 种,昆虫纲 1 种,腹足纲 1 种。渔业资源主要为四大家鱼。

(五)水生态环境状况

根据江西省水文监测中心和水利部中国科学院水工程生态研究所编制的《2019 年度江西省 1 km² 以上湖泊水生态调查报告》,基于水化学水质评价方法,大口湖水质类别为Ⅳ类,富营养化等级为轻度富营养化;基于生物学水质评价方法,大口湖水质等级为差等,属污染,浮游植物密度稍偏高、底栖动物处"亚健康"状态,生物多样性和完整性一般。大口湖水生态综合评价等级为中等。

经调查,区域内无农村污水处理设施,环湖区部分农村生活污水直排向湖体,农业面源污染和养殖污染较为严重。

二、历史变迁

大口湖湖区地势低洼,易造成洪涝灾害,1970 年修建了大口湖堤,大口湖北部和东北部各有一部分水面因修建了大口湖堤而被隔开,东北部水面现被称作门前湖。1978 年和2016 年修建了大口湖周公渡泵站和大口湖涵闸,解决了湖区的内涝问题。目前,大口湖几乎整个湖面都被用作光伏发电场地,由于需要满足光伏发电的要求,经加高加固,大口湖堤防洪标准已达 50 年一遇。由于环湖区存在生活垃圾随意堆放以及农业面源和禽畜养殖污染,部分水域水草大量生长,导致湖泊面积有所缩小。

三、湖区经济开发

湖盆区涉及余干县三塘乡,现状人口总计 8.56 万人,其中,城镇人口 0.24 万人,农村人口 8.32 万人。地区生产总值总计 0.8 亿元,全年财政收入累计完成 0.12 亿元;流域耕地面积 8.05 万亩,农作物播种面积 16.4 万亩,年产量 6.68 万 t;水产养殖面积 0.11 万亩,年产量 0.03 万 t。大口湖湖面有 0.22 万亩光伏发电场地,设计规模 200 MW。

区内工矿企业共有 3 家,其中,化工企业 2 家、新能源企业 1 家。畜禽养殖企业 1 家,水产养殖企业 4 家。

四、湖泊功能

该湖泊主要承担洪涝调蓄、水产养殖、生物栖息和光伏发电功能。湖岸现状已建成大口湖堤,堤防全长 0.46 km,保护面积 1.2 km^2,保护农田 750 亩,设计防洪标准原为 10 年一遇,后由于需要满足湖区光伏发电要求,提高防洪标准至 50 年一遇。湖泊外排由位于大口湖堤上的周公渡泵站和大口湖涵闸控制,其中,泵站装机容量 770 kW(2×75 kW+4×155 kW),涵闸尺寸为 4 孔 2 m×3 m 的矩形孔和 1 孔直径 1.2 m 的圆孔,总排涝面积为 0.35 万亩,总受益人口 0.8 万人。

五、湖泊管理

大口湖尚未成立综合性的湖泊专门管理机构,目前由上饶市余干县三塘乡政府管理,主要负责湖泊泵站及涵闸管护、水产养殖、光伏发电等方面的工作。

大口湖已建立了区域与流域相结合的县、乡、村三级湖长制组织体系,已设置县级湖长 1 名、乡级湖长 1 名、村级湖长 1 名。

县级湖长全面负责大口湖湖长制工作,承担总督导、总调度职责。各级湖长是所辖湖区保护管理的直接责任人,主要负责组织领导相应的管理和保护工作,包括水资源保护、水资源利用、水域岸线管理、水污染防治、水环境治理等,牵头组织对侵占岸线、超标排污、电毒炸鱼、水资源违规利用等突出问题依法进行清理整治。

附件四十四　燕　湖

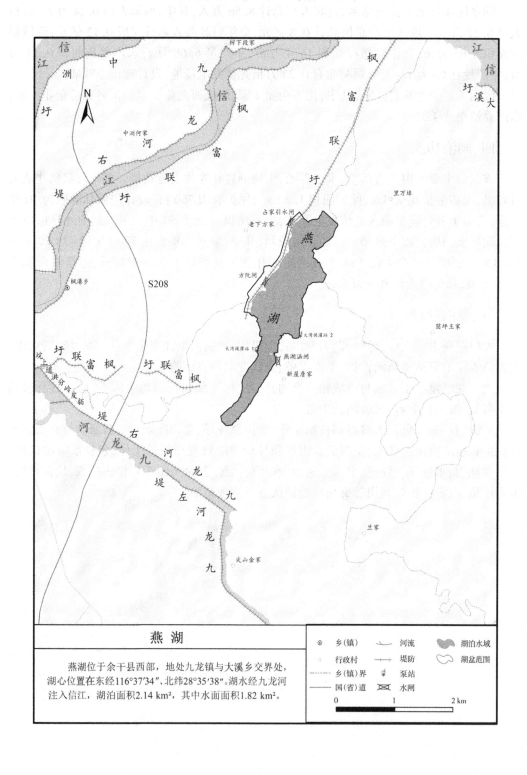

燕　湖

　　燕湖位于余干县西部，地处九龙镇与大溪乡交界处，湖心位置在东经116°37′34″、北纬28°35′38″。湖水经九龙河注入信江，湖泊面积2.14 km²，其中水面面积1.82 km²。

图例		
⊙ 乡(镇)	〜 河流	湖泊水域
○ 行政村	┼┼┼ 堤防	湖盆范围
⋯⋯ 乡(镇)界	泵站	
── 国(省)道	水闸	

0　　　　　1　　　　　2 km

一、自然环境

(一) 湖泊位置及形态

燕湖位于上饶市余干县西部,湖区涉及余干县九龙镇和大溪乡,西隔康山大堤与抚河相望。地理位置在东经 116°36′~116°39′、北纬 28°34′~28°39′,湖泊中心位置在东经116°37′34″,北纬 28°35′38″。

湖泊长度 3.93 km,最大宽度 1.11 km,平均宽度 0.55 km。湖泊设计高水位 16.70 m,常水位 14.80 m。湖泊面积 2.14 km²,其中水面面积 1.82 km²。湖泊最大水深 3.99 m,平均水深 1.47 m,水体体积 268 万 m³。

(二) 水文气象

湖区属亚热带湿润季风气候区,四季分明,水量充沛,光照充足。多年平均气温为17.8 ℃,1月平均气温 5.4 ℃,极端最低气温-14.3 ℃(1991年12月29日),7月平均气温 29.7 ℃,极端最高气温 40.0 ℃(1971年7月31日);无霜期年平均272 d;多年平均降水量 1 757.9 mm。

(三) 河流水系

燕湖属长江流域鄱阳湖水系,湖泊集雨面积 13.36 km²。燕湖无较大的入湖河流,湖泊来水主要为区域积流及雨洪。其承泄河流为信江。

湖区地势低洼,常发生洪涝灾害,2020年6月,湖区发生洪涝灾害,受灾耕地 1.5 万亩,受灾人口 0.67 万人,直接经济损失 1 800 万元。

(四) 自然资源

根据《上饶市首次湖泊水生态调查报告(2018年)》,燕湖湖水中浮游植物中共检测出藻类 3 门 5 种,优势种为隐藻门-隐藻,Shannon-Wiener 藻类多样性指数为中污染,水华风险评估为初具条件。浮游动物主要包含原生动物、轮虫、枝角类、桡足类,总密度为 460个/L,优势种为轮虫。底栖动物种类较少,共检测出底栖动物 6 种,其中寡毛纲 2 种,昆虫纲 1 种,腹足纲 3 种。渔业资源主要为四大家鱼。

(五) 水生态环境状况

根据江西省水文监测中心和水利部和中国科学院水工程生态研究所编制的《2019年度江西省 1 km² 以上湖泊水生态调查报告》,基于水化学水质评价方法,燕湖水质类别为Ⅳ类,富营养化等级为轻度富营养化;基于生物学水质评价方法,燕湖水质等级为中等,属轻度污染,浮游植物密度稍偏高,底栖动物处"不健康"状态,生物多样性和完整性一般。燕湖水生态综合评价等级为中等。

经调查,现状燕湖流域内无规模以上入河排污口。区域内无农村污水处理设施,环湖区部分农村生活污水直排向湖体,农业面源污染较为严重。

二、历史变迁

燕湖在历史上属信江的一部分,修建枫富联圩后便产生了燕湖。燕湖湖区地势低洼,易发生内涝灾害,2007年和2011年新建了 3 座排涝涵闸,分别为燕湖涵洞、方阮闸和占家引水闸,缓解了沿湖内涝问题。由于湖滩围垦等人类活动影响,燕湖的湖泊水面面积萎缩严重。近年来,随着湖长制的推行,燕湖从之前由附近村委会管理变为由政府统一管理,湖泊资源得到更好的利用。

三、湖区经济开发

湖盆区涉及余干县九龙镇和大溪乡,现状人口总计 3.26 万人,其中,城镇人口 0.1 万人,农村人口 3.16 万人。地区生产总值总计 0.24 亿元,全年财政收入累计完成 0.17 亿元;流域耕地面积 3.89 万亩,农作物播种面积 9.65 万亩,年产量 8.01 万 t;水产养殖面积 840 亩,年产量 500 t。

燕湖流域九龙镇境内有畜禽养殖企业 4 家;水产养殖企业 4 家,分别位于大田村九龙河、邱家村千公碑、新圳村珏塘水库、新圳村湖池陂水库,养殖面积合计 0.53 万亩。

四、湖泊功能

湖泊主要承担洪涝调蓄、农业灌溉、水产养殖和生物栖息功能。湖泊岸线建有 2 座提灌站,分别为大湾提灌站 1 和大湾提灌站 2,总装机容量 44 kW,总灌溉面积 1 100 亩;建有 3 座排涝涵闸(内排),分别为燕湖涵洞、方阮闸和占家引水闸。

湖岸现状已建有枫富联圩,为 5 万亩以上圩堤,总长度 58.67 km,起点为九龙镇西坪村,终点至九龙镇枫港乡,保护面积 78 km²,保护耕地 6.49 万亩,保护人口 5.35 万人,现状防洪能力 20 年一遇。

五、湖泊管理

燕湖尚未成立综合性的湖泊专门管理机构,目前由上饶市余干县九龙镇政府管理,主要负责湖泊堤防及穿堤水利建筑物管护、水产养殖、农业灌溉等方面的工作。

燕湖已建立了区域与流域相结合的县、乡、村三级湖长制组织体系,已设置县级湖长 1 名、乡级湖长 1 名、村级湖长 1 名。

县级湖长全面负责燕湖湖长制工作,承担总督导、总调度职责。各级湖长是所辖湖区保护管理的直接责任人,主要负责组织领导相应的管理和保护工作,包括水资源保护、水资源利用、水域岸线管理、水污染防治、水环境治理等,牵头组织对侵占岸线、超标排污、电毒炸鱼、水资源违规利用等突出问题依法进行清理整治。

附件四十五　北　湖

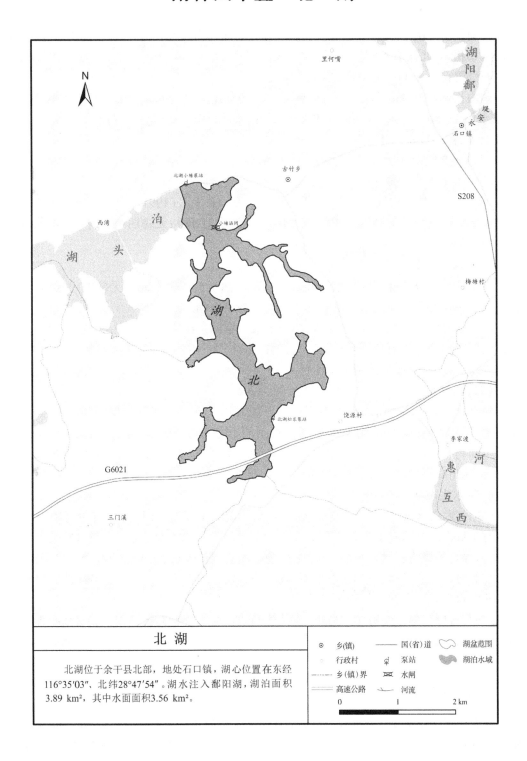

北　湖

　　北湖位于余干县北部,地处石口镇,湖心位置在东经116°35′03″、北纬28°47′54″。湖水注入鄱阳湖,湖泊面积3.89 km²,其中水面面积3.56 km²。

图例		
⊙ 乡(镇)	—— 国(省)道	湖盆范围
◦ 行政村	⊠ 泵站	湖泊水域
-·-·- 乡(镇)界	⊠ 水闸	
═══ 高速公路	⊁ 河流	

0　　　　1　　　　2 km

一、自然环境

(一)湖泊位置及形态

北湖位于上饶市余干县北部、康山湖东南部,地处石口镇。东与互惠河相望,西与蜡烛岗水库相邻,北接泊头湖。地理位置在东经 116°35′~116°36′、北纬 28°47′~28°49′,湖泊中心位置在东经 116°35′03″、北纬 28°47′54″。

湖泊长度 5.13 km,最大宽度 2.57 km,平均宽度 0.75 km。湖泊设计高水位 14.70 m,常水位 13.80 m。湖泊面积 3.89 km²,其中水面面积 3.56 km²。湖泊最大水深 4.07 m,平均水深 2.06 m,水体体积 732 万 m³。

(二)水文气象

湖区属亚热带湿润季风气候区,温热湿润,四季分明,水量充沛,光照充足。多年平均气温 17.8 ℃,1 月平均气温 5.4 ℃,极端最低气温 -14.3 ℃(1991 年 12 月 29 日),7 月平均气温 29.7 ℃,极端最高气温 40.0 ℃(1971 年 7 月 31 日);无霜期年平均 272 d;年降水量 1 757.9 mm。

(三)河流水系

北湖属长江流域鄱阳湖水系,湖泊集雨面积为 15.57 km²。北湖无较大的入湖河流,湖泊来水主要为区域积流及雨洪。其承泄河湖为康山湖。

湖区地势低洼,常发生洪涝灾害,历史上最严重的一次灾害发生在 1983 年 7 月,由于持续的降雨和受到康山湖湖洪顶托影响,湖区发生严重洪涝灾害,受灾耕地 14.53 万亩,受灾人口 2 万人,直接经济损失 1.5 亿元。

(四)自然资源

根据《上饶市首次湖泊水生态调查报告(2018 年)》,北湖湖水中浮游植物中共检测出藻类 5 门 12 种,优势种为蓝藻门-微囊藻,水华风险评估为初具条件。浮游动物主要包含原生动物、轮虫、枝角类、桡足类,总密度为 700 个/L,优势种为轮虫。底栖动物种类较少,共检测出底栖动物 3 种,其中寡毛纲 1 种,昆虫纲 2 种。渔业资源主要为四大家鱼。

(五)水生态环境状况

根据江西省水文监测中心和水利部中国科学院水工程生态研究所编制的《2019 年度江西省 1 km² 以上湖泊水生态调查报告》,基于水化学水质评价方法,北湖水质类别为Ⅳ类,富营养化等级为轻度富营养化;基于生物学水质评价方法,北湖水质等级为良等,水污染指数等级为一般,浮游植物密度偏高,底栖动物处"不健康"状态,生物多样性和完整性差。北湖水生态综合评价等级为差等。

目前,石口镇集镇建有污水处理厂,其处理规模为 300 t/d,可覆盖人口 3 000 人。大多农村地区无农村污水处理设施,环湖区部分农村生活污水直排向湖体,农业面源污染较为严重。

二、历史变迁

北湖原属于鄱阳湖的一部分,20 世纪 60 年代初建康山大堤后变为内湖。原北湖与泊头湖连通,20 世纪 90 年代修建了北湖小塘圩堤将两湖隔开。北湖湖区地势低洼,易造成内涝灾害,故于 1995 年修建了北湖小塘泵站,将湖水排入康山湖,湖区内涝问题得到了缓解。北湖湖区周围耕地较多,为了更好地引水灌溉,1998 年新建了北湖松乐泵站和小塘涵闸。2004 年以后,北湖北部约有 650 亩水面遭到围垦,目前该区域被用作水产养殖。

三、湖区经济开发

湖盆区位于余干县石口镇,现状人口总计 4.48 万人,其中,城镇人口 0.62 万人,农村人口 3.86 万人。地区生产总值总计 6.49 亿元,全年财政收入累计完成 0.07 亿元;流域耕地面积 7.26 万亩,农作物播种面积 14.53 万亩,年产量 6.03 万 t;水产养殖面积 720 亩,年产量 150 t。

四、湖泊功能

湖泊主要承担了洪涝调蓄、农业灌溉、水产养殖和生物栖息功能。湖泊排水主要依靠北湖小塘泵站(灌排结合,外排),装机容量为 110 kW(2×55 kW),排涝面积为 0.07 万亩,受益人口 0.03 万人,受益耕地 0.065 万亩。农业灌溉方面,建有北湖松乐泵站和小塘涵闸,北湖松乐泵站装机容量为 30 kW,小塘涵闸孔口尺寸为 2.8 m×4 m,总灌溉面积 0.09 万亩。水产养殖方式为人放天养,养殖种类为四大家鱼。

湖岸建有北湖小塘圩堤,全长 1.312 km,保护面积 0.98 km²,保护耕地 0.06 万亩,保护人口 0.03 万人,现状防洪能力不足 10 年一遇。

五、湖泊管理

北湖尚未成立综合性的湖泊专门管理机构,目前由上饶市余干县石口镇政府管理,主要负责湖泊泵站及涵闸管护、农业灌溉、水产养殖等方面的工作。

北湖已建立了区域与流域相结合的县、乡、村三级湖长制组织体系,已设置县级湖长 1 名、乡级湖长 1 名、村级湖长 1 名。

县级湖长全面负责北湖湖长制工作,承担总督导、总调度职责。各级湖长是所辖湖区保护管理的直接责任人,主要负责组织领导相应的管理和保护工作,包括水资源保护、水资源利用、水域岸线管理、水污染防治、水环境治理等,牵头组织对侵占岸线、超标排污、电毒炸鱼、水资源违规利用等突出问题依法进行清理整治。

附件四十六　泊头湖

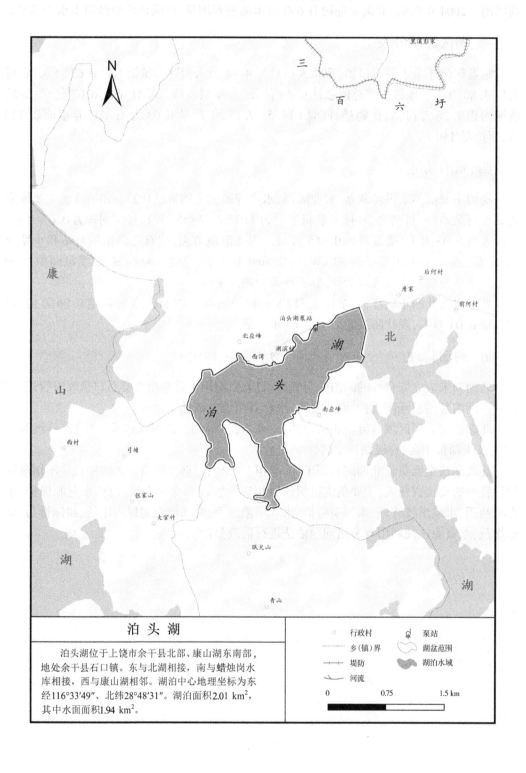

泊头湖

　　泊头湖位于上饶市余干县北部、康山湖东南部，地处余干县石口镇。东与北湖相接，南与蜡烛岗水库相接，西与康山湖相邻。湖泊中心地理坐标为东经116°33′49″、北纬28°48′31″。湖泊面积2.01 km²，其中水面面积1.94 km²。

图例	
○ 行政村	⚓ 泵站
----- 乡(镇)界	湖盆范围
╫ 堤防	湖泊水域
⋎ 河流	

0　　　　0.75　　　　1.5 km

一、自然环境

(一)湖泊位置及形态

泊头湖位于上饶市余干县北部、康山湖东南部,地处余干县石口镇。东与北湖相接,南与蜡烛岗水库相接,西与康山湖相邻。地理位置在东经 116°33′ ~ 116°34′、北纬 28°47′~28°49′,湖泊中心地理坐标为东经 116°33′49″、北纬 28°48′31″。

湖泊长度 2.75 km,最大宽度 1.74 km,平均宽度 0.73 km。湖泊设计高水位 14.10 m,常水位 12.80 m。湖泊面积 2.01 km²,其中水面面积 1.94 km²。湖泊最大水深 2.82 m,平均水深 1.37 m,水体体积 266 万 m³。

(二)水文气象

湖区属亚热带湿润季风气候区,温热湿润,四季分明,水量充沛,光照充足。多年平均气温为 17.8 ℃,1 月平均气温 5.4 ℃,极端最低气温-14.3 ℃(1991 年 12 月 29 日),7 月平均气温 29.7 ℃,极端最高气温 40.0 ℃(1971 年 7 月 31 日);无霜期年平均 272 d;年降水量 1 757.9 mm。

(三)河流水系

泊头湖属长江流域鄱阳湖水系,湖泊集雨面积 10.47 km²。泊头湖无较大的入湖河流,湖泊来水主要为区域积流及雨洪。其承泄河湖为康山湖。

湖区地势低洼,常发生洪涝灾害,最严重的一次发生在 1983 年 7 月,由于持续的降雨影响,湖区发生洪涝灾害,受灾耕地 14.53 万亩,受灾人口 2 万人,直接经济损失 1.5 亿元。

(四)自然资源

根据《上饶市首次湖泊水生态调查报告(2018 年)》,泊头湖水中浮游植物中共检测出藻类 4 门 13 种,优势种为硅藻门-直链,Shannon-Wiener 藻类多样性指数为中污染,水华风险评估为初具条件。浮游动物主要包含原生动物、轮虫、枝角类,优势种为轮虫和枝角类。底栖动物种类较少,共检测出底栖动物 7 种,其中环节动物门寡毛纲 4 种,节肢动物门昆虫纲 2 种,软体动物门腹足纲 1 种。渔业资源主要为四大家鱼。

(五)水生态环境

根据江西省水文监测中心和水利部中国科学院水工程生态研究所编制的《2019 年度江西省 1 km² 以上湖泊水生态调查报告》,基于水化学水质评价方法,泊头湖水质类别为 V类,富营养化等级为轻度富营养化;基于生物学水质评价方法,泊头湖水质等级为差等,属污染,浮游植物密度偏高,底栖动物处"亚健康"状态,生物多样性和完整性一般。泊头湖水生态综合评价等级为差等。

经调查,现状泊头湖流域内无规模以上入河排污口。区域内无农村污水处理设施,环湖区部分农村生活污水直排向湖体,农业面源污染较为严重。

二、历史变迁

泊头湖原属于鄱阳湖,1967 年建康山大堤后变为内湖。原泊头湖与北湖连通,20 世纪 90 年代修建了北湖小塘圩堤后被隔开。由于水利工程修建及湖滩围垦等人类活动影响,泊头湖湖泊面积略微有所减小。湖区地势低洼,易造成内涝灾害,故于2002年新建了泊头湖泵站,装机容量55 kW,沿湖内涝问题得到一定缓解。近年来由于湖长制的推行,湖泊资源得到更好的利用。

三、湖区经济开发

湖盆区位于余干县石口镇,现状人口总计4.48万人,其中,城镇人口0.62万人,农村人口3.86万人。地区生产总值总计6.49亿元,全年财政收入累计完成0.07亿元;流域耕地面积7.26万亩,农作物播种面积14.53万亩,年产量6.03万t;水产养殖面积0.16万亩,年产量0.025万t。

泊头湖附近村落有畜禽养殖企业3家。

四、湖泊功能

泊头湖主要承担了洪涝调蓄、水产养殖、农业灌溉和生物栖息功能。洪涝调蓄方面,湖盆区已建有泊头湖泵站(灌排结合,内排),装机容量为55 kW,排涝面积为0.05万亩,受益人口0.05万人,灌溉面积为0.11万亩;水产养殖方面,养殖方式为人放天养,养殖种类为四大家鱼。

五、湖泊管理

泊头湖尚未成立综合性的湖泊专门管理机构,目前由上饶市余干县石口镇政府管理,主要负责湖泊泵站管护、农业灌溉、水产养殖等方面的工作。

泊头湖已建立了区域与流域相结合的县、乡、村三级湖长制组织体系,已设置县级湖长1名、乡级湖长1名、村级湖长1名。

县级湖长全面负责泊头湖湖长制工作,承担总督导、总调度职责。各级湖长是所辖湖泊保护管理的直接责任人,主要负责组织领导相应的管理和保护工作,包括水资源保护、水资源利用、水域岸线管理、水污染防治、水环境治理等,牵头组织对侵占岸线、超标排污、电毒炸鱼、水资源违规利用等突出问题依法进行清理整治。

附件四十七　珠　湖

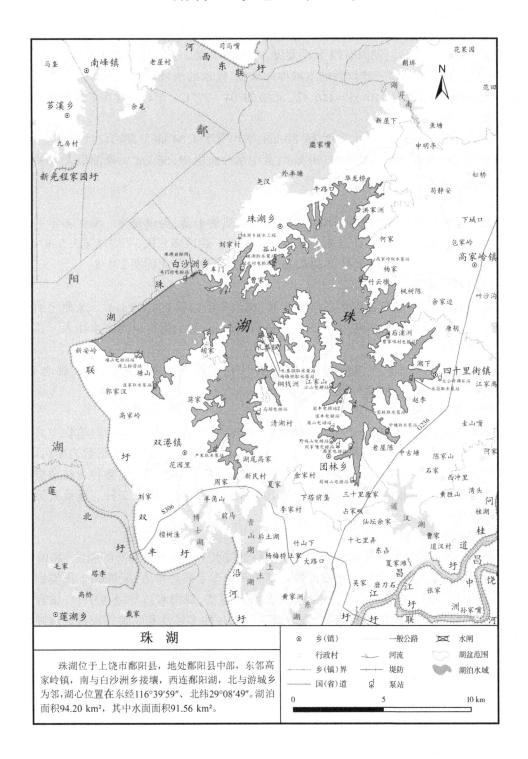

珠　湖

　　珠湖位于上饶市鄱阳县，地处鄱阳县中部，东邻高家岭镇，南与白沙洲乡接壤，西连鄱阳湖，北与游城乡为邻，湖心位置在东经116°39′59″、北纬29°08′49″。湖泊面积94.20 km²，其中水面面积91.56 km²。

图例			
⊙ 乡(镇)	一般公路	水闸	
行政村	河流	湖盆范围	
乡(镇)界	堤防	湖泊水域	
国(省)道	泵站		

0　　　　　5　　　　　10 km

一、自然环境

(一)湖泊位置及形态

珠湖位于上饶市鄱阳县中部,涉及白沙洲乡、双港镇、团林乡、四十里街镇、高家岭镇、珠湖乡共6个乡(镇)。湖内有四十八大汊、八十四小汊。有外珠湖和内珠湖之分,位于虎山—瓢里山—渡口村一线以西的水域称外珠湖,以东的水域称内珠湖,内、外珠湖相互连通。地理位置在东经116°33′~116°47′、北纬29°04′~29°12′,湖心位置在东经116°39′59″、北纬29°08′49″。

湖泊长度19.45 km,最大宽度16.80 km,平均宽度4.84 km。湖泊设计高水位16.48 m,常水位13.50 m。湖泊面积94.20 km²,其中水面面积91.56 km²。湖泊最大水深7.26 m,平均水深4.44 m,水体体积40 693万m³。

(二)水文气象

湖区属于典型的中亚热带季风区,四季分明,热量丰富,雨量充沛。湖区多年平均气温17.6 ℃、降水量1 582 mm、水面蒸发量1 000 mm。湖区多北风,平均风速3.5 m/s。湖水温度以8月的29.6 ℃为最高、1月的6.2 ℃为最低。全年无霜期275 d。

(三)河流水系

珠湖为淡水湖,属长江流域鄱阳湖水系,湖泊集雨面积294.75 km²。珠湖北纳韩山一带来水,西接乐亭以北汇流,南和东南有凤凰山以北、四十里街以西之水注入。其承泄河湖为鄱阳湖。

湖区地势低洼,常发生洪涝灾害,2020年7月,湖区发生洪涝灾害,受灾耕地1 776亩,受灾人口8 600人,直接经济损失200万元。

(四)自然资源

根据《上饶市首次湖泊水生态调查报告(2018年)》,珠湖湖水中浮游植物中共检测出藻类4门9种,优势种为硅藻门-小环藻,Shannon-Wiener藻类多样性指数为中污染,水华风险评估为初具条件。浮游动物主要包含轮虫、枝角类、桡足类,优势种为枝角类。底栖动物种类较少,共检测出底栖动物3种,其中寡毛纲1种,昆虫纲2种。渔业资源主要为四大家鱼。

(五)水生态环境

根据江西省水文监测中心和水利部中国科学院水工程生态研究所编制的《2019年度江西省1 km²以上湖泊水生态调查报告》,基于水化学水质评价方法,珠湖水质类别为Ⅱ类,富营养化等级为中营养;基于生物学水质评价方法,珠湖水质等级为中等,属轻度污染,浮游植物密度适中、底栖动物处"亚健康"状态,生物多样性和完整性较好。珠湖水生态综合评价等级为良等。

二、历史变迁

珠湖原是鄱阳湖东部一大湖汊,20世纪60年代,在白沙洲至柏堑村附近的两岗丘之间筑堤建闸,隔断了与鄱阳湖的联系,因此其由天然湖汊演变为受人工调控的水库型湖泊。全湖呈枝汊形,曲折多湾。

中华人民共和国成立后,珠湖出口处及湖汊遭到一定程度围垦。1986年修建了珠湖联圩;1966年以后,修建了24座泵站;1994年修建的珠湖自排闸将湖水排入鄱阳湖,有效地缓解了湖区的内涝问题。

三、湖区经济开发

湖盆区涉及鄱阳县白沙州乡、双港镇、团林乡、四十里街镇、高家岭镇、珠湖乡,现状人口总计18.66万人,其中,城镇人口1.37万人,农村人口17.29万人。地区生产总值总计24.77亿元,全年财政收入累计完成3.08亿元;流域耕地面积6.21万亩,农作物播种面积12.63万亩,年产量8.20万t;水产养殖面积0.36万亩,年总产量为0.14万t。

四、湖泊功能

湖泊承担了洪涝调蓄、农业灌溉、城乡供水、水产养殖、旅游观光和生物栖息等众多功能。洪涝调蓄方面,珠湖联圩为鄱阳湖区重点圩堤,堤线南起双港镇尧山,经聂家、白沙洲、车门,止于珠湖乡糜家咀,全长18.76 km,保护面积162.5 km²,保护耕地7.55万亩,保护人口15.65万人,现状防洪能力对应湖口水位20.61 m;已建有4座排涝泵站(内排,其中2座灌排结合),总装机容量为415 kW,总排涝面积0.83万亩,总受益人口0.77万人,受益耕地0.83万亩;珠湖自排闸(外排)孔口尺寸为5孔2.7 m×3.4 m,排涝面积21.39万亩,受益人口14.5万人,受益耕地7.2万亩。农业灌溉方面,建有13座灌溉泵站(2座灌排结合),总装机容量为1 410 kW,总灌溉面积3.27万亩。城乡供水方面,建有9座总装机容量为531 kW的泵站,年取水量为1 968.8万m³,总供水人口约41.73万人。水产养殖方式为人放天养,部分为投料养殖,养殖种类主要为四大家鱼、甲鱼和黄鳝。旅游观光方面,湖区中部为鄱阳湖国家湿地公园,湖边有皇封塘村等众多历史名村。

五、湖泊管理

珠湖尚未成立综合性的湖泊专门管理机构,目前由上饶市鄱阳县白沙州乡、双港镇、团林乡、四十里街镇、高家岭镇、珠湖乡政府共同管理,主要负责湖泊堤防及穿堤水利建筑物管护、湖面保洁、农业灌溉、水产养殖等方面的工作。

珠湖已建立了区域与流域相结合的县、乡、村三级湖长制组织体系,已设置县级湖长1名、乡级湖长2名、村级湖长19名。

县级湖长全面负责珠湖湖长制工作,承担总督导、总调度职责。各级湖长是所辖湖区保护管理的直接责任人,主要负责组织领导相应的管理和保护工作,包括水资源保护、水资源利用、水域岸线管理、水污染防治、水环境治理等,牵头组织对侵占岸线、超标排污、电毒炸鱼、水资源违规利用等突出问题依法进行清理整治。

附件四十八　青山湖(鄱阳县)

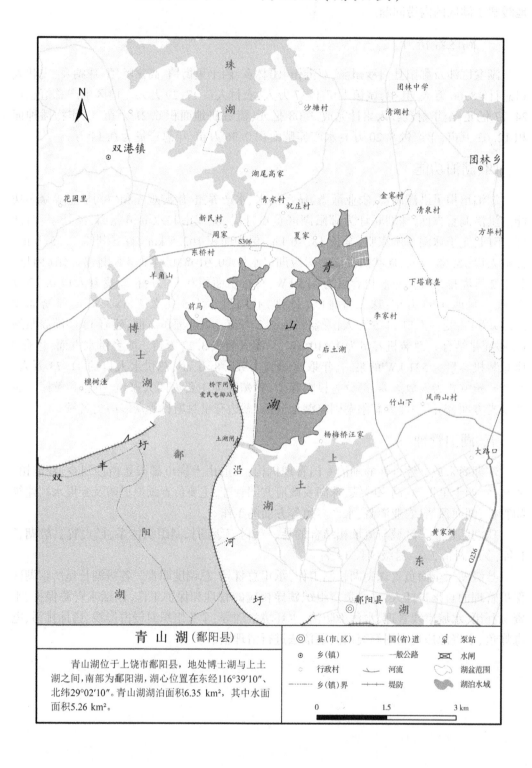

青 山 湖 (鄱阳县)

　　青山湖位于上饶市鄱阳县,地处博士湖与上土湖之间,南部为鄱阳湖,湖心位置在东经116°39′10″、北纬29°02′10″。青山湖湖泊面积6.35 km²,其中水面面积5.26 km²。

◎	县(市、区)	—— 国(省)道	泵站
⊙	乡(镇)	---- 一般公路	水闸
○	行政村	河流	湖盆范围
----	乡(镇)界	+++ 堤防	湖泊水域

0　　　　1.5　　　　3 km

一、自然环境

(一) 湖泊位置及形态

青山湖位于上饶市鄱阳县中西部,涉及双港镇、团林乡、鄱阳镇共 3 个乡(镇),北与珠湖相望,西与博士湖相邻,南与上土湖和东湖相毗,地理位置在东经 116°38′~116°40′、北纬 29°01′~29°03′,湖心位置在东经 116°39′10″、北纬 29°02′10″。

湖泊长度 5.06 km,最大宽度 3.95 km,平均宽度 1.26 km。湖泊设计高水位 14.57 m,常水位 13.57 m。湖泊面积 6.35 km²,其中水面面积 5.26 km²。湖泊最大水深 4.47 m,平均水深 2.00 m,水体体积 1 052 万 m³。

(二) 水文气象

湖区属于典型的中亚热带季风区,四季分明,热量丰富,雨量充沛,湖区多年平均气温在 16.9~17.7 ℃,1—2 月为最冷天气,月平均气温为 4~5 ℃,极冷日最低温度为-8 ℃,7—8 月平均气温高达 28.8~30 ℃,一年中极端最高温度为 39.9 ℃。年平均降水量 1 300~1 700 mm,4—6 月为集中雨季,占全年降水量的 50% 以上,7—9 月为台风雨季带。全年无霜期 275 d。

(三) 河流水系

青山湖属长江流域鄱阳湖水系,湖泊集雨面积 23.91 km²。青山湖无较大入湖河流,湖泊来水主要为区域积流和雨洪汇集;青山湖于桥下闸流入乐安河。

湖区地势低洼,常发生洪涝灾害,2020 年 7 月,湖区发生洪涝灾害,受灾耕地 2.1 万亩,受灾人口 3.2 万人,直接经济损失 1.86 亿元。

(四) 自然资源

根据《上饶市首次湖泊水生态调查报告(2018 年)》,青山湖湖水中浮游植物中共检测出藻类 4 门 12 种,优势种为硅藻门-小环藻,Shannon-Wiener 藻类多样性指数为中污染,水华风险评估为初具条件。浮游动物主要包含轮虫、枝角类,优势种为枝角类。检测出水丝蚓属、霍甫水丝蚓、椭圆萝卜螺、环棱螺属、尖膀胱螺、凸旋螺、河蚬共 7 种底栖动物。渔业资源主要为四大家鱼。

(五) 水生态环境状况

根据江西省水文监测中心和水利部中国科学院水工程生态研究所编制的《2019 年度江西省 1 km² 以上湖泊水生态调查报告》,基于水化学水质评价方法,青山湖水质类别为Ⅳ类,富营养化等级为轻度富营养化;基于生物学水质评价方法,青山湖水质等级为差等,属污染,浮游植物密度过高,底栖动物处"亚健康"状态,生物多样性和完整性差。青山湖水生态综合评价等级为差等。

经调查,现状青山湖流域内无规模以上入河排污口。区域内无农村污水处理设施,环湖区部分农村生活污水直排向湖体,农业面源污染和养殖污染较为严重。

二、历史变迁

青山湖受围垦影响,湖体水面缩减严重。北部湖区鄱连公路以北,西部大半湖面遭围垦,用于农业种植和水产养殖。湖区地势低洼,易发生洪涝灾害,故于 1969 年修建了沿河圩,2007 年建成爱民电排站和桥下闸。目前,鄱阳县正在实施五湖(青山湖、上土湖、东湖、韭菜湖、球场湖)连通工程,青山湖为源头首湖,工程旨在将五湖建成鄱阳人民家门口的公园,形成北有鄱阳湖国家湿地公园、南有五湖连通景观,与饶州古镇、莲花山国家森林公园形成互补,助力鄱阳建成"全国一流湖泊休闲旅游首选目的地""5A 级景区型旅游城区"。

三、湖区经济开发

湖盆区涉及鄱阳县双港镇、团林乡、鄱阳镇 3 个乡(镇),现状人口总计 22.92 万人,其中城镇人口 22.5 万人,农村人口 0.42 万人。地区生产总值总计 99.60 亿元,全年财政收入累计完成 3.21 亿元;流域耕地面积 6.59 万亩,农作物播种面积 13.12 万亩,年产量 8.66 万 t。水产养殖面积 0.15 万亩,年产量 0.12 万 t。

四、湖泊功能

湖泊主要承担了洪涝调蓄、水产养殖、旅游观光和生物栖息功能。湖泊排水主要依靠爱民电排站和桥下闸,汛期主要利用泵站抽排,爱民电排站装机容量 55 kW,桥下闸孔口尺寸为 3.0 m×3.0 m;水产养殖方式为投料养殖,养殖种类主要为四大家鱼;青山湖位于鄱阳湖国家湿地公园范围内。

湖岸现状已建有沿河圩,沿河圩属鄱阳湖区重点圩堤,圩堤起于朱家桥,止于双港桥下村,全长 14.75 km,保护面积 30.35 km²,保护耕地 1.56 万亩,保护人口 14.92 万人,目前尚不能防御湖口水位 20.61 m 洪水。

五、湖泊管理

青山湖尚未成立综合性的湖泊专门管理机构,目前由上饶市鄱阳县饶州办事处、双港镇、团林乡、鄱阳镇政府共同管理,主要负责湖泊堤防及穿堤水利建筑物管护、水产养殖等方面的工作。

青山湖已建立了区域与流域相结合的县、乡、村三级湖长制组织体系,已设置县级湖长 1 名、乡级湖长 2 名、村级湖长 4 名。

县级湖长全面负责青山湖湖长制工作,承担总督导、总调度职责。各级湖长是所辖湖区保护管理的直接责任人,要负责组织领导相应的管理和保护工作,包括水资源保护、水资源利用、水域岸线管理、水污染防治、水环境治理等,牵头组织对侵占岸线、超标排污、电毒炸鱼、水资源违规利用等突出问题依法进行清理整治。

附件四十九　上土湖

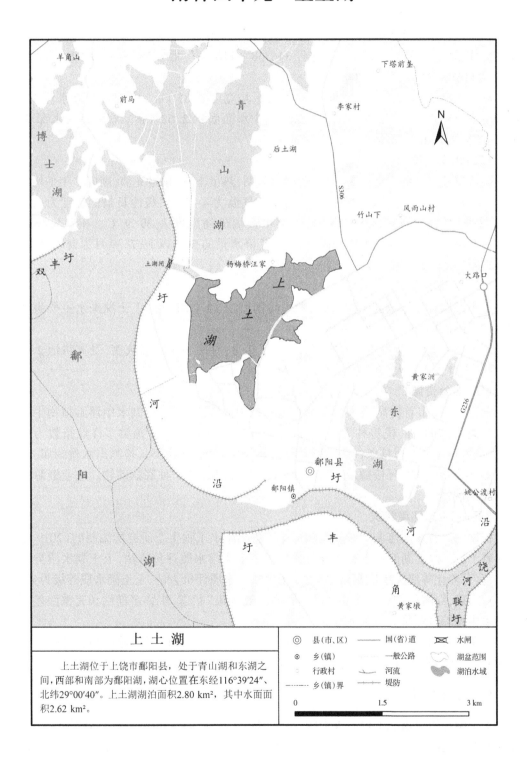

上 土 湖

　　上土湖位于上饶市鄱阳县，处于青山湖和东湖之间，西部和南部为鄱阳湖，湖心位置在东经116°39′24″、北纬29°00′40″。上土湖湖泊面积2.80 km²，其中水面面积2.62 km²。

图例			
◎ 县(市、区)	—— 国(省)道	🔲 水闸
⊙ 乡(镇)	一般公路	湖盆范围
● 行政村	河流	湖泊水域
乡(镇)界	堤防	

0　　　　　　1.5　　　　　　3 km

一、自然环境

(一)湖泊位置及形态

上土湖位于上饶市鄱阳县,地处鄱阳镇,紧邻鄱阳县中心城区,北与青山湖相连。上土湖大体呈"土"字形,地理位置在东经 116°38′~116°41′、北纬 29°00′~29°02′,湖心位置在东经 116°39′24″、北纬 29°00′40″。

湖泊长度 3.21 km,最大宽度 2.33 km,平均宽度 0.87 km。湖泊设计高水位 16.07 m,常水位 15.57 m。湖泊面积 2.80 km²,其中水面面积 2.62 km²。湖泊最大水深 5.62 m,平均水深 3.46 m,水体体积 906 万 m³。

(二)水文气象

湖区属于典型的中亚热带季风区,四季分明,热量丰富,雨量充沛,湖区多年平均气温在 16.9~17.7 ℃,1—2 月为最冷天气,月平均气温为 4~5 ℃,极冷日最低温度为-8 ℃,7—8 月平均气温高达 28.8~30 ℃,一年中极端最高温度为 39.9 ℃。年平均降雨量 1 300~1 700 mm,4—6 月为集中雨季,占全年降水量的 50%以上,7—9 月为台风雨季带。全年无霜期 275 d。

(三)河流水系

上土湖属长江流域鄱阳湖水系,湖泊集雨面积 12.28 km²。上土湖来水主要为区域积流和雨洪汇集,于西门闸流入乐安河。

湖区地势低洼,常发生洪涝灾害,2020 年 7 月,湖区发生洪涝灾害,受灾耕地 2.1 万亩,受灾人口 3.2 万人,直接经济损失 1.86 亿元。

(四)自然资源

根据《上饶市首次湖泊水生态调查报告(2018 年)》,上土湖湖水中浮游植物中共检测出藻类 4 门 11 种,优势种为硅藻门-小环藻,Shannon-Wiener 藻类多样性指数为中污染,水华风险评估为初具条件。浮游动物主要包含轮虫、枝角类。检测出水丝蚓属、霍甫水丝蚓、椭圆萝卜螺、环棱螺属、尖膀胱螺、凸旋螺、河蚬共 7 种底栖动物。渔业资源主要为四大家鱼。

(五)水生态环境状况

根据江西省水文监测中心和水利部中国科学院水工程生态研究所编制的《2019 年度江西省 1 km² 以上湖泊水生态调查报告》,基于水化学水质评价方法,上土湖水质类别为 V 类,富营养化等级为中度富营养化;基于生物学水质评价方法,上土湖水质等级为劣等,属严重污染,浮游植物密度过高、底栖动物处"亚健康"状态,生物多样性和完整性差。上土湖水生态综合评价等级为差等。

经调查,现状上土湖流域内无规模以上入河排污口。湖区周边城市和农村雨污分流不彻底,生活污水直接入湖是造成上土湖污染的主要原因,其次是农业面源污染。

二、历史变迁

上土湖在历史形态上没有太大的变化,湖泊面积也没有出现明显萎缩的情况。近些年随着城市化的快速发展,上土湖东部和南部已紧靠鄱阳县中心城区,湖泊变为景观水体。上土湖湖区地势低洼,易造成洪涝灾害,1969年修建沿河圩,2007年建成土湖闸,将湖水排入饶河,有效地缓解了湖区的内涝问题。目前,鄱阳县正在实施五湖(青山湖、上土湖、韭菜湖、东湖、球场湖)连通工程,工程旨在将五湖建成鄱阳人民家门口的公园,形成北有鄱阳湖国家湿地公园、南有五湖连通景观,与饶州古镇、莲花山国家森林公园形成互补,助力鄱阳建成"全国一流湖泊休闲旅游首选目的地""5A级景区型旅游城区"。

三、湖区经济开发

湖盆区地处鄱阳县鄱阳镇,现状人口总计14.92万人,其中,城镇人口14万人,农村人口0.92万人。地区生产总值总计85亿元,全年财政收入累计完成1.39亿元;流域耕地面积2.55万亩,农作物播种面积5.23万亩,年产量3.59万t。

四、湖泊功能

湖泊主要承担了洪涝调蓄、旅游观光和生物栖息功能。洪涝调蓄方面,已建有土湖闸(外排),孔口尺寸为1.5 m×1.5 m,排涝面积350亩,受益人口0.5万人,受益耕地0.2万亩。旅游观光方面,上土湖位于鄱阳湖国家湿地公园范围内,湖边有姜夔公园、姜夔纪念馆。

湖岸现状已建有沿河圩,沿河圩属鄱阳湖区重点圩堤,圩堤起于朱家桥,止于双港桥下村,全长14.75 km,保护面积30.35 km²,保护耕地1.56万亩,保护人口14.92万人,目前尚不能防御湖口水位20.61 m洪水。

五、湖泊管理

上土湖尚未成立综合性的湖泊专门管理机构,目前由上饶市鄱阳县饶州办事处和鄱阳镇政府共同管理,主要负责湖泊堤防及穿堤水利建筑物管护、湖面保洁、环湖公园设施管理等方面的工作。

上土湖已建立了区域与流域相结合的县、乡、村三级湖长制组织体系,已设置县级湖长1名、乡级湖长1名、村级湖长1名。

县级湖长全面负责上土湖湖长制工作,承担总督导、总调度职责。各级湖长是所辖湖区保护管理的直接责任人,主要负责组织领导相应的管理和保护工作,包括水资源保护、水资源利用、水域岸线管理、水污染防治、水环境治理等,牵头组织对侵占岸线、超标排污、水资源违规利用等突出问题依法进行清理整治。

附件五十　东湖(鄱阳县)

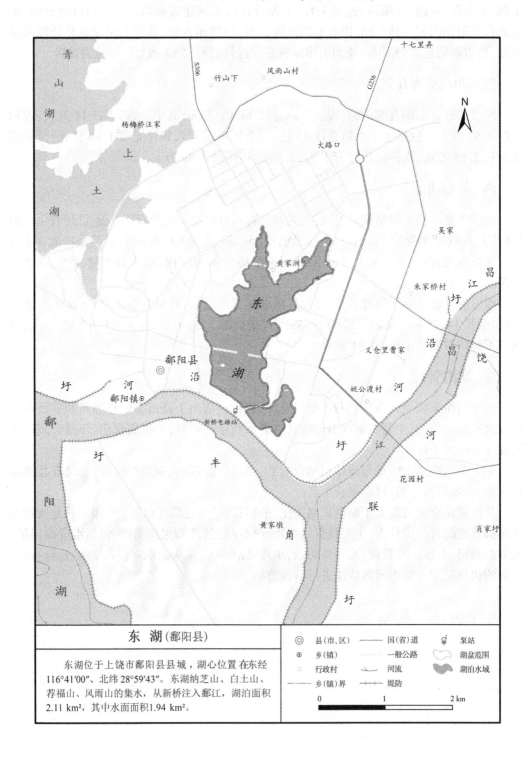

东　湖(鄱阳县)

　　东湖位于上饶市鄱阳县县城，湖心位置在东经116°41′00″、北纬28°59′43″。东湖纳芝山、白土山、荐福山、风雨山的集水，从新桥注入鄱江，湖泊面积2.11 km²，其中水面面积1.94 km²。

◎ 县(市、区)	—— 国(省)道	⚐ 泵站
⊙ 乡(镇)	----- 一般公路	湖盆范围
○ 行政村	⊥⊥ 河流	湖泊水域
-·-·- 乡(镇)界	+++ 堤防	

0　　　　　1　　　　　2 km

一、自然环境

(一)湖泊位置及形态

东湖位于上饶市鄱阳县县城,为城中湖,位于鄱阳湖东南部,东部与昌江相毗,南与饶河隔沿河圩相望,西与上土湖、韭菜湖相邻。东湖大体呈鱼跃状,地理位置在东经116°40′~116°42′、北纬28°58′~29°06′,湖心位置在东经116°41′00″、北纬28°59′43″。

湖泊长度2.99 km,最大宽度1.78 km,平均宽度0.71 km。湖泊设计高水位16.07 m,常水位15.57 m。湖泊面积2.11 km²,其中水面面积1.94 km²。湖泊最大水深4.47 m,平均水深2.49 m,水体体积483万 m³。

(二)水文气象

湖区属典型的中亚热带季风区,四季分明,热量丰富,雨量充沛。年平均日照时数达2 098 h;湖区多年平均气温17.3 ℃;湖水年平均温度16.6 ℃;多年平均年降水量1 560 mm,4—6月为集中雨季,占全年降水量的50%以上;多年平均年水面蒸发量1 100 mm;湖区多北风,平均风速3.0 m/s。

(三)河流水系

东湖属长江流域鄱阳湖水系,为城市内湖,是鄱阳县城重要的调蓄湖泊,湖水主要来源于城市汇流,集雨面积10.36 km²,湖水向西南流入乐安河。

(四)自然资源

根据《上饶市首次湖泊水生态调查报告(2018年)》,东湖湖水中浮游植物中共检测出藻类4门5种,优势种为隐藻门-隐藻,Shannon-Wiener藻类多样性指数为重污染,水华风险评估为临界条件。浮游动物主要包含原生动物、轮虫、枝角类、桡足类,密度为100个/L,优势种为枝角类。底栖动物种类较少,共检测出底栖动物2种,其中寡毛纲2种。渔业资源主要为四大家鱼。

(五)水生态环境状况

根据江西省水文监测中心和水利部中国科学院水工程生态研究所编制的《2019年度江西省1 km²以上湖泊水生态调查报告》,基于水化学水质评价方法,东湖水质类别为劣Ⅴ类,富营养化等级为中度富营养化;基于生物学水质评价方法,东湖水质等级为中等,属轻度污染,浮游植物密度过高,底栖动物处"亚健康"状态,生物多样性和完整性差。东湖水生态综合评价等级为差等。

湖区内设置了新桥闸入河排污口1个,位于饶河旁沿河路上。由于城市雨污分流不彻底,加之湖泊水流动性差,造成湖泊水质过差。

二、历史变迁

东湖古时就有"洲上百花、湖心孤寺、两堤柳色、芝桥晴云、松关暮色、双塔铃声、新桥酒帘、颜亭荷雨、孔庙松风、荐福茶烟"等十景,湖心孤寺即浮舟寺。据《鄱阳县志》记载,浮舟寺所在处,原是秦时鄱君吴芮部将操练水师的督军台。湖心原是孤立在东湖之中的,后构筑堤坝和湖州相通,将伴鸥亭移至湖心,湖心亭寺相间,绿树婆娑,清波凝碧,渔歌唱答,为历史上东湖十景中尤为赏心悦目的去处。每至春汛,东湖湖水环绕洲面,水波叩击湖堤,节奏成韵,宛如琴声,湖水清澈,东湖与四周山、塔、寺庙相映。东湖十景大部分已被毁,鄱阳县现已着手恢复。

东湖位于鄱阳县县城,无承泄河流,易发生洪涝灾害,故于1969年修建沿河圩,2006年建成闸站一体的新桥电排站,引湖水排入饶河,解决东湖内涝问题。

随着城市建设的快速发展,东湖由大龙桥、小龙桥、德化桥、新桥与上土湖、中土湖、下土湖、外东湖连通,形成"水乡泽国"。已建成的东湖公园、鄱阳湖公园,为市民提供了一个品位高、环境好、景色美的休闲娱乐场所。目前,鄱阳县正在实施五湖(青山湖、上土湖、东湖、韭菜湖、球场湖)连通工程,东湖为其中最大湖泊,工程旨在将五湖建成鄱阳人民家门口的公园,形成北有鄱阳湖国家湿地公园、南有五湖连通景观,与饶州古镇、莲花山国家森林公园形成互补,助力鄱阳建成"全国一流湖泊休闲旅游首选目的地""5A级景区型旅游城区"。

三、湖区经济开发

湖盆区位于鄱阳县鄱阳镇,现状人口总计14.92万人,其中,城镇人口14万人,农村人口0.92万人。地区生产总值总计85亿元,全年财政收入累计完成1.39亿元;流域耕地面积2.55万亩,农作物播种面积5.23万亩,年产量3.59万t。

四、湖泊功能

东湖主要承担了洪涝调蓄、旅游观光和生物栖息功能。洪涝调蓄方面,湖泊外排设施由位于饶河旁沿河路上的新桥电排站控制,装机容量360 kW(2×180 kW),排涝面积0.93万亩,受益人口4.24万人,受益耕地1.23万亩。旅游观光方面,已建成环湖绿道和鄱阳东湖城市湿地公园,东湖城市湿地公园始建于2006年7月。整个工程共分为三期进行,总占地面积37.6万 m^2 ,一期和二期已经完工(24.4万 m^2);三期工程地处村庄密集区,长1 800 m,目前正在施工。五湖连通工程实施完成后,东湖水体将进一步改善,连通水系、湖泊周边人文景观将进一步丰富。

湖岸现状已建有沿河圩,沿河圩属鄱阳湖区重点圩堤,圩堤起于朱家桥,止于双港桥下村,全长14.75 km,保护面积30.35 km^2 ,保护耕地1.56万亩,保护人口14.92万人,目前尚不能防御湖口水位20.61 m洪水。

五、湖泊管理

东湖尚未成立综合性的湖泊专门管理机构,目前由上饶市鄱阳县饶州街道办事处管理,主要负责湖泊堤防及穿堤水利建筑物管护、湖面保洁、环湖公园设施管理等方面的工作。

东湖已建立了区域与流域相结合的县、乡、村三级湖长制组织体系,已设置县级湖长1名、乡级湖长1名、村级湖长1名。

县级湖长全面负责东湖湖长制工作,承担总督导、总调度职责。各级湖长是所辖湖区保护管理的直接责任人,主要负责组织领导相应的管理和保护工作,包括水资源保护、水资源利用、水域岸线管理、水污染防治、水环境治理等,牵头组织对侵占岸线、超标排污、水资源违规利用等突出问题依法进行清理整治。

附件五十一　大塘湖

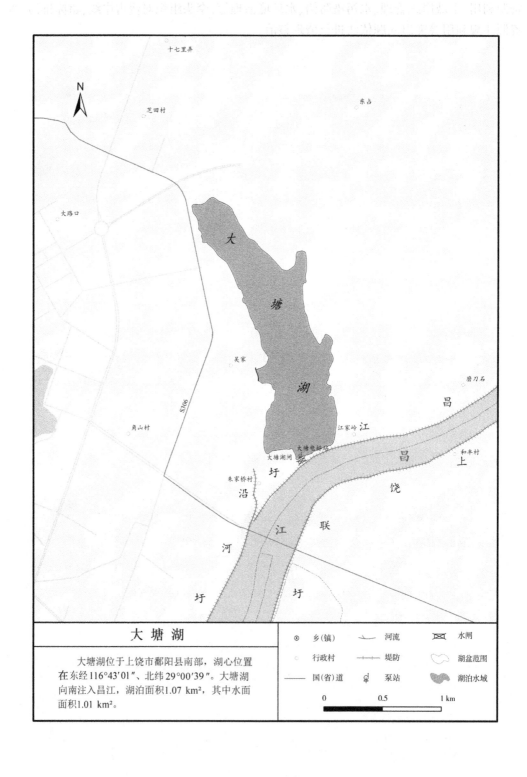

大　塘　湖

　　大塘湖位于上饶市鄱阳县南部，湖心位置在东经116°43′01″、北纬29°00′39″。大塘湖向南注入昌江，湖泊面积1.07 km²，其中水面面积1.01 km²。

图例		
⊙ 乡（镇）	河流	水闸
行政村	堤防	湖盆范围
国（省）道	泵站	湖泊水域

0　　　0.5　　　1 km

一、自然环境

(一)湖泊位置及形态

大塘湖位于上饶市鄱阳县鄱阳镇,为城郊湖泊,西靠鄱阳中心城区,南隔昌江圩与昌江相望。地理位置在东经 116°42′~116°44′,北纬 28°59′~29°02′,湖心位置在东经 116°43′01″,北纬 29°00′39″。

湖泊长度 2.31 km,最大宽度 0.80 km,平均宽度 0.46 km。湖泊设计高水位 15.00 m,常水位 14.00 m。湖泊面积 1.07 km²,其中水面面积 1.01 km²。湖泊最大水深 4.38 m,平均水深 1.63 m,水体体积 165 万 m³。

(二)水文气象

湖区属于典型的中亚热带季风区,四季分明,热量丰富,雨量充沛。湖区多年平均气温在 16.9~17.7 ℃,1—2 月为最冷天气,月平均气温为 4~5 ℃,极冷日最低温度为 -8 ℃,7—8 月平均气温高达 28.8~30 ℃,一年中极端最高温度为 39.9 ℃。年平均降水量 1 300~1 700 mm,4—6 月为集中雨季,占全年降水量的 50% 以上,7—9 月为台风雨季带。全年无霜期 275 d。

(三)河流水系

大塘湖属长江流域鄱阳湖水系。湖泊来水主要为区域积流和雨洪汇集,集雨面积 8.97 km²。其承泄河流为昌江。

(四)水生态环境状况

大塘湖水质一般,水质类别为Ⅳ类,富营养化等级为中度富营养化。经调查统计,现状大塘湖内无规模以上入湖排污口,无污水处理厂及污水处理设施。由于雨污分流不彻底,环湖区部分城乡生活污水直排向湖体。污染源主要为居民生活污水、水产养殖污染和农业面源污染。

二、历史变迁

大塘湖的主要承担功能没有明显变化,湖泊面积则因多年来围湖造地筑路、围垦养殖、泥沙淤积等原因,有一定减小。近年来,随着湖长制的推进,湖泊资源得到更好的规划和利用。因防洪需要,1964 年湖岸建成昌江圩;因排涝需要,1975 年建成大塘电排站。近些年随着城区的发展,大塘湖位于鄱阳湖规划城区范围内,现状昌江圩和大塘电排站已不能满足防洪排涝需求。

三、湖区经济开发

湖盆区地处鄱阳县鄱阳镇,现状人口总计 14.92 万人,其中城镇人口 14 万人,农村人口 0.92 万人。地区生产总值 85 亿元,全年财政收入累计完成 1.39 亿元;流域耕地面积 2.55 万亩,农作物播种面积 5.23 万亩,年产量 3.59 万 t;水产养殖面积 200 亩,年产量 80 t。

四、湖泊功能

湖泊主要承担了洪涝调蓄、水产养殖、旅游观光和生物栖息功能。洪涝调蓄方面,湖泊排水主要依靠大塘湖排涝站,大塘湖排涝站装机容量为 310 kW(2×155 kW)。湖岸建有昌江圩,昌江圩现状为千亩圩堤,圩堤长度为 4.575 km,保护面积 3.47 km²,保护耕地0.4 万亩,保护人口 0.56 万人,设计防洪标准为相应于湖口站洪水位 19.79 m(黄海高程),截至 2022 年仍未达标。水产养殖方面,养殖方式为人放天养,养殖种类为四大家鱼。大塘湖位于鄱阳湖国家湿地公园范围内。

五、湖泊管理

　　大塘湖尚未成立综合性的湖泊专门管理机构,目前由上饶市鄱阳县饶州办事处和鄱阳镇政府共同管理,主要负责湖泊堤防及穿堤水利建筑物管护、水产养殖等方面的工作。

　　大塘湖已建立了区域与流域相结合的县、乡、村三级湖长制组织体系,已设置县级湖长 1 名、乡级湖长 1 名、村级湖长 1 名。

　　县级湖长全面负责大塘湖湖长制工作,承担总督导、总调度职责。各级湖长是所辖湖区保护管理的直接责任人,主要负责组织领导相应的管理和保护工作,包括水资源保护、水资源利用、水域岸线管理、水污染防治、水环境治理等,牵头组织对侵占岸线、超标排污、电毒炸鱼、水资源违规利用等突出问题依法进行清理整治。

附件五十二　道汊湖

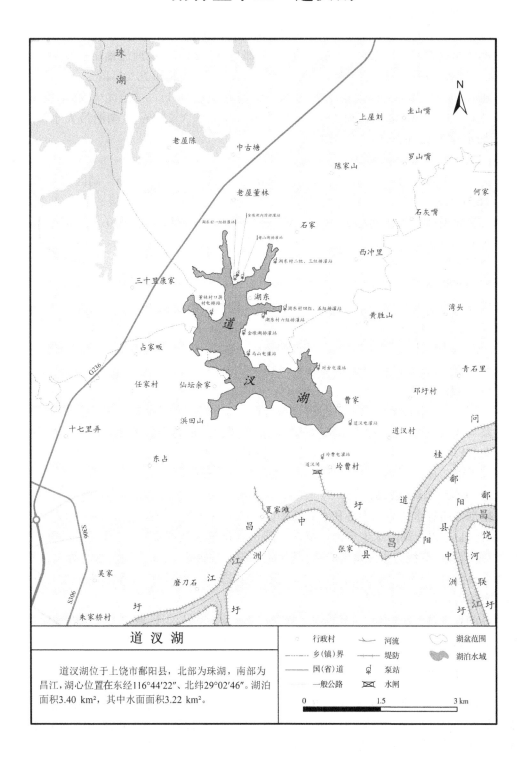

道汊湖

　　道汊湖位于上饶市鄱阳县，北部为珠湖，南部为昌江，湖心位置在东经116°44′22″、北纬29°02′46″。湖泊面积3.40 km²，其中水面面积3.22 km²。

◦ 行政村	〜 河流
------- 乡(镇)界	┼┼┼ 堤防
—— 国(省)道	泵站
一般公路	⊠ 水闸

湖盆范围

湖泊水域

0　　　　　1.5　　　　　3 km

一、自然环境

(一)湖泊位置及形态

道汊湖位于上饶市鄱阳县南部,涉及鄱阳镇、四十里街镇、团林乡共 3 个乡(镇、街道),湖体呈树杈状,西北部与珠湖相望,东南部与昌江相邻。地理位置在东经 116°43′~116°46′、北纬 29°02′~29°04′,湖心位置在东经 116°44′22″、北纬 29°02′46″。

湖泊长度 4.28 km,最大宽度 2.39 km,平均宽度 0.80 km。湖泊设计高水位 16.27 m,常水位 13.47 m。湖泊面积 3.40 km²,其中水面面积 3.22 km²。湖泊最大水深 5.34 m,平均水深 2.53 m,水体体积 813 万 m³。

(二)水文气象

湖区属于典型的中亚热带季风区,四季分明,热量丰富,雨量充沛。湖区多年平均气温在 16.9~17.7 ℃,1—2 月为最冷天气,月平均气温为 4~5 ℃,极冷日最低温度为 -8 ℃,7—8 月平均气温高达 28.8~30 ℃,一年中极端最高温度为 39.9 ℃。年平均降水量 1 300~1 700 mm,4—6 月为集中雨季,占全年降水量的 50% 以上,7—9 月为台风雨季带。全年无霜期 275 d。

(三)河流水系

道汊湖为淡水湖,属长江流域鄱阳湖水系。湖泊集雨面积 26.72 km²,无较大河流汇入,湖泊来水主要为区域积流和雨洪,湖水向南流入昌江。

湖区地势低洼,常发生洪涝灾害,最严重的一次洪涝灾害发生在 2020 年 7 月,受灾耕地 1.5 万亩,受灾人口 1.8 万人,直接经济损失 2.38 亿元。

(四)自然资源

根据《上饶市首次湖泊水生态调查报告(2018 年)》,道汊湖湖水中浮游植物中共检测出藻类 4 门 8 种,优势种为隐藻门-隐藻,水华风险评估为不具条件。浮游动物主要包含轮虫、枝角类、桡足类,优势种为枝角类。底栖动物种类较少,共检测出底栖动物 4 种,其中寡毛纲 2 种,昆虫纲 2 种。渔业资源主要为四大家鱼。

(五)水生态环境状况

根据江西省水文监测中心和水利部中国科学院水工程生态研究所编制的《2019 年度江西省 1 km² 以上湖泊水生态调查报告》,基于水化学水质评价方法,道汊湖水质类别为 Ⅳ 类,富营养化等级为中度富营养化;基于生物学水质评价方法,道汊湖水质等级为差等,属污染,浮游植物密度偏高、底栖动物处"健康"状态,生物多样性和完整性一般。道汊湖水生态综合评价等级为中等。

经调查统计,现状道汊湖流域内无规模以上入河排污口。区域内无污水处理设施,环湖区部分农村生活污水直排向湖体,农业面源污染和养殖污染也是湖泊主要污染源。

二、历史变迁

道汊湖围垦严重,北部湖区约 300 亩、南部湖区约 1 200 亩湖面遭到围垦,湖泊面积大幅度萎缩。道汊湖湖区地势低洼,易造成洪涝灾害,故于 1955 年修建道汊闸将湖水排入昌江,有效地缓解了湖区的内涝问题,湖泊的洪涝调蓄和农业灌溉功能得到更好的发挥利用。

三、湖区经济开发

湖盆区涉及鄱阳县鄱阳镇、四十里街镇、团林乡,现状人口总计 16.6 万人,其中,城镇人口 5 万人,农村人口 11.6 万人。地区生产总值总计 22.03 亿元,全年财政收入累计完成 2.74 亿元;流域耕地面积 2.55 万亩,农作物播种面积 5.10 万亩,年产量 2.48 万 t;水产养殖面积 138 亩,年产量 50 t。

四、湖泊功能

湖泊主要承担了洪涝调蓄、农业灌溉、水产养殖和生物栖息功能。洪涝调蓄方面,湖岸建有道汊圩堤,堤防长度 1.56 km,保护面积 0.76 km²,设计防洪标准为相应于湖口站洪水位 19.79 m(黄海高程),截至 2021 年底仍未达标。湖盆区周围建有金墩湖、老山湖 2 座排涝泵站和湖东排灌站,总装机容量 210 kW,另建有尺寸为 3 m×3.2 m 的道汊电灌站(外排)。农业灌溉方面,已建有 10 座泵站(含湖东排灌站),总装机容量 727 kW,灌溉面积 2.66 万亩。水产养殖方式为人放天养,养殖种类为四大家鱼。

五、湖泊管理

道汊湖尚未成立综合性的湖泊专门管理机构,目前由上饶市鄱阳县鄱阳镇、四十里街镇、团林乡政府共同管理,主要负责湖泊堤防及穿堤水利建筑物管护、水产养殖、农业灌溉等方面的工作。

道汊湖已建立了区域与流域相结合的县、乡、村三级湖长制组织体系,已设置县级湖长 1 名、乡级湖长 2 名、村级湖长 2 名。

县级湖长全面负责道汊湖湖长制工作,承担总督导、总调度职责。各级湖长是所辖湖区保护管理的直接责任人,主要负责组织领导相应的管理和保护工作,包括水资源保护、水资源利用、水域岸线管理、水污染防治、水环境治理等,牵头组织对侵占岸线、超标排污、电毒炸鱼、水资源违规利用等突出问题依法进行清理整治。

附件五十三　塔前湖

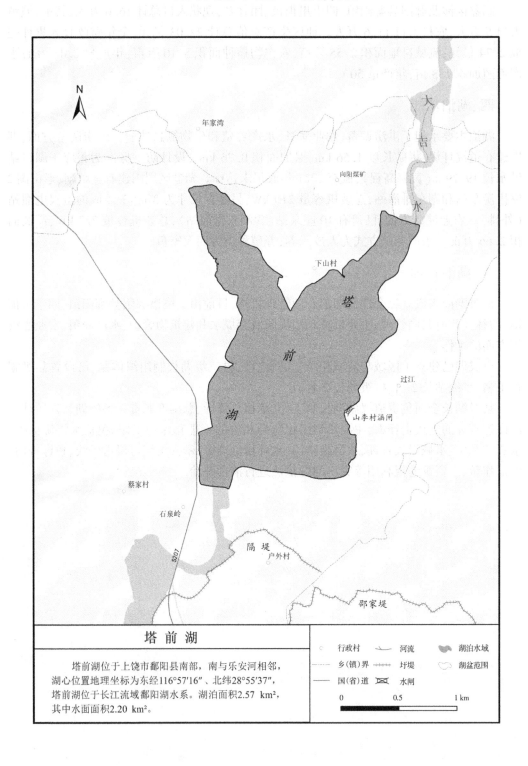

塔 前 湖

　　塔前湖位于上饶市鄱阳县南部，南与乐安河相邻，湖心位置地理坐标为东经116°57′16″、北纬28°55′37″，塔前湖位于长江流域鄱阳湖水系。湖泊面积2.57 km²，其中水面面积2.20 km²。

○ 行政村	⌒ 河流
--- 乡（镇）界	┅┅ 圩堤
—— 国（省）道	⊠ 水闸
湖泊水域	
湖盆范围	

0　　　　0.5　　　　1 km

一、自然环境

(一) 湖泊位置及形态

塔前湖位于上饶市鄱阳县南部,南与乐安河相邻,湖泊大体呈"人"字形,地理位置在东经 116°56′~116°58′、北纬 28°55′~28°57′,湖心位置地理坐标为东经 116°57′16″、北纬 28°55′37″。

湖泊长度 2.55 km,最大宽度 1.97 km,平均宽度 1.00 km。湖泊设计高水位 15.80 m,常水位 15.20 m。湖泊面积 2.57 km²,其中水面面积 2.20 km²。湖泊最大水深 5.08 m,平均水深 1.62 m,水体体积 357 万 m³。

(二) 水文气象

湖区属于典型的中亚热带季风区,四季分明,热量丰富,雨量充沛,湖区多年平均气温在 16.9~17.7 ℃,1—2 月为最冷天气,月平均气温为 4~5 ℃,极冷日最低温度为-8 ℃,7—8 月平均气温高达 28.8~30 ℃,一年中极端最高温度为 39.9 ℃。年平均降水量 1 300~1 700 mm,4—6 月为集中雨季,占全年降水量的 50% 以上,7—9 月为台风雨季带。全年无霜期 275 d。

(三) 河流水系

塔前湖属长江流域鄱阳湖水系。原大吉水直接入湖,由于围垦养殖,造成大吉水绕湖而过,湖泊集水面积 19.02 km²。湖泊来水主要为区域积流和雨洪汇集。塔前湖湖水于坝边涵洞流入大吉水。

湖区地势低洼,常发生洪涝灾害,1998 年,湖区发生洪涝灾害,受灾耕地 3.9 万亩,房屋倒塌 200 间,直接经济损失 10 500 万元。1999 年,湖区发生洪涝灾害,受灾耕地 2 万亩,受灾人口 1 万人,直接经济损失 2 300 万元。2015 年,湖区发生洪涝灾害,受灾耕地 0.03 万亩,受灾人口 0.2 万人,直接经济损失 50 万元。2020 年,湖区发生洪涝灾害,受灾耕地 0.04 万亩,受灾人口 0.1 万人,直接经济损失 30 万元。

(四) 自然资源

根据《上饶市首次湖泊水生态调查报告(2018 年)》,塔前湖湖水中浮游植物中共检测出藻类 4 门 11 种,优势种为硅藻门-小环藻,Shannon-Wiener 藻类多样性指数为中污染,水华风险评估为初具条件。浮游动物主要包含轮虫、桡足类。检测出萝卜螺属、摇蚊属、长足摇蚊属、多足摇蚊属、环棱螺属共 5 种底栖动物。渔业资源主要为四大家鱼。

(五) 水生态环境状况

根据江西省水文监测中心和水利部中国科学院水工程生态研究所编制的《2019 年度江西省 1 km² 以上湖泊水生态调查报告》,基于水化学水质评价方法,塔前湖水质类别为 V 类,富营养化等级为轻度富营养化;基于生物学水质评价方法,塔前湖水质等级为差等,属污染,浮游植物密度偏高、底栖动物处"不健康"状态,生物多样性和完整性差。塔前湖水生态综合评价等级为差等。

现状塔前湖流域内无规模以上入河排污口,无农村污水处理设施,环湖区部分农村生活污水直排向湖体,农业面源污染和养殖污染严重。

二、历史变迁

目前塔前湖已遭到大面积围垦,大吉水、塔湖圩堤将塔城湖分为西北、东北、南部 3 个湖区,西北湖区也称蔡家湖。西北、东北湖区原围垦用于农业种植。2015 年,湖泊被私人承包,用于水产养殖。

塔前湖湖区地势低洼,易造成洪涝灾害,故于 1968 年建成坝边涵洞,湖水通过坝边涵洞排入大吉水,缓解沿湖内涝问题,2021 年,坝边涵洞进行了重建。1968 年,因灌溉需要,建成山李村涵闸。

三、湖区经济开发

湖盆区地处鄱阳县饶埠镇,现状人口总计 6 万人,其中,城镇人口 0.55 万人,农村人口 5.45 万人。地区生产总值总计 7.96 亿元,全年财政收入累计完成 0.99 亿元;流域耕地面积 4.02 万亩,农作物播种面积 5.41 万亩,年产量 1.95 万 t;水产养殖面积 450 亩,养殖方式为投料养殖,年产量 150 t。

四、湖泊功能

湖泊主要承担洪涝调蓄、农业灌溉、水产养殖和生物栖息功能。洪涝调蓄方面,现状已建塔湖圩堤,堤防长度 2.1 km,保护面积 1.2 km²,保护耕地 0.08 万亩,保护人口 0.25 万人,现状防洪能力不足 10 年一遇;建有坝边涵洞,湖水通过坝边涵洞排入大吉水。农业灌溉方面,已建有孔口尺寸为 0.4 m×0.5 m 的山李村涵闸,灌溉面积 0.05 万亩。水产养殖方面,养殖方式为投料养殖。

五、湖泊管理

塔前湖尚未成立综合性的湖泊专门管理机构,目前由上饶市鄱阳县饶埠镇政府管理,主要负责湖泊涵闸管护、水产养殖、农业灌溉等方面的工作。

塔前湖已建立了区域与流域相结合的县、乡、村三级湖长制组织体系,已设置县级湖长 1 名、乡级湖长 1 名、村级湖长 1 名。

县级湖长全面负责塔前湖湖长制工作,承担总督导、总调度职责。各级湖长是所辖湖区保护管理的直接责任人,主要负责组织领导相应的管理和保护工作,包括水资源保护、水资源利用、水域岸线管理、水污染防治、水环境治理等,牵头组织对侵占岸线、超标排污、电毒炸鱼、水资源违规利用等突出问题依法进行清理整治。

附件五十四　麻叶湖

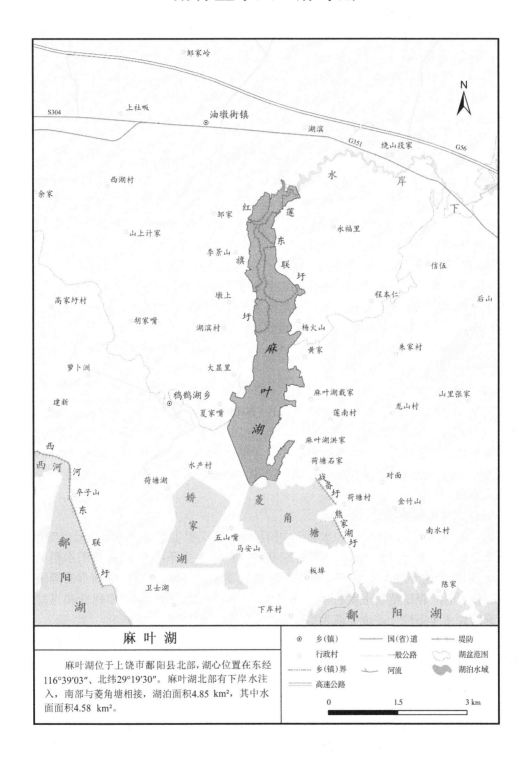

麻叶湖

　　麻叶湖位于上饶市鄱阳县北部,湖心位置在东经116°39′03″、北纬29°19′30″。麻叶湖北部有下岸水注入,南部与菱角塘相接,湖泊面积4.85 km²,其中水面面积4.58 km²。

图例		
⊙ 乡(镇)	—— 国(省)道	···· 堤防
○ 行政村	--- 一般公路	湖盆范围
---- 乡(镇)界	⌇ 河流	湖泊水域
—— 高速公路		

0　　　　　1.5　　　　　3 km

一、自然环境

(一) 湖泊位置及形态

麻叶湖位于上饶市鄱阳县北部,潼津河下游左侧,湖体大体呈刀状,地理位置在东经116°38′~116°40′、北纬29°18′~29°22′,湖心位置在东经116°39′03″、北纬29°19′30″。

湖泊长度6.42 km,最大宽度1.56 km,平均宽度0.76 km。湖泊设计高水位16.47 m,常水位15.47 m。湖泊面积4.85 km²,其中水面面积4.58 km²。湖泊最大水深4.77 m,平均水深2.95 m,水体体积1 351万m³。

(二) 水文气象

湖区属于典型的中亚热带季风区,四季分明,热量丰富,雨量充沛。湖区多年平均气温在16.9~17.7 ℃,1—2月为最冷天气,月平均气温为4~5 ℃,极冷日最低温度为-8 ℃,7—8月平均气温高达28.8~30 ℃,一年中极端最高温度为39.9 ℃。年平均降水量1 300~1 700 mm,4—6月为集中雨季,占全年降水量的50%以上,7—9月为台风雨季带。全年无霜期275 d。

(三) 河流水系

麻叶湖属长江流域鄱阳湖水系。湖泊集雨面积65 km²,主要入湖河流为下岸水,麻叶湖于乌珠嘴涵洞流入菱角塘。麻叶湖与菱角塘湖体均为下岸水的一部分。下岸水为直入鄱阳湖河流,流域面积79.2 km²,主河道长度17 km。

湖区地势低洼,易发生洪涝灾害,1998—2002年,湖区多次发生洪涝灾害,导致多座泵站损毁。

(四) 自然资源

根据《上饶市首次湖泊水生态调查报告(2018年)》,麻叶湖湖水中浮游植物中共检测出藻类4门7种,优势种为硅藻门-小环藻,Shannon-Wiener藻类多样性指数为中污染,水华风险评估为初具条件。浮游动物主要包含轮虫、枝角类。湖水中检测出水丝蚓属、巨毛水丝蚓、苏氏尾鳃蚓、弯铗摇蚊属、枝角摇蚊属、湖球蚬共6种底栖动物。渔业资源主要为四大家鱼。

(五) 水生态环境状况

根据江西省水文监测中心和水利部中国科学院水工程生态研究所编制的《2019年度江西省1 km²以上湖泊水生态调查报告》,基于水化学水质评价方法,麻叶湖水质类别为劣Ⅴ类,富营养化等级为轻度富营养化;基于生物学水质评价方法,麻叶湖水质等级为中等,属轻度污染,浮游植物密度偏高,底栖动物处"亚健康"状态,生物多样性和完整性较差。麻叶湖水生态综合评价等级为差等。

经调查统计,现状道汉湖流域内无规模以上入河排污口。区域内无污水处理设施,环湖区部分农村生活污水直排向湖体,农业面源污染也是湖泊主要污染源。

二、历史变迁

麻叶湖又称麻园湖,呈长条形,北部湖区遭到一定围垦,湖泊面积有所萎缩。麻叶湖原本主要用于水产养殖,后由于建造光伏发电工程便停止了水产养殖。麻叶湖湖区地势低洼,易造成洪涝灾害,故于 20 世纪修建了乌珠嘴涵洞,将过多的湖水排入菱角塘,缓解沿湖内涝问题。

三、湖区经济开发

湖盆区涉及鄱阳县油墩街镇、鸦鹊湖乡、柘港乡 3 个乡(镇、街道),现状人口总计10.36 万人,其中,城镇人口 0.7 万人,农村人口 9.66 万人。地区生产总值总计 13.75 亿元,全年财政收入累计完成 1.71 亿元;流域耕地面积 3.92 万亩,农作物播种面积 5.78 万亩,年产量 2.72 万 t。麻叶湖湖面有 0.18 万亩光伏发电场地。

四、湖泊功能

湖泊主要承担洪涝调蓄、生物栖息和光伏发电功能。麻叶湖光伏发电面积 0.18 万亩,与紧邻的菱角塘属同一光伏发电厂,发电厂总设计规模 250 MW。洪涝调蓄方面,已建有尺寸为 4 m×2.5 m 的乌珠嘴涵洞,每当麻叶湖水位高时便通过该涵洞排入菱角塘。

五、湖泊管理

麻叶湖尚未成立综合性的湖泊专门管理机构,目前由上饶市鄱阳县油墩街镇、鸦鹊湖乡、柘港乡政府共同管理,主要负责湖泊涵闸管护、光伏发电等方面的工作。

麻叶湖已建立了区域与流域相结合的县、乡、村三级湖长制组织体系,已设置县级湖长 1 名、乡级湖长 2 名、村级湖长 2 名。

县级湖长全面负责麻叶湖湖长制工作,承担总督导、总调度职责。各级湖长是所辖湖区保护管理的直接责任人,主要负责组织领导相应的管理和保护工作,包括水资源保护、水资源利用、水域岸线管理、水污染防治、水环境治理等,牵头组织对侵占岸线、超标排污、水资源违规利用等突出问题依法进行清理整治。

附件五十五　菱角塘

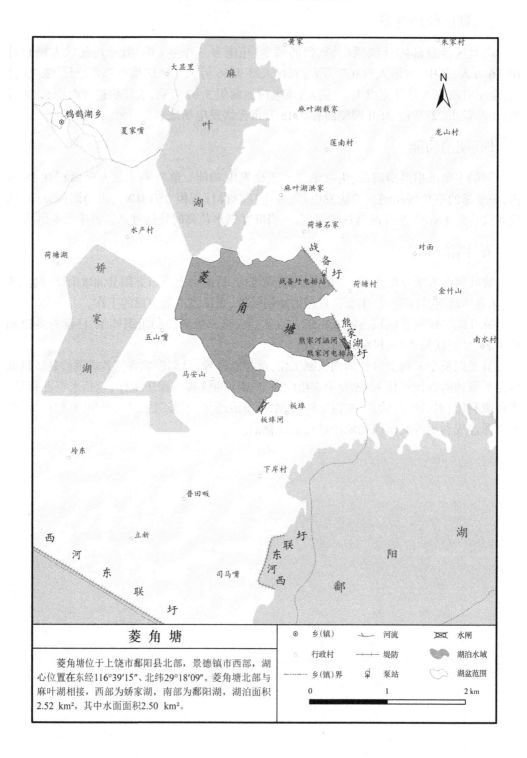

菱角塘

　　菱角塘位于上饶市鄱阳县北部，景德镇市西部，湖心位置在东经116°39′15″、北纬29°18′09″。菱角塘北部与麻叶湖相接，西部为娇家湖，南部为鄱阳湖，湖泊面积2.52 km²，其中水面面积2.50 km²。

	图例	
⊙ 乡(镇)	〜 河流	▨ 水闸
○ 行政村	┼┼ 堤防	湖泊水域
---- 乡(镇)界	⚓ 泵站	湖盆范围

0　　　　　1　　　　　2 km

一、自然环境

(一)湖泊位置及形态

菱角塘位于上饶市鄱阳县北部,涉及鄱阳县鸦鹊湖乡和柘港乡共2个乡(镇),与娇家湖和麻叶湖相邻,湖体大体呈树状,地理位置在东经116°38′~116°41′、北纬29°17′~29°18′,湖心位置在东经116°39′15″、北纬29°18′09″。

湖泊长度2.29 km,最大宽度2.06 km,平均宽度1.10 km。湖泊设计高水位16.47 m,常水位15.47 m。湖泊面积2.52 km²,其中水面面积2.50 km²。湖泊最大水深5.46 m,平均水深4.02 m,水体体积1 006万m³。

(二)水文气象

湖区属于典型的中亚热带季风区,四季分明,热量丰富,雨量充沛。湖区多年平均气温在16.9~17.7 ℃,1—2月为最冷天气,月平均气温为4~5 ℃,极冷日最低温度为-8 ℃,7—8月平均气温高达28.8~30 ℃,一年中极端最高温度为39.9 ℃;年平均降水量1 300~1 700 mm,4—6月为集中雨季,占全年降水量的50%以上,7—9月为台风雨季带。全年无霜期275 d。

(三)河流水系

菱角塘属长江流域鄱阳湖水系。菱角塘集水面积75 km²,主要来水为下岸水汇集至麻叶湖再流入菱角塘,湖水经板埠闸流入鄱阳湖。麻叶湖与菱角塘湖体均为下岸水的一部分。

湖区地势低洼,常发生洪涝灾害,2010年、2016年、2020年,湖区均发生了较为严重的洪涝灾害,造成了较大的经济损失。

(四)自然资源

根据《上饶市首次湖泊水生态调查报告(2018年)》,菱角塘中浮游植物中共检测出藻类4门8种,优势种为硅藻门-小环藻,Shannon-Wiener藻类多样性指数为中污染,水华风险评估为初具条件。浮游动物主要包含原生动物、枝角类、桡足类。湖水中检测出霍甫水丝蚓、裸须摇蚊属、长足摇蚊属、多足摇蚊属共4种底栖动物。渔业资源主要为四大家鱼。

(五)水生态环境状况

根据江西省水文监测中心和水利部中国科学院水工程生态研究所编制的《2019年度江西省1 km²以上湖泊水生态调查报告》,基于水化学水质评价方法,菱角塘水质类别为劣V类,富营养化等级为轻度富营养化;基于生物学水质评价方法,菱角塘水质等级为优等,属清洁,浮游植物密度偏高,底栖动物处"不健康"状态,生物多样性和完整性差。菱角塘水生态综合评价等级为差等。

经调查,现状菱角塘流域内无规模以上入河排污口。区域内无污水处理设施,环湖区部分农村生活污水直排向湖体,农业面源污染也是湖泊主要污染源。

二、历史变迁

目前,菱角塘东部2个大湖汊已遭围垦,用于农业种植,造成湖面面积萎缩。在2015

年以前,湖泊内有水产养殖,2015 年以后,因湖面要做光伏发电项目而停止了水产养殖。湖岸建有战备圩和熊家湖圩,1993 年陆续建成熊家河涵闸、板埠闸、战备圩电排站和熊家河电排站,有效地解决了湖区的内涝问题。

三、湖区经济开发

湖盆区涉及鄱阳县鸦鹊湖乡、柘港乡 2 个乡,现状人口总计 6.59 万人,其中,城镇人口 0.9 万人,农村人口 5.69 万人。地区生产总值总计 8.75 亿元,全年财政收入累计完成 1.09 亿元;流域耕地面积 4.10 万亩,农作物播种面积 5.74 万亩,年产量 2.58 万 t。菱角塘湖面有 0.25 万亩光伏发电场地。

四、湖泊功能

湖泊主要承担洪涝调蓄、生物栖息和光伏发电功能。菱角塘光伏发电水面面积达到 0.25 万亩,与紧邻的麻叶湖属同一光伏发电厂,发电厂总设计规模 250 MW。洪涝调蓄方面,已建有战备圩电排站和熊家河电排站,装机容量合计 165 kW,另建有熊家河涵闸和板埠闸(灌排结合,外排),总排涝面积 1.4 万亩,受益人口 0.1 万人,受益耕地 0.6 万亩。湖岸建有战备圩和熊家湖圩,均为千亩以下单退圩堤,堤线总长 5 km,保护面积 2.3 km²,保护耕地 0.2 万亩。

五、湖泊管理

菱角塘尚未成立综合性的湖泊专门管理机构,目前由上饶市鄱阳县柘港乡和鸦鹊湖乡政府共同管理,主要负责湖泊堤防及穿堤水利建筑物管护、光伏发电等方面的工作。

菱角塘已建立了区域与流域相结合的县、乡、村三级湖长制组织体系,已设置县级湖长 1 名、乡级湖长 2 名、村级湖长 2 名。

县级湖长全面负责菱角塘湖长制工作,承担总督导、总调度职责。各级湖长是所辖湖区保护管理的直接责任人,主要负责组织领导相应的管理和保护工作,包括水资源保护、水资源利用、水域岸线管理、水污染防治、水环境治理等,牵头组织对侵占岸线、超标排污、水资源违规利用等突出问题依法进行清理整治。

附件五十六　娇家湖

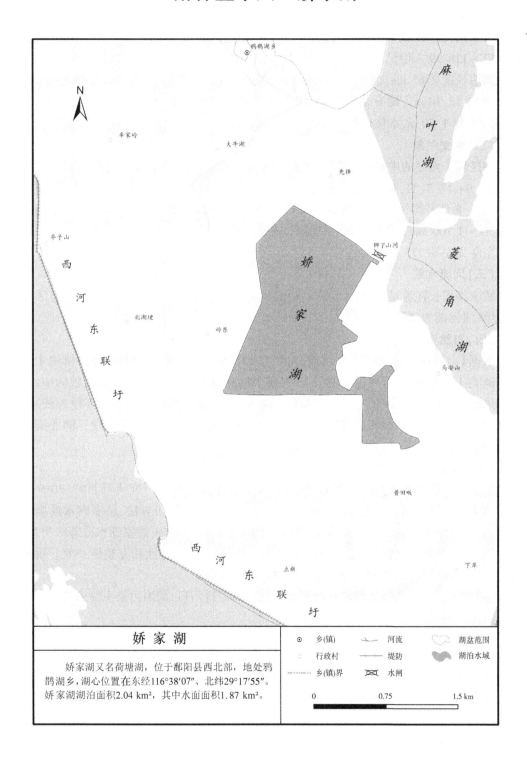

娇家湖

娇家湖又名荷塘湖，位于鄱阳县西北部，地处鸦鹊湖乡，湖心位置在东经116°38'07″、北纬29°17'55″。娇家湖湖泊面积2.04 km²，其中水面面积1.87 km²。

图例		
◎ 乡(镇)	〜 河流	〰 湖盆范围
○ 行政村	╫ 堤防	▨ 湖泊水域
------ 乡(镇)界	⊠ 水闸	

0　　　　　　0.75　　　　　　1.5 km

一、自然环境

(一)湖泊位置及形态

娇家湖位于上饶市鄱阳县西北部,位于麻叶湖和菱角湖以西,地理位置在东经116°37′~116°39′、北纬29°17′~28°18′,湖心位置在东经116°38′07″、北纬29°17′55″。

湖泊长度2.65 km,最大宽度1.85 km,平均宽度0.77 km。湖泊设计高水位13.75 m,常水位13.10 m。湖泊面积2.04 km²,其中水面面积1.87 km²。湖泊最大水深3.62 m,平均水深1.70 m,水体体积318万m³。

(二)水文气象

湖区属于典型的中亚热带季风区,四季分明,热量丰富,雨量充沛。湖区多年平均气温在16.9~17.7 ℃,1—2月为最冷天气,月平均气温为4~5 ℃,极冷日最低温度为-8 ℃,7—8月平均气温高达28.8~30 ℃,一年中极端最高温度为39.9 ℃。年平均降水量1 300~1 700 mm,4—6月为集中雨季,占全年降水量的50%以上,7—9月为台风雨带。全年无霜期275 d。

(三)河流水系

娇家湖属长江流域鄱阳湖水系。湖泊集雨面积0.77 km²,湖泊来水主要为区域积流,其承泄河湖为鄱阳湖。

(四)自然资源

根据《上饶市首次湖泊水生态调查报告(2018年)》,娇家湖湖水中浮游植物中共检测出藻类4门9种,优势种为硅藻门-小环藻,Shannon-Wiener藻类多样性指数为中污染,水华风险评估为初具条件。浮游动物主要包含轮虫、枝角类、桡足类,优势种为枝角类。底栖动物种类较少,共检测出底栖动物3种,其中寡毛纲1种,昆虫纲2种。渔业资源主要为四大家鱼。

(五)水生态环境状况

根据江西省水文监测中心和水利部中国科学院水工程生态研究所编制的《2019年度江西省1 km²以上湖泊水生态调查报告》,基于水化学水质评价方法,娇家湖水质类别为Ⅲ类,富营养化等级为轻度富营养化;基于生物学水质评价方法,娇家湖水质等级为差等,属污染,浮游植物密度偏高,底栖动物处"健康"状态,生物多样性和完整性一般。娇家湖水生态综合评价等级为中等。

经调查统计,现状娇家湖流域内无规模以上入河排污口,湖泊污染主要来源于湖周边农业面源污染。

二、历史变迁

娇家湖周围存在围垦湖泊、侵占湖泊的现象,围湖造田现象严重,部分区域被分割成小区域进行了养殖,湖面部分面积变成了耕地,相比于2004年,湖面面积明显减少。2010年之前,娇家湖内有水产养殖,自2010年建造光伏发电工程后就停止了水产养殖。1989年,建成狮子山闸。

三、湖区经济开发

湖盆区地处鄱阳县鸦鹊湖乡,现状人口总计 1.2 万人,其中,城镇人口 0.2 万人,农村人口 1 万人。地区生产总值总计 1.59 亿元,全年财政收入累计完成 0.2 亿元;流域耕地面积 3.92 万亩,农作物播种面积 5.02 万亩,年产量 3.95 万 t。娇家湖湖面发展有 350 亩光伏发电场地。

四、湖泊功能

湖泊主要承担了洪涝调蓄、生物栖息和光伏发电功能。光伏发电水面面积 350 亩,设计规模 20 MW。洪涝调蓄方面,湖区已建有狮子山闸(内排),孔口尺寸为 1.2 m×1.2 m,排涝面积 0.2 万亩,受益人口 0.2 万人,受益耕地 0.12 万亩。

五、湖泊管理

娇家湖尚未成立综合性的湖泊专门管理机构,目前由上饶市鄱阳县鸦鹊湖乡政府管理,主要负责湖泊涵闸管护、光伏发电等方面的工作。

娇家湖已建立了区域与流域相结合的县、乡、村三级湖长制组织体系,已设置县级湖长 1 名、乡级湖长 1 名、村级湖长 1 名。

县级湖长全面负责娇家湖湖长制工作,承担总督导、总调度职责。各级湖长是所辖湖区保护管理的直接责任人,主要负责组织领导相应的管理和保护工作,包括水资源保护、水资源利用、水域岸线管理、水污染防治、水环境治理等,牵头组织对侵占岸线、超标排污、水资源违规利用等突出问题依法进行清理整治。

附件五十七　官塘湖

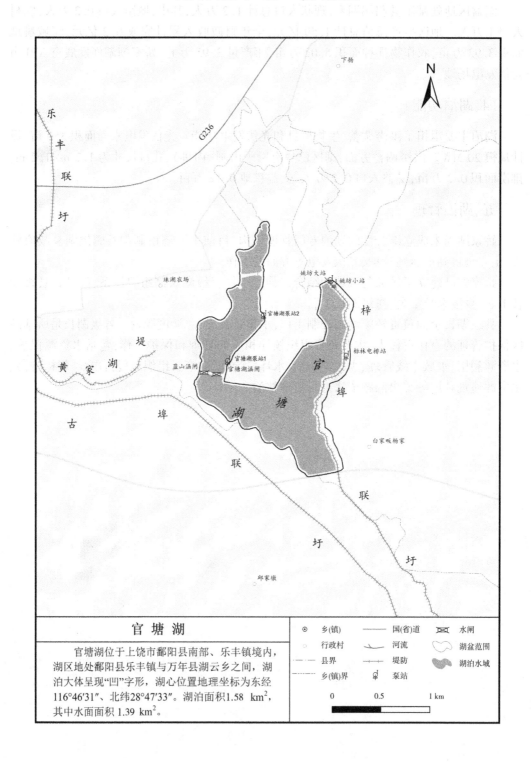

官 塘 湖

　　官塘湖位于上饶市鄱阳县南部、乐丰镇境内，湖区地处鄱阳县乐丰镇与万年县湖云乡之间，湖泊大体呈现"凹"字形，湖心位置地理坐标为东经116°46′31″、北纬28°47′33″。湖泊面积1.58 km²，其中水面面积 1.39 km²。

一、自然环境

(一)湖泊位置及形态

官塘湖位于上饶市鄱阳县南部,湖区地处鄱阳县乐丰镇与万年县湖云乡之间,湖泊大体呈现"凹"字形,地理位置在东经 116°45′~116°47′、北纬 28°47′~28°49′,湖心位置地理坐标为东经 116°46′31″、北纬 28°47′33″。

湖泊长度 2.53 km,最大宽度 1.62 km,平均宽度 0.63 km。湖泊设计高水位 15.70 m,常水位 15.00 m。湖泊面积 1.58 km²,其中水面面积 1.39 km²。湖泊最大水深 5.67 m,平均水深 1.56 m,水体体积 216 万 m³。

(二)水文气象

湖区属于典型的中亚热带季风区,四季分明,热量丰富,雨量充沛。湖区多年平均气温在 16.9~17.7 ℃,1—2 月为最冷天气,月平均气温为 4~5 ℃,极冷日最低温度为 -8 ℃,7—8 月平均气温高达 28.8~30 ℃,一年中极端最高温度为 39.9 ℃;年平均降水量 1 300~1 700 mm,4—6 月为集中雨季,占全年降水量的 50%以上,7—9 月为台风雨季带;全年无霜期 275 d。

(三)河流水系

官塘湖所在流域为长江,所在水系为鄱阳湖水系。湖泊集雨面积 120.00 km²,主要入湖河流为湖云河,官塘湖湖水由蓝山涵洞和官塘湖涵闸排入万年河。

湖区地势低洼,常发生洪涝灾害,1998 年与 2020 年,湖区均发生洪涝灾害,造成了较为严重的经济损失。

(四)自然资源

根据《上饶市首次湖泊水生态调查报告(2018 年)》,官塘湖湖水中浮游植物中共检测出藻类 5 门 15 种,优势种为蓝藻门-平裂藻,Shannon-Wiener 藻类多样性指数为中污染,水华风险评估为临界条件。浮游动物主要包含原生动物、轮虫、枝角类、桡足类,密度为 580 个/L,优势种为轮虫。底栖动物种类较少,共检测出底栖动物 2 种,其中寡毛纲 1 种,昆虫纲 1 种。渔业资源主要为四大家鱼。

(五)水生态环境状况

根据江西省水文监测中心和水利部中国科学院水工程生态研究所编制的《2019 年度江西省 1 km² 以上湖泊水生态调查报告》,基于水化学水质评价方法,官塘湖水质类别为 V 类,富营养化等级为轻度富营养化;基于生物学水质评价方法,官塘湖水质等级为差等,属污染,浮游植物密度偏高,底栖动物处"亚健康"状态,生物多样性和完整性较差。官塘湖水生态综合评价等级为中等。

经调查,现状官塘湖流域内无规模以上入河排污口。区域内无污水处理设施,环湖区部分农村生活污水直排向湖体,农业面源污染和养殖污染也是湖泊主要污染源。

二、历史变迁

官塘湖存在严重的围湖造田的现象,除西北部湖汊外,其余湖体均围垦用于农业种植和水产养殖。湖区地势低洼,洪涝频发,故于 20 世纪 60 年代,沿湖修建梓埠联圩(万年河段),1968 年建成官塘湖涵闸,2014 年建成蓝山涵闸。2021 年,官塘湖涵闸于原位置进行了重建。

目前,官塘湖部分湖面被私人承包,养殖小龙虾和甲鱼,养殖污染较为严重。

三、湖区经济开发

湖盆区地处鄱阳县乐丰镇,现状人口总计 3.21 万人,其中,城镇人口 0.99 万人,农村人口 2.22 万人。地区生产总值总计 4.26 亿元,全年财政收入累计完成 0.53 亿元;流域耕地面积 5.25 万亩,农作物播种面积 14.32 万亩,年产量 6.12 万 t;水产养殖面积 260 亩,年产量 125 t。

四、湖泊功能

湖泊主要承担了洪涝调蓄、水产养殖、农业灌溉和生物栖息功能。水产养殖方式为投料养殖和人放天养,养殖种类为甲鱼和四大家鱼。洪涝调蓄方面,已建梓埠联圩(万年河段),属 5 万亩以上堤防,堤防长度 5.67 km,保护面积 89.34 km²,保护耕地 10.5 万亩,保护人口 7.3 万人,防洪标准已达 20 年一遇;已建有标林电排站、姚坊小站、姚坊大站共 3 座排涝站(内排),装机容量合计 4 730 kW,另建有孔口尺寸为 1 m×1 m 的官塘湖涵闸(外排)和 3.5 m×3.5 m 的蓝山涵闸(内排)。农业灌溉方面,湖区建有 2 座泵站,装机容量合计 30 kW,灌溉面积 1 100 亩。

五、湖泊管理

官塘湖尚未成立综合性的湖泊专门管理机构,目前由上饶市鄱阳县乐丰镇政府管理,主要负责湖泊堤防及穿堤水利建筑物管护、水产养殖、农业灌溉等方面的工作。

官塘湖已建立了区域与流域相结合的县、乡、村三级湖长制组织体系,已设置县级湖长 1 名、乡级湖长 1 名、村级湖长 1 名。

县级湖长全面负责官塘湖湖长制工作,承担总督导、总调度职责。各级湖长是所辖湖区保护管理的直接责任人,主要负责组织领导相应的管理和保护工作,包括水资源保护、水资源利用、水域岸线管理、水污染防治、水环境治理等,牵头组织对侵占岸线、超标排污、电毒炸鱼、水资源违规利用等突出问题依法进行清理整治。

附件五十八　毛坊湖

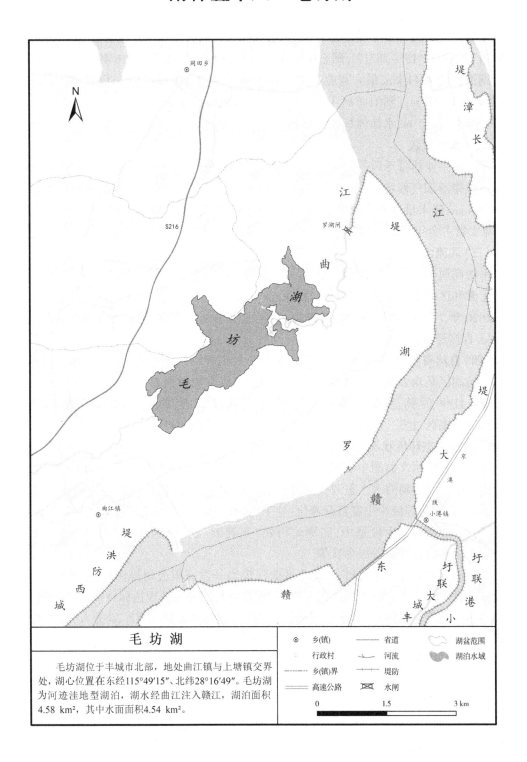

毛坊湖

　　毛坊湖位于丰城市北部，地处曲江镇与上塘镇交界处，湖心位置在东经115°49′15″、北纬28°16′49″。毛坊湖为河迹洼地型湖泊，湖水经曲江注入赣江，湖泊面积4.58 km²，其中水面面积4.54 km²。

⊚ 乡(镇)	—— 省道	湖盆范围
♔ 行政村	⊼ 河流	湖泊水域
------ 乡(镇)界	┼┼┼ 堤防	
═══ 高速公路	⊠ 水闸	
0　　　1.5　　　3 km		

一、自然环境

(一)湖泊位置及形态

毛坊湖位于宜春市丰城市北部,赣江东、南、北三面环绕。地理位置在东经 115°48′~115°50′、北纬 28°15′~28°17′,湖心位置在东经 115°49′15″,北纬 28°16′49″。

湖泊长度 4.41 km,最大宽度 2.24 km,平均宽度 1.04 km。湖泊设计高水位 20.70 m,常水位 19.80 m。湖泊面积 4.58 km²,其中水面面积 4.54 km²。湖泊最大水深 3.02 m,平均水深 1.15 m,水体体积 524 万 m³。

(二)水文气象

湖区属中亚热带季风气候区,具有气候温和、日照充足、四季分明、雨量充沛、无霜期长等亚热带湿润气候特点。多年平均气温 17.3 ℃;无霜期平均为 269 d;多年平均降水量 1 670.5 mm,降水量季节分配很不均匀,4—6 月降水量占全年降水量的 50%,10 月至次年 2 月降水量占全年降水量的 25%左右;多年平均日照时数为 1 762.3 h。

(三)河流水系

毛坊湖属长江流域鄱阳湖水系,是一个位于曲江下游的河道型湿地湖泊,主要承接曲江中上游和区间支流来水,湖泊集雨面积 53.55 km²。湖水向东注入赣江。

2020 年 7 月,由于持续的降雨影响,湖区发生洪涝灾害,受灾耕地 1 万亩,受灾人口 120 人,直接经济损失 30 万元。

(四)自然资源

毛坊湖区是众多动物栖息地,涉及的珍稀、濒危生物有白鹤、东方白鹳、小天鹅、白头雁、灰鹤、红隼、草鸮、鸳鸯、松雀鹰、斑头鸺鹠、黄鼬、花面狸、豹猫等。每年有数千只白鹤、小天鹅等来湖区过冬。湖区还有珍稀动物虎纹蛙,大约 2 600 只。

(五)水生态环境状况

根据江西省水文监测中心和水利部中国科学院水工程生态研究所编制的《2019 年度江西省 1 km² 以上湖泊水生态调查报告》,基于水化学水质评价方法,毛坊湖水质类别为劣Ⅴ类,富营养化等级为中度富营养化;基于生物学水质评价方法,毛坊湖水质等级为差等,属污染,浮游植物密度适中,底栖动物处"亚健康"状态,生物多样性和完整性较好。毛坊湖水生态综合评价等级为良等。

毛坊湖周边有 2 个排污口,一是丰城曲江煤炭开发有限公司排污口,位于曲江集镇,设计排污量为 0.4 万 t/d,实际排污量为 0.33 万 t/d,污水经处理达标后排入毛坊湖;二是曲江镇污水处理厂排污口,污水处理规模 1 000 t/d,现状覆盖人口 2.75 万人,污水处理达标后排入毛坊湖。环湖区部分农村生活污水直排向湖体,农业面源污染和养殖污染也是湖泊的主要污染源。

二、历史变迁

毛坊湖遭到严重围垦,目前下游湖区基本用于农业种植和水产养殖,面积将近缩减了一半。湖区地势低洼,为满足灌溉与排水要求,1962 年建成罗湖闸(灌排结合,外排)。

三、湖区经济开发

湖盆区涉及丰城市曲江镇和上塘镇共 2 个镇,现状人口总计 12.46 万人,其中,城镇人口 8.31 万人,农村人口 4.15 万人。地区生产总值总计 35.44 亿元,全年财政收入累计完成 6.33 亿元;流域耕地面积 5.24 万亩,农作物播种面积 5.81 万亩,年产量 3.3 万 t;水产养殖面积 1 590 亩,年产量 855 t。

四、湖泊功能

毛坊湖承担洪涝调蓄、水产养殖、旅游观光和生物栖息等众多功能。湖泊排水由罗湖闸控制,为灌排两用(外排)涵闸。水产养殖方式为人放天养,养殖种类为四大家鱼、鲤鱼、鲫鱼、秤星鱼、鲶鱼和黄颡鱼。

随着当地生态环境逐渐变好,很多候鸟都会来到这里越冬,有时还能遇见国家重点保护野生动物丹顶鹤。为了保护这些候鸟,当地在候鸟栖息地的周边位置增加了宣传标语,并加大了对栖息地的保护力度。

五、湖泊管理

毛坊湖尚未成立综合性的湖泊专门管理机构,目前由宜春市丰城市曲江镇密岭、足塘、曲江、罗湖、巷里、郭桥、店下村村委会共同管理,主要负责湖泊涵闸管护、湖面保洁、水产养殖等方面的工作。

毛坊湖已建立了区域与流域相结合的县、乡、村三级湖长制组织体系,已设置县级湖长 1 名、乡级湖长 2 名、村级湖长 9 名。

县级湖长全面负责毛坊湖湖长制工作,承担总督导、总调度职责。各级湖长是所辖湖区保护管理的直接责任人,主要负责组织领导相应的管理和保护工作,包括水资源保护、水资源利用、水域岸线管理、水污染防治、水环境治理等,牵头组织对侵占岸线、超标排污、电毒炸鱼、水资源违规利用等突出问题依法进行清理整治。

附件五十九　浠　湖

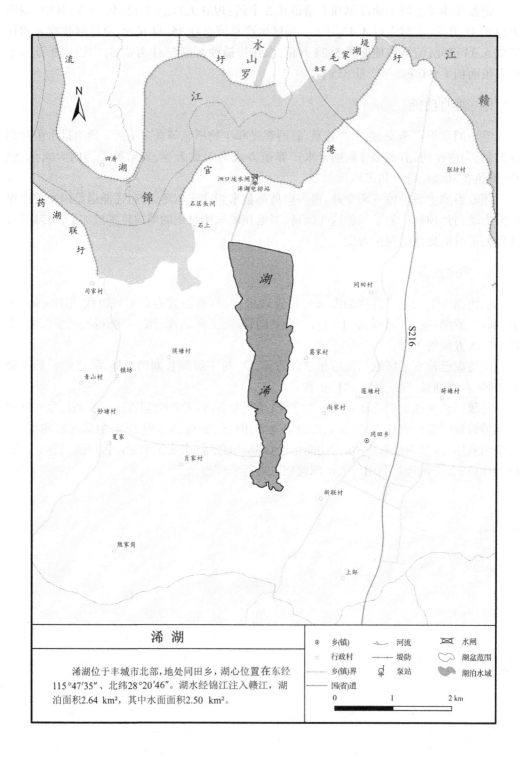

浠　湖

　　浠湖位于丰城市北部,地处同田乡,湖心位置在东经115°47′35″、北纬28°20′46″。湖水经锦江注入赣江,湖泊面积2.64 km²,其中水面面积2.50 km²。

⊙ 乡(镇)	⌐ 河流	⊠ 水闸
▫ 行政村	╬ 堤防	♡ 湖盆范围
---- 乡(镇)界	☐ 泵站	▨ 湖泊水域
—— 国(省)道		

0　　　　　1　　　　　2 km

一、自然环境

(一)湖泊位置及形态

浛湖位于丰城市北部,地处锦江汇入赣江口附近,西与药湖相毗,北临锦江,东靠赣江,南与毛坊湖相望,地理位置在东经115°47′~115°48′、北纬28°19′~28°22′,湖心位置在东经115°47′35″、北纬28°20′46″。

湖泊长度4.23 km,最大宽度1.07 km,平均宽度0.62 km。湖泊设计高水位19.70 m,常水位18.70 m。湖泊面积2.64 km²,其中水面面积2.50 km²。湖泊最大水深4.69 m,平均水深1.63 m,水体体积408万m³。

(二)水文气象

湖区属中亚热带季风气候区,具有气候温和、日照充足、四季分明、雨量充沛、无霜期长等亚热带湿润气候特点。多年平均气温17.3 ℃;年无霜期平均为269 d;多年平均降水量1 670.5 mm,降水量季节分配很不均匀,4—6月降水量占全年的50%,10月至次年2月降水量占全年的25%左右;多年平均日照时数为1 762.3 h。

(三)河流水系

浛湖属长江流域鄱阳湖水系。湖泊集雨面积25.94 km²,湖泊无较大河流汇入,来水主要是区域积流,湖泊承泄河流为锦江。

2020年7月,由于持续的降雨影响,湖区发生洪涝灾害,受灾耕地0.3万亩,持续时间30 d,直接经济损失45万元。

(四)自然资源

浛湖是众多动物栖息地,涉及的珍稀、濒危生物有白鹤、东方白鹳、小天鹅、白头雁、灰鹤、红隼、草鸮、鸳鸯、松雀鹰、斑头鸺鹠、黄鼬、花面狸、豹猫等。

(五)水生态环境状况

根据江西省水文监测中心和水利部中国科学院水工程生态研究所编制的《2019年度江西省1 km²以上湖泊水生态调查报告》,基于水化学水质评价方法,浛湖水质类别为Ⅳ类,富营养化等级为中度富营养化;基于生物学水质评价方法,浛湖水质等级为良等,水污染状态一般,浮游植物密度适中,底栖动物处"病态"状态,生物多样性和完整性一般。浛湖水生态综合评价等级为中等。

流域内共有污水处理厂2家,即同田乡污水处理厂和同田乡肖家村污水处理厂,设计规模分别为500 t/d和50 t/d,污水经处理达标后排入浛湖。流域村庄整体生活污水收集及处理设施建设相对滞后,生活污水处理率不高。湖内水质有变差趋势,底泥富营养化加重。

二、历史变迁

浛湖原名西湖,是湿地型湖泊,湿地面积为0.50 km²;湖泊历次受到围垦,2010年以来湖区北部约0.3 km²被围垦为水田。在现状湖泊与湿地之间建有堤防,阻隔了浛湖上下游湖水连通,且同田乡候塘村委会姜家村已于2018年8月1日将浛湖下滩水面面积200亩租赁给私人发展养殖业,租期30年。湖岸建有养殖工房,湖内设有简易养殖网。

　　根据 2018 年 3 月在浠湖开展的江西省重要湖泊水生态调查成果,结合本次调查,浠湖以南区域在汛期多为湖面,并未发现大面积水稻等农作物。据了解,自 1973 年浠湖电排站建成以来,浠湖大部分区域在汛期能正常蓄水,而枯期被作为"农田"种植水稻等经济作物。

三、湖区经济开发

　　湖盆区涉及丰城市同田乡,现状人口总计 4.23 万人,其中,城镇人口 0.11 万人,农村人口 4.12 万人。地区生产总值总计 7.36 亿元,全年财政收入累计完成 1.48 亿元;流域耕地面积 8.56 万亩,农作物播种面积 9.5 万亩,年产量 4.28 万 t;水产养殖面积 0.1 万亩,年产量 0.08 万 t。

四、湖泊功能

　　浠湖主要承担洪涝调蓄、水产养殖和生物栖息功能。湖盆区周围建有浠湖电排站(外排)和泗口垅水闸(灌排结合,外排),浠湖电排站装机容量 55 kW,泗口垅水闸孔口尺寸为 2 孔 6 m×3 m。水产养殖方式为精养,养殖种类为四大家鱼和龙虾。

　　随着当地生态环境逐渐变好,很多候鸟都来这里越冬,有时还能遇见国家重点保护野生动物丹顶鹤。为了保护这些候鸟,当地在候鸟栖息地的周边位置增加了宣传标语,并加大了对栖息地的保护力度。

五、湖泊管理

　　浠湖尚未成立综合性的湖泊专门管理机构,目前由宜春市丰城市同田乡政府管理,主要负责湖泊泵站与涵闸管护、水产养殖等方面的工作。

　　浠湖已建立了区域与流域相结合的县、乡、村三级湖长制组织体系,已设置县级湖长 1 名、乡级湖长 1 名、村级湖长 7 名。

　　县级湖长全面负责浠湖湖长制工作,承担总督导、总调度职责。各级湖长是所辖湖区保护管理的直接责任人,主要负责组织领导相应的管理和保护工作,包括水资源保护、水资源利用、水域岸线管理、水污染防治、水环境治理等,牵头组织对侵占岸线、超标排污、电毒炸鱼、水资源违规利用等突出问题依法进行清理整治。

附件六十　药　湖

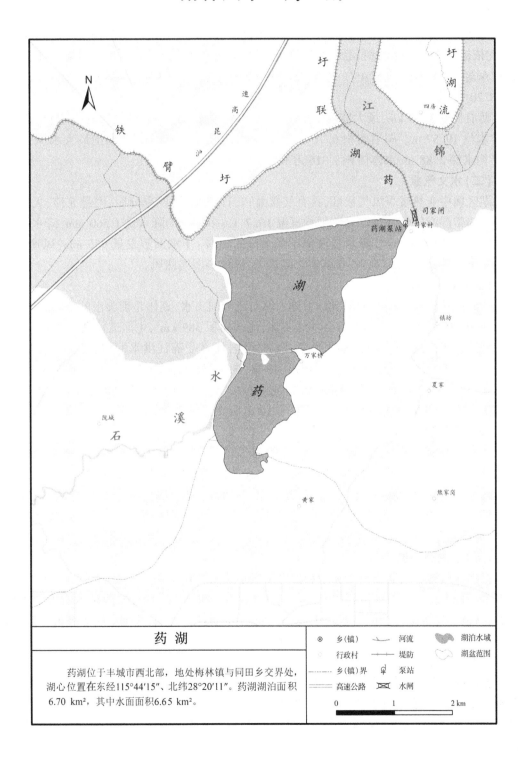

药　湖

　　药湖位于丰城市西北部，地处梅林镇与同田乡交界处，湖心位置在东经115°44′15″、北纬28°20′11″。药湖湖泊面积6.70 km²，其中水面面积6.65 km²。

图例		
⊙ 乡（镇）	河流	湖泊水域
行政村	堤防	湖盆范围
乡（镇）界	泵站	
高速公路	水闸	

0　　　　　1　　　　　2 km

一、自然环境

(一)湖泊位置及形态

药湖位于江西省中部丰城市西北部,位于赣江、锦江下游,地处鄱阳湖断凹盆地边缘,西、北依锦江,东、南隔浠湖、毛坊湖与赣江相望,沪昆高速穿湖而过。湖泊似扇形,地理位置在东经 115°40′ ~ 115°45′、北纬 28°19′ ~ 28°22′,湖心位置在东经 115°44′15″、北纬 28°20′11″。

湖泊长度 5.13 km,最大宽度 2.75 km,平均宽度 1.31 km。湖泊设计高水位 21.60 m,常水位 19.57 m。湖泊面积 6.70 km²,其中水面面积 6.65 km²。湖泊最大水深 5.60 m,平均水深 2.88 m,水体体积 1 916 万 m³。

(二)水文气象

湖区属中亚热带季风气候区,具有气候温和、日照充足、四季分明、雨量充沛、无霜期长等亚热带湿润气候特点。多年平均气温 16.7 ℃;多年平均降水量 1 560 mm,降水量季节分配很不均匀,4—6 月降水量占全年降水量的 50%;年水面蒸发量 955 mm;风速 2.6 m/s,风向受季风气候影响,冬春季多北偏东风,夏秋多南偏西风。

(三)河流水系

药湖属长江流域鄱阳湖水系。主要入湖河流为圳头水,湖体是圳头水的一部分,湖泊集雨面积 375 km²。圳头水为锦江一级支流,流域面积 389 km²,主河道长度 44 km。

湖泊位于锦江、赣江下游冲积平原,地势低洼,加之受锦江洪水冲积、赣江洪水顶托,易受洪涝灾害。2017 年,由于持续的降雨影响,湖区发生洪涝灾害,受灾耕地 0.6 万亩,受灾人口 0.03 万人,直接经济损失 10 万元。2020 年 7 月,由于持续的降雨影响,湖区发生洪涝灾害,受灾耕地 0.8 万亩,持续时间 10 d,直接经济损失 12 万元。

(四)自然资源

药湖是湿地型湖泊,是众多动物栖息地,涉及的珍稀、濒危生物有白鹤、东方白鹳、小天鹅、白头雁、灰鹤、红隼、草鸮、鸳鸯、松雀鹰、斑头鸺鹠、黄鼬、花面狸、豹猫等,每年有少量白鹤、小天鹅等来湖区过冬。湖泊内养有草鱼、鳙鱼、鲫鱼、虾、蟹等 20 余种水产,2004 年养殖面积 180.6 hm²,产量 206 t。药湖特产为麦鱼。湖区还有珍稀动物虎纹蛙,大约 4 300 只。

(五)水生态环境状况

根据江西省水文监测中心和水利部中国科学院水工程生态研究所编制的《2019 年度江西省 1 km² 以上湖泊水生态调查报告》,基于水化学水质评价方法,药湖水质类别为劣 V 类,富营养化等级为中度富营养化;基于生物学水质评价方法,药湖水质等级为差等,属污染等级,浮游植物密度适中、底栖动物处"不健康"状态,生物多样性和完整性一般。药湖水生态综合评价等级为中等。

流域内共有污水处理厂 2 家,即尚庄街道污水处理厂和梅林镇污水处理厂,设计规模分别为 1 000 t/d 和 2 000 t/d,污水经处理达标后排入药湖,流域内村庄生活污水收集及处理设施建设相对滞后,生活污水收集处理率不高。农业面源污染和养殖污染也是湖泊的主要污染源。

二、历史变迁

1949 年前,药湖无堤防设施,主要支流圳头水、湖塘水、石溪水直接流入药湖再注入锦江。湖水随锦江水涨落,湖区内农田荒芜,钉螺滋生,血吸虫病泛滥,百年间毁灭村庄 90 多个。中华人民共和国成立后,特别是 1969 年对药湖进行了全面规划,采用上蓄、中导、下排综合治理。上游修建锦江、药湖堤,在丘陵地区兴建了观桥水库(中型)和 14 座小(1)型、46 座小(2)型水库拦洪蓄水,在中游修建上塘和隍城 2 条导排主干渠道及 21 条支渠道,渠道总长 137.6 km,控制流域面积 244 km²,导托山洪入锦江。原湖区平原渍涝水面面积达 131 km²,由上塘镇石上村泄入锦江。后在下游修建排渍干渠 3 条,采用分区导排和围洼蓄渍的方法,用电力和机泵排涝。经过综合治理,湖区基本消灭了钉螺和血吸虫病害,已形成以圳头水为干流,湖塘、石溪为支流的流向格局。

中华人民共和国成立后,药湖历经多次围垦,整个湖区大部分用于农业种植和水产养殖。为满足灌溉和排水要求,2007 年建成司家闸(灌排结合,外排),2016 年建成药湖泵站(外排)。

三、湖区经济开发

湖盆区涉及丰城市同田乡、梅林镇、湖塘镇、隍城镇和上塘镇共 5 个乡(镇),现状人口总计 19.33 万人,其中,城镇人口 6.84 万人,农村人口 12.49 万人。地区生产总值总计 44.85 亿元,全年财政收入累计完成 6.28 亿元;流域耕地面积 23.87 万亩,农作物播种面积 26.20 万亩,年产量 14.97 万 t;水产养殖面积 0.864 万亩,年产量 0.25 万 t。

四、湖泊功能

湖泊承担洪涝调蓄、水产养殖、旅游观光和生物栖息等功能。湖泊排水由药湖泵站和司家闸控制,药湖泵站装机容量 7 200 kW,排涝面积 19.65 万亩,受益人口 6.02 万人,受益耕地 11.45 万亩;司家闸孔口尺寸为 2 孔 3.5 m×4.5 m+6 孔 3.5 m×3.5 m。水产养殖方式为精养、人放天养和投料养殖,养殖种类为四大家鱼、鲈鱼、鲤鱼、鲫鱼、秤星鱼、鲇鱼和黄颡鱼。

药湖国家湿地公园东西长约 7.5 km,南北宽约 6.7 km,总面积 2 574.22 hm²,其中湿地总面积 2 199.24 hm²,湿地率 85.43%,划分为保育区、恢复重建区、合理利用区 3 个功能区。湿地公园是典型的淡水湖泊和洪泛沼泽湿地,是鄱阳湖流域洪泛平原湿地的典型代表,生境良好,生物多样性丰富。

五、湖泊管理

药湖尚未成立综合性的湖泊专门管理机构,目前由宜春市丰城市同田乡政府管理,主要负责湖泊泵站与涵闸管护、湖面保洁、水产养殖等方面的工作。

药湖已建立了区域与流域相结合的县、乡、村三级湖长制组织体系,已设置县级湖长 1 名、乡级湖长 4 名、村级湖长 11 名。

县级湖长全面负责药湖湖长制工作,承担总督导、总调度职责。各级湖长是所辖湖区保护管理的直接责任人,主要负责组织领导相应的管理和保护工作,包括水资源保护、水资源利用、水域岸线管理、水污染防治、水环境治理等,牵头组织对侵占岸线、超标排污、电毒炸鱼、水资源违规利用等突出问题依法进行清理整治。